高等职业教育"十四五"规划教材

计算机
信息技术基础

主　编　孙　潇　肖艺渊　尹桂花
副主编　吕　玲　赵家鹏　匡云巧
编　委　杨金伟　张思维　王建平　孙铭泽

华中科技大学出版社
http://press.hust.edu.cn
中国·武汉

内容提要

本教材共分九章,主要内容包括计算机文化基础、计算机操作系统、图文编辑、数据处理软件、演示文稿、网络应用、数字媒体技术应用、网络安全基础、人工智能初步等。本教材内容丰富、层次清晰、图文并茂,具有教材的基础性和实践性,旨在提高学生的计算机应用能力,为后续计算机相关课程和专业基础课程的学习打下良好的基础。

本教材可作为职业院校计算机应用基础相关课程的教材,也可作为计算机等级考试的参考教材,还可作为计算机基础自学者的参考书。

图书在版编目(CIP)数据

计算机信息技术基础/孙潇,肖艺渊,尹桂花主编.—武汉:华中科技大学出版社,2024.5(2025.7重印)
ISBN 978-7-5772-0876-3

Ⅰ.①计… Ⅱ.①孙… ②肖… ③尹… Ⅲ.①电子计算机–高等职业教育–教材 Ⅳ.① TP3

中国国家版本馆 CIP 数据核字 (2024) 第 092873 号

计算机信息技术基础
Jisuanji Xinxi Jishu Jichu

孙 潇 肖艺渊 尹桂花 主编

策划编辑:胡天金
责任编辑:刘 静
封面设计:原色设计
责任校对:刘 竣
责任监印:朱 玢
出版发行:华中科技大学出版社(中国·武汉) 电话:(027) 81321913
　　　　　武汉市东湖新技术开发区华工科技园 邮编:430223
录　　排:华中科技大学惠友文印中心
印　　刷:武汉邮科印务有限公司
开　　本:889mm×1194mm　1/16
印　　张:17
字　　数:462 千字
版　　次:2025 年 7 月第 1 版第 2 次印刷
定　　价:60.00 元

前言
PREFACE

在信息技术飞速发展的大背景下，提高学生的计算机应用能力，增强学生利用计算机网络资源优化自身知识结构、提升自身技能水平的自觉性，已成为高素质技能型人才培养过程中的重要命题。为了适应当前职业教育教学改革的形势，满足职业院校计算机应用基础课程教学的要求，我们组织编写了这本教材。

本教材编者均长期在教学一线从事计算机基础课程教学和教育研究工作。在编写过程中，编者参考了教育部制定的《大学计算机教学基本要求》，并将长期积累的教学经验和体会融入教材的各个部分。同时，本教材将学生参加计算机等级考试过程中暴露出的薄弱环节（如Excel函数的使用等）融入其中，使学生做到掌握技能与获取合格证书的有机统一。

本教材共分九章，主要内容包括计算机文化基础、计算机操作系统、图文编辑、数据处理软件、演示文稿、网络应用、数字媒体技术应用、网络安全基础、人工智能初步等。本教材内容丰富、层次清晰、图文并茂，具有教材的基础性和实践性，旨在提高学生的计算机应用能力，为后续计算机相关课程和专业基础课程的学习打下良好的基础。本教材可作为职业院校计算机应用基础相关课程的教材，也可作为计算机等级考试的参考教材，还可作为计算机基础自学者的参考书。

本教材由孙潇、肖艺渊、尹桂花任主编，其余编者为教材内容提供了重要材料，并提出了具有建设性的意见。另外，本教材在编写过程中参考了一些相关文献，在此向相关作者表示衷心的感谢。

由于编者水平有限，书中难免有疏漏错误之处，敬请广大读者和同行批评指正。

编者

2024 年 2 月

目 录

CONTENTS

第一章

计算机文化基础

第一节　计算机技术概述

 一、什么是计算机技术

我们通常所说的计算机是指数字电子计算机，又称电脑，它是一种能够接收信息，并按照存储在其内部的程序（程序表达了某种规则）对输入信息进行处理，产生输出结果的，高速、自动化的数字电子设备。

计算机技术指计算机领域中所运用的技术方法和技术手段，或指计算机的硬件技术、软件技术及应用技术。

 二、计算机技术的发展

1. 世界计算机的发展

自 1946 年世界上第一台采用电子管作为主要元器件的数字电子计算机（ENIAC）在美国宾夕法尼亚大学诞生到现在，短短的 70 多年中，计算机的发展速度之快大大超出人们的预料。一般根据计算机所采用的物理元器件，将计算机的发展分为 4 个阶段。

（1）第一代计算机逻辑元件采用真空电子管，称为电子管计算机（1946—1956 年）。

（2）第二代计算机采用了晶体管，体积缩小、能耗降低、可靠性提高、运算速度提高，称为晶体管计算机（1957—1964 年）。

（3）第三代计算机逻辑元件采用中、小规模集成电路（MSI、SSI），称为中小规模集成电路计算机（1965—1973 年）。

（4）第四代计算机逻辑元件采用大规模和超大规模集成电路（LSI 和 VLSI），称为大规模和超大规模集成电路计算机（1974 年至今）。

四代计算机的对比如表 1-1 所示。

表 1-1　四代计算机的对比

阶段	1946—1956 年 （第一代）	1957—1964 年 （第二代）	1965—1973 年 （第三代）	1974 年至今 （第四代）
主要元器件	电子管	晶体管	中、小规模集成电路 (MSI、SSI)	大规模和 超大规模集成电路 (LSI 和 VLSI)
元器件例图				

阶段	1946—1956 年 （第一代）	1957—1964 年 （第二代）	1965—1973 年 （第三代）	1974 年至今 （第四代）
内存	磁鼓	磁芯	半导体存储器	半导体存储器
外存	纸带或打孔卡片	磁带	磁盘	磁盘或光盘等
使用软件类型	机器语言或汇编语言	高级语言	高级语言、操作系统、DBMS	软件工程、分布式处理程序等

2. 中国计算机的发展

（1）1958 年 8 月，我国第一台数字电子计算机——103 机研制成功。

（2）1959 年 9 月，我国第一台大型通用数字电子计算机——104 机研制成功。

（3）1983 年 12 月，国防科技大学研制成功我国第一台每秒钟运算达 1 亿次以上的巨型计算机银河计算机。银河计算机的研制成功，标志着我国计算机科研水平达到了一个新高度。

（4）1985 年 6 月，第一台具有字符发生器汉字显示能力、具备完整中文信息处理能力的国产微机———长城 0520-CH 开发成功。

（5）1987 年，第一台国产的 286 微机———长城 286 正式推出。

（6）2008 年，每秒钟运算超百万亿次的超级计算机曙光 5000 诞生，标志着我国超级计算机技术处于世界领先水平。

 ## 三、计算机技术的运用

1. 科学计算

科学计算是计算机技术应用最早的领域。在该领域，计算机技术主要应用于基因分析、测算卫星轨道、天气预报等方面。

2. 数据与事务处理

数据与事务处理是计算机技术应用最多的一个领域。在该领域，计算机技术主要应用于文字处理、数据库技术、决策系统、信息管理等方面。

3. 实时（自动）控制与人工智能

在实时（自动）控制与人工智能领域，计算机技术主要应用于工业生产控制、机器人、智能翻译、专家系统等方面。

4. 计算机辅助

计算机技术在计算机辅助领域主要应用于计算机辅助设计（CAD）、计算机辅助制造（CAM）、计算机辅助教学（CAI）、计算机辅助质量控制（CAQ）、计算机辅助模拟等方面。

5. 通信与网络

网络与通信技术是指用于实现计算机网络和通信系统的各种技术的统称。它涵盖广泛的领域，包括网络基础设施的构建（如有线和无线网络）、数据传输与交换技术、通信协议、网络安全、信号处理等。这些技术使得不同设备之间能够进行信息的传输、共享和交互，实现远程通信、数据通信、互联网连接以及各种通信应用等功能。

6. 数字娱乐

在数字娱乐领域，计算机技术主要应用于网络游戏、在线影院、数字电视等方面。

 ## 四、计算机技术的新发展

1. 嵌入式系统

嵌入式装置是指执行专用功能并被内部计算机控制的设备或者系统。嵌入式系统不仅能使用通用型计算机，而且运行的是固化的软件。固化的软件用术语表示就是固件（firmware），终端用户很难或者不可能改变固件。

嵌入式系统主要由嵌入式 CPU、外部硬件设备、嵌入式操作系统和特定的应用程序组成。

嵌入式系统具有体积小、可靠性高、功能强、灵活方便等许多优点，广泛应用于工业、农业、教育、国防、科研以及日常生活等各个领域，对各行各业的技术改造、产品更新换代、加速自动化进程、提高生产率等方面起到重要的推动作用。

2. 网格计算

网格计算是分布式计算的一种。所谓分布式计算，就是指两个或多个软件互相共享信息，这些软件既可以在同一台计算机上运行，也可以在通过网络连接起来的多台计算机上运行。

与其他算法相比，分布式计算具有可以共享稀有资源、可以在多台计算机上平衡计算负载、可以把程序放在最适合的计算机上运行三个优点。其中，共享稀有资源和平衡计算负载是计算机分布式计算的核心思想之一。

网格计算通过任何一台计算机都可以提供无限的计算能力，可以接入浩如烟海的信息。这种环境将能够使各企业解决以前难以处理的问题，提高效率，满足客户要求并降低计算机资源的拥有和管理总成本。

 ## 五、计算机技术的发展趋势

（1）巨型化：主要表现为超级计算机等具有极高运算能力和存储容量的大型计算机系统的出现，它们能够处理极其复杂和大规模的数据计算任务。

（2）微型化：体现为计算机设备使用越来越尖端的制程工艺，能够在更小的空间内实现更强大的计算和处理能力，同时性能不断提升。

（3）网络化：主要指利用通信技术将分散的计算机联网。

（4）智能化：主要指让计算机具有模拟人的感觉和思维的能力。

另外，新一代的计算机还包括模糊计算机、光子计算机、生物计算机、超导计算机、量子计算机等多种类型。

项目任务

任务 1：了解中国计算机文化的发展。

任务 2：了解半个世纪以来中国信息社会的变化。

拓展知识

1. 计算机科学之父（人工智能之父）——图灵

艾伦·麦席森·图灵（Alan Mathison Turing，1912—1954 年，见图 1-1），英国数学家、逻辑学家，被称为"计算机科学之父""人工智能之父"。1931 年图灵进入剑桥大学国王学院，毕业后到美国普林斯顿大学攻读博士学位，第二次世界大战爆发后回到剑桥，后曾协助军方破解德国的著名密码系统 Enigma，为盟军在战争中取得胜利提供了重要情报支持。

图灵对人工智能的发展有诸多贡献，提出了一种用于判定机器是否具有智能的测试方法，即图灵测试。此外，图灵提出的著名的图灵机模型为现代计算机的逻辑工作方式奠定了基础。

2. 计算机之父——冯·诺依曼

约翰·冯·诺依曼（John von Neumann，1903—1957 年，见图 1-2），美籍匈牙利数学家、计算机科学家、物理学家，是 20 世纪最重要的数学家之一。

图 1-1　图灵　　　　　图 1-2　冯·诺依曼

冯·诺依曼是罗兰大学数学博士，是现代计算机、博弈论、核武器和生化武器等领域内的科学全才之一，被后人称为"现代计算机之父""博弈论之父"。

冯·诺依曼先后执教于柏林大学和汉堡大学，1930 年前往美国，后入美国籍。历任普林斯顿大学教授、普林斯顿高等研究院教授，入选美国原子能委员会会员、美国国家科学院院士。

3. 中国计算机杰出代表人物（华罗庚、董铁宝、夏培肃）

华罗庚（1910—1985年），第六届全国政协副主席。生于江苏常州金坛区，祖籍江苏丹阳，数学家，中国科学院院士，美国国家科学院外籍院士，发展中国家科学院院士，联邦德国巴伐利亚科学院院士。

董铁宝（1916—1968年），生于江苏常州武进区，中国著名力学家、计算数学家，中国计算机研制和断裂力学研究的先驱之一，是中国早年真正大量使用过计算机的专家，被誉为"中国计算机之父"。

夏培肃（1923—2014年），我国计算机研究的先驱和我国计算机事业的重要奠基人之一。先后就读于国立中央大学电机系、交通大学电信研究所、英国爱丁堡大学。1952年，夏培肃和闵乃大、王传英组成中国第一个电子计算机科研小组，开拓了我国计算机起步发展的道路。1956年，她参与筹建中国科学院计算技术研究所，此后6年培养了700多名计算机人才，所编写的《电子计算机原理》为我国第一本正式讲义。1958年主持研制107机。1985年获英国赫瑞－瓦特大学名誉科学博士学位，1991年当选为中国科学院学部委员（院士），2011年获首届中国计算机学会终身成就奖。

第二节　计算机系统的组成与设备的连接

美籍匈牙利科学家冯·诺依曼最先提出程序存储的思想，并成功将这一思想运用在计算机的设计之中，根据这一思想制造的计算机被称为冯·诺依曼结构计算机。由于对现代计算机技术的发展作出突出贡献，因此冯·诺依曼被称为"现代计算机之父"。

冯·诺依曼理论的要点是：数字计算机的数制采用二进制；计算机应该按照程序顺序执行。人们把冯·诺依曼的这个理论称为冯·诺依曼体系结构。从世界上第一台电子计算机EDVAC（电子数与积分式计算机）到当前最先进的计算机，采用的都是冯·诺依曼体系结构。所以，冯·诺依曼是当之无愧的"现代计算机之父"。

 一、计算机的功能

根据冯·诺依曼体系结构构成的计算机，必须具有如下功能。

（1）把需要的程序和数据送至计算机中。

（2）必须具有长期记忆程序、数据、中间结果及最终运算结果的能力。

（3）能够完成各种算术运算、逻辑运算和数据传送等数据加工处理。

（4）能够根据需要控制程序走向，并能够根据指令控制机器的各部件协调操作。

（5）能够按照要求将处理结果输出给用户。

 ## 二、计算机系统的组成

采用冯·诺依曼体系结构的计算机系统由五大基本部件组成：运算器、控制器、存储器、输入设备和输出设备。计算机系统通过指令实现对五大基本部件的控制，并在不同基本部件之间进行数据的传递。

（1）完成数据加工处理的运算器。

运算器用于完成各种算术运算、逻辑运算和数据传送等数据加工处理。

（2）控制程序执行的控制器。

控制器根据存放在存储器中的指令序列（程序）进行工作，并由一个程序计数器控制指令的执行。控制器具有判断能力，能根据计算结果选择不同的工作流程。

（3）记忆程序和数据的存储器。

存储器用于记忆程序和数据，如内存。程序和数据以二进制代码形式存放在存储器中，存放位置由地址确定。

（4）输入数据和程序的输入设备。

输入设备用于将数据或程序输入计算机中，如鼠标、键盘。

（5）输出处理结果的输出设备。

输出设备用于将数据或程序的处理结果展示给用户，如显示器、打印机。

计算机系统组成如图 1-3 所示。

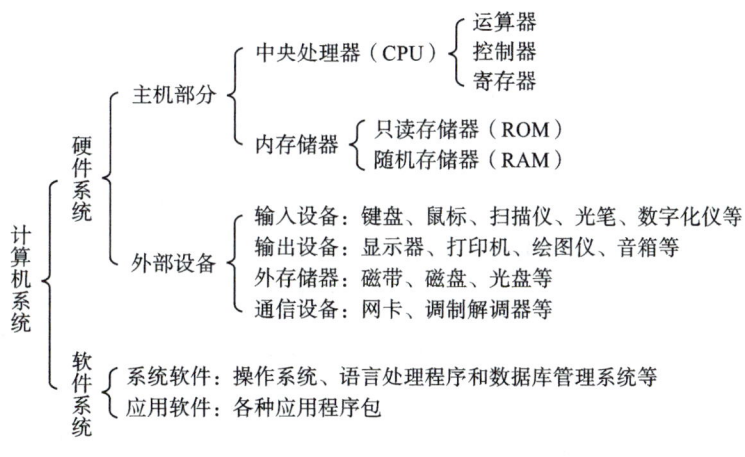

图 1-3 计算机系统组成

 ## 三、计算机硬件系统

计算机设备类型繁多，常用计算机设备主要是指现代信息系统中常用的物理装置和机械设备，一般包括计算机主机、外存储器设备、输入设备、输出设备、通信网络设备等。根据现今的情况，可以将计

算机设备分为计算机主机类设备、外围设备和移动终端设备三大类。

（1）计算机主机类设备。

以台式计算机为例，从外观上看，台式计算机主要包括 CPU、主板、芯片组、内存、硬盘、显卡、声卡、网卡、光驱、电源、机箱等硬件。其中，主机背面有许多插孔和接口，用于接通电源和连接键盘、鼠标等输入设备。

下面重点介绍组成计算机的部分硬件设备。

①主机。主机是指计算机除去输入设备和输出设备以外的主要机体部分，也是用于放置主板及其他主要部件的控制箱体。主机通常包括 CPU、内存、主板、硬盘、光驱、电源、机箱、散热系统以及其他输入/输出控制器和接口。

②中央处理器。中央处理器（central processing unit，CPU）作为计算机系统的运算和控制核心，是信息处理、程序运行的最终执行单元，是一块大规模的集成电路，是计算机系统的核心组件。用于个人计算机上的 CPU 主要有 Intel 系列和 AMD 系列，以及我国自主研发的龙芯系列等。

③运算器。运算器（arithmetic unit）是指计算机中执行各种算术运算和逻辑运算操作的部件。运算器的基本操作包括加、减、乘、除四则运算，与、或、非、异或等逻辑操作，以及移位、比较和传送等操作。运算器亦称算术逻辑部件（ALU）。

④控制器。控制器（controller）是指通过按照预定顺序改变主电路或控制电路的接线和改变电路中电阻值来控制电动机的启动、调速、制动和反向运转的主令装置。它由程序计数器、指令寄存器、指令译码器、时序产生器和操作控制器组成，是发布命令的决策机构，即完成协调和指挥整个计算机系统的操作。

⑤寄存器。寄存器的功能是存储二进制代码。它是由具有存储功能的触发器组合起来构成的。一个触发器可以存储 1 位二进制代码，故存放 n 位二进制代码的寄存器，需用 n 个触发器来构成。

⑥内存。内存（memory）是计算机的重要部件，也称内存储器、主存储器。它用于暂时存放 CPU 中的运算数据，以及与硬盘等外部存储器交换的数据。它是外存与 CPU 进行沟通的桥梁，计算机中所有程序的运行都在内存中进行，内存性能的强弱影响计算机整体发挥的水平。只要计算机开始运行，操作系统就会把需要运算的数据从内存调到 CPU 中进行运算，运算完成后，CPU 将结果传送出来。根据数据传输速度的不同，内存有 DDR2、DDR3、DDR4、DDR5 等类型。

⑦只读存储器。只读存储器（read-only memory，ROM）以非破坏性读出方式工作，只能读出信息，无法写入信息。信息一旦写入后就固定下来，即使切断电源，信息也不会丢失，所以只读存储器又称为固定存储器。ROM 所存数据通常是在装入整机前写入的，整机工作过程中只能读出，不像随机存储器那样能快速方便地改写存储内容。ROM 所存数据稳定，断电后所存数据也不会改变，并且结构较简单，使用方便，因而常用于存储各种固定程序和数据。

⑧随机存储器。随机存储器（random access memory，RAM）也叫主存，是与 CPU 直接交换数据的内部存储器。它可以随时读写（刷新时除外），而且速度很快，通常作为操作系统或其他正在运行中的程序的临时数据存储介质。RAM 工作时可以随时从任何一个指定的地址写入（存入）或读出（取出）信息。它与 ROM 最大的区别是数据具有易失性，即一旦断电所存储的数据将随之丢失。RAM 在计算机和数字系统中用来暂时存储程序、数据和中间结果。

⑨硬盘。机械硬盘（hard disk drive，HDD）由一个或多个铝制或玻璃制的碟片组成。这些碟片外覆盖有铁磁性材料。相比机械硬盘而言，固态硬盘（solid state disk 或 solid state drive，SSD，又称固态驱动器）是用固态电子存储芯片阵列制成的硬盘。固态硬盘读写速度更快、防振抗摔性更好、工作适应范围更大、功效更低，同时价格也更高昂。

⑩主板。主板又叫主机板（main board）、系统板（system board）或母板（mother board），是计算机最基本且最重要的部件之一。主板一般为矩形电路板，上面安装了组成计算机的主要电路系统，一般有BIOS 芯片、I/O 控制芯片、键盘和面板控制开关接口、指示灯插接件、扩充插槽、主板及插卡的直流电源供电接插件等元件。

（2）外围设备。

外围设备的种类繁多，计算机的输入设备、输出设备，移动存储设备，通信网络设备，虚拟现实设备，直播设备等，都可以视为外围设备。

①输入设备。输入设备（input device）是向计算机输入数据和信息的设备，是计算机与用户或其他设备通信的桥梁。输入设备是用户和计算机系统之间进行信息交换的主要装置之一。键盘、鼠标、摄像头、扫描仪、光笔、手写输入板、游戏杆、语音输入装置等都属于输入设备。输入设备是人或外部与计算机进行交互的一种装置，用于把原始数据和处理这些数据的程序输入计算机中。计算机能够接收各种各样的数据，它既可以接收数值型的数据，也可以接收各种非数值型的数据，如图形、图像、声音等都可以通过不同类型的输入设备输入计算机中，并进行存储、处理和输出。

②输出设备。输出设备（output device）是计算机硬件系统的终端设备，用于把各种计算结果数据或信息以数字、字符、图像、声音等形式表现出来。常见的输出设备有显示器、打印机、绘图仪、影像输出系统、语音输出系统、磁记录设备等。

③移动存储设备。移动存储设备是指可以随身携带、用于存储数据的设备。目前常用的移动存储设备主要包括 U 盘、移动硬盘和闪存卡等。

④通信网络设备。网络设备是用来将各类服务器、PC、应用终端等节点相互连接，构成信息通信网络的专用硬件设备，包括信息网络设备、通信网络设备、网络安全设备等。常见的网络设备有交换机、中继器、路由器、防火墙、集线器、网桥、网关、VPN 服务器、网络接口卡（NIC）、无线接入点（WAP）、调制解调器、5G 基站、光端机、光纤收发器、光缆等。其中，交换机、中继器、集线器、网桥等通信网络设备，主要使用于企业、单位、公司、学校机房、网吧等拥有多台计算机的组织，或需要组建局域网的情况。

⑤虚拟现实设备。虚拟现实设备指的是与虚拟现实技术领域相关的硬件产品，是虚拟现实解决方案中用到的硬件设备。现阶段虚拟现实中常用到的硬件设备，大致可以分为以下四类。

a. 建模设备，如 3D 扫描仪。

b. 三维视觉显示设备，如 3D 展示系统、大型投影系统（如 CAVE 投影系统）、头显（头戴式立体显示器）等。

c. 声音设备，如三维的声音系统以及非传统意义上的立体声设备。

d. 交互设备，包括位置追踪仪、数据手套、3D 输入设备（如三维鼠标）、动作捕捉设备、眼动仪、力反馈设备以及其他交互设备。

（3）移动终端设备。

移动终端设备又叫移动通信终端设备，是指可以在移动中使用的计算机设备。广义的移动终端设备包括手机、笔记本、平板电脑、POS机，甚至包括车载电脑。在大部分情况下，移动终端设备是指手机（包括具有多种应用功能的智能手机）以及平板电脑。随着网络和技术朝着越来越宽带化的方向发展，移动通信产业将步入真正的移动信息时代。随着集成电路技术的飞速发展，移动终端设备已经拥有了强大的处理能力，正在由简单的通话工具变为综合信息处理平台。

①智能手机与平板电脑。

a. 智能手机是具有独立的操作系统、独立的运行空间，可以由用户自行安装游戏、导航软件等第三方服务商提供的程序，并可以通过移动通信网络来实现无线网络接入的手机类型的总称。

b. 平板电脑也叫便携式电脑（tablet personal computer，tablet PC），是一种小型、方便携带的个人电脑，以触摸屏作为基本的输入设备。它拥有的触摸屏允许用户通过触控笔或数字笔而不是传统的键盘或鼠标来进行作业。用户可以通过内建的手写识别系统、屏幕上的软键盘、语音识别系统或者一个真正的键盘（如果该机型配备的话）实现输入。

②可穿戴智能设备。

可穿戴设备即直接穿在身上，或整合到用户的衣服、配件上的一种便携式设备。可穿戴设备是一种硬件设备，通过软件支持以及数据交互、云端交互来实现强大的功能。可穿戴设备会对我们的生活、感知带来很大的改变。

可穿戴智能设备是应用可穿戴技术对日常穿戴进行智能化设计、开发得到的可以穿戴的设备的总称，如智能眼镜、智能手套、智能手表等。

广义的可穿戴智能设备包括两类：一类功能全、尺寸大、可不依赖智能手机实现完整或者部分的功能，如智能手表或智能眼镜等；另一类只专注于某一类应用功能，需要和其他设备（如智能手机）配合使用，如各类进行体征监测的智能手环、智能首饰等。随着技术的进步以及用户需求的变迁，可穿戴智能设备的形态与应用热点也在不断变化。

 ### 四、计算机软件系统

软件系统（software system）是指由系统软件、支撑软件和应用软件组成的计算机软件系统。它是计算机系统中由软件组成的部分。

（1）系统软件是指控制和协调计算机及外部设备，支持应用软件开发和运行的系统，是无须用户干预的各种程序的集合。系统软件的主要功能是：调度、监控和维护计算机系统；负责管理计算机系统中各种独立的硬件，使得它们可以协调工作。系统软件使得计算机使用者和其他软件将计算机当作一个整体，而不需要顾及底层每个硬件是如何工作的。系统软件包括：操作系统，如DOS、Windows、UNIX、OS/2等；语言处理程序，如VB、C++、Java等；数据库管理系统，FoxPro、Access、Oracle、Sybase、DB2和Informix等。

（2）应用软件（application）和系统软件相对应，是用户可以使用的各种程序设计语言，以及用各种程序设计语言编制的应用程序的集合，分为应用软件包和用户程序。应用软件包是利用计算机解决某类问题而设计的程序的集合，多供用户使用，如 WPS、Word、Excel、腾讯电脑管家、腾讯手机管家、金山毒霸、钉钉、QQ、微信等。

 项目任务

任务 1：选配并连接适合自己的计算机设备，并填表 1-2。

表 1-2　配置预算清单

硬件	品牌型号	价格／元	硬件	品牌型号	价格／元
CPU			主板		
散热器			键盘		
内存			鼠标		
硬盘			显示器		
显卡			音箱		
电源			其他		
机箱			合计		

任务 2：在计算机上安装自己需要使用的软件。

 拓展知识

1. 计算机硬件的选配（显卡、声卡、网卡）

CPU、主板、显卡、网卡、声卡等硬件设备的搭配决定了计算机整体的性能。装机选配的关键在于兼顾兼容性和均衡性。例如，CPU 配置较高，但显卡配置较低，这样就无法充分发挥 CPU 的效能。因此，我们在选择硬件时要特别注意各个配件之间的兼容性和均衡性，这样才能真正使各个硬件充分协作，发挥出计算机的最佳功效。

（1）显卡。显卡（video card, display card, graphics card, video adapter）是个人计算机基础的组成部分之一，将计算机系统所需要的显示信息进行转换驱动显示器，并向显示器提供逐行或隔行扫描信号，控制显示器的正确显示。显卡是连接显示器和个人计算机主板的重要组件，是"人机"的重要设备之一。显卡内置的并行计算能力现阶段也用于深度学习等运算。

（2）声卡。声卡（sound card）也叫音频卡、声效卡，是计算机多媒体系统中最基本的组成部分，是实现声波／数字信号相互转换的一种硬件。声卡的基本功能是把来自话筒、磁带、光盘的原始声音信号加以转换，输出到耳机、扬声器、扩音机、录音机等声响设备，或通过乐器数字接口（MIDI）发出合成乐器的声音。

（3）网卡。网卡是一块被设计用来允许计算机在计算机网络上进行通信的计算机硬件。由于拥有 MAC 地址，因此网卡位于 OSI 参考模型的第 1 层和第 2 层之间。它使得用户可以通过电缆或无线方式相互连接。

2. 中国芯与光刻机

（1）中国芯。中国芯是指由中国自主研发并生产制造的计算机处理芯片。通过实施"中国芯"工程，采用动态流水线结构，我国研发生产了一系列中国芯。

中国芯通用芯片有魂芯系列、龙芯系列、威盛系列、神威系列、飞腾系列、申威系列，嵌入式芯片有星光系列、北大众志系列、湖南中芯系列、万通系列、方舟系列、神州龙芯系列。

作为大规模集成电路，芯片是能够影响一个国家现代工业的重要因素。但是，我国在芯片领域长期依赖进口，缺乏自主研发。国外芯片巨头却可以依靠在芯片领域长期积累的核心技术和知识产权，通过技术、资金和品牌方面的优势占据集成电路的战略要地。更重要的是，没有自主研发芯片的能力，我国就会处在被动地位，一旦供货方停止供货，就会严重影响我国许多领域产品的生产和销售。

为此，我国政府早在很多年前就已经大力支持国内企业进行芯片的自主研发和生产制造，目的就是摆脱国内芯片研发和制造的空白。

（2）光刻机。光刻机又名掩膜对准曝光机、曝光系统、光刻系统等，是制造芯片的核心装备。它采用类似照片冲印的技术，把掩膜版上的精细图形通过光线的曝光印制到硅片上。

光刻机的原理可以简单理解为利用光将图案投射到硅片上，目前如何使图案尽可能地小，如何使生产效率尽可能地高，是光刻机的技术难点。

我国光刻机技术水平与国际存在一定的差距，但通过科学家们的不断努力，这个差距变得越来越小。待中国光刻机的技术更加成熟和先进后，中国芯将真正实现腾飞。

第三节　计算机中的数制与信息编码

一、计算机中数制的表示

数制是计算机中非常重要的概念。在数学中，数制意味着使用特定的符号系统表示数字。以十进制为例，十进制数制系统是由 10 个数字（0、1、2、3、4、5、6、7、8、9）组成的，并且可以表示所有的数字。在计算机中，常用的数制有二进制、八进制、十进制和十六进制。每种数制都有其特点和应用场合。在计算机科学领域中，二进制和十六进制得到广泛应用：计算机内部使用二进制存储数据，而十六进制则方便人类理解和书写。

1. 二进制（基数 2）

二数制是基于 2 的数字系统，它只有 2 个数字，即 0 和 1。在计算机中，所有的数据和指令都使用二进制数表示。二进制数比其他数制数更容易处理，这是因为二进制中的所有数都可以用 0 和 1 的组合来表示。

2. 八进制（基数 8）

八进制是我们平常见到的一种数字表示方式，主要应用于 UNIX 和 Linux 系统中。在八进制数制系统中，有 8 个数字，分别是 0、1、2、3、4、5、6 和 7。在计算机中，八进制数常用于表示字节和其他数据存储的容量，这是因为 8 个二进制数可以组成 1 个字节。

3. 十进制（基数 10）

十进制是我们日常生活中最常用的一种数字表示方式，基本上每个人都会使用。在十进制数制系统中，有 10 个数字，分别是 0、1、2、3、4、5、6、7、8 和 9。十进制数制系统是人们最熟悉的数制系统，大多数的数学操作都使用十进制数进行。

4. 十六进制（基数 16）

十六进制是计算机科学中使用最广泛的数字表示方式之一。在十六进制数制系统中，有 16 个数字，分别是 0、1、2、3、4、5、6、7、8、9、A、B、C、D、E 和 F。在计算机中，十六进制数常用于表示颜色、网络地址和内存地址。十六进制数比二进制数更简洁，而且容易转换成二进制数进行处理。

总之，不同的数制在计算机中有不同的应用场合。理解计算机中的数制表示可以帮助我们更好地理解计算机内部的数据存储和处理方式。

二、数据及其转换

计算机中使用二进制码来表示数值，但在实际应用中常常需要进行不同进制之间的转换。例如，在计算机的存储器中，使用的是二进制码，但在人与计算机交互的过程中，常常需要进行十进制数的输入和输出。当需要将一个十进制数转换成二进制数时，可以采用除 2 取余法（整数转换）和乘 2 取整法（小数转换）。我们还可以使用现代编程语言提供的函数，如 Python 中的"bin（）"和"hex（）"函数，C++中的"bitset（）"函数等，将数字转换为其他进制数。

1. 十进制数转二进制数

把十进制数转换成为二进制数分为整数部分和小数部分两部分进行。

（1）整数转换——除 2 取余法，逆序排列。

将一个十进制数连续除以 2，直至商为 0，每次除以 2 所得的余数相组合，便得到所求的二进制数。读数的顺序是：最先取出的余数为二进制数的最低位，最后取出的余数为二进制数的最高位。

例如，将 $(57)_{10}$ 转换为二进制数：

	余数	最低位
2 57	·······1=a_0	
2 28	·······0=a_1	
2 14	·······0=a_2	
2 7	·······1=a_3	
2 3	·······1=a_4	
2 1	·······1=a_5	最高位
0		

$$(57)_{10}=(111001)_2$$

（2）小数转换——乘 2 取整法，顺序排列。

将十进制数的小数部分连续用 2 乘以该小数，取乘积的整数部分，直到乘积的小数部分为 0 或达到所需的精确度为止。把乘积得到的各个整数按原顺序排列，第一个整数为最高位。

例如，将 $(0.724)_{10}$ 转换成二进制小数：

	整数	最高位
0.724 × 2		
1.448	·······1=a_{-1}	
0.448 × 2		
0.896	·······1=a_{-2}	
0.792 × 2		
1.792	·······1=a_{-3}	
0.792 × 2		
1.584	·······1=a_{-4}	
0.584 × 2		
1.168	·······1=a_{-5}	
0.168 × 2		
0.336	·······1=a_{-6}	
× 2		
0.672	·······1=a_{-7}	
× 2		
1.344	·······1=a_{-8}	最低位

$$(0.724)_{10} = (0.101110\ 01)_2$$

2. 二进制数转十进制数

在进行二进制数转十进制数的运算过程中，需要了解两个概念：权和和进位。权和指的是一个数在某个进制下各位数字所对应的数值乘以各自的权重之和；而进位则指的是大于或等于进制数的数值超过某个进位值时对进制数进行加 1 的一种运算方式。在进行二进制数转十进制数的运算过程中，首先将二进制数的每一位与对应的权重相乘，然后把所有位上的值相加。例如，将二进制数 1101 转换为十进制数，运算过程及结果为：$1 \times 2^3+1 \times 2^2+0 \times 2^1+1 \times 2^0=13$。

3. 八进制数转二进制数

要将八进制数转换为二进制数，可以先将每个八进制位转换为三个二进制位，然后将结果组合起来，即得到二进制表示。

例如八进制数 16，可以看成是 016，拆分为 0、1 和 6 三个八进制位，将每个八进制位根据 8421 码转换为三个二进制位，三个二进制位组合在一起，得到二进制表示——000001110。

$$(0)_8=0 \times 2^2+0 \times 2^1+0 \times 2^0=(000)_2$$
$$(1)_8=0 \times 2^2+0 \times 2^1+1 \times 2^0=(001)_2$$
$$(6)_8=1 \times 2^2+1 \times 2^1+0 \times 2^0=(110)_2$$

4. 十六进制数转二进制数

将十六进制数转换成二进制数，其实就是将十六进制数的每一位都转换成相应的二进制数，并将它们合并起来。例如，将十六进制数 D5F 转换成二进制。D 是十六进制数中的 13，5 是 5，F 是 15。所以，将 13、5、15 分别根据 8421 码转换为四个二进制位，可得到结果：110101011111。

$$(13)_{16}=1 \times 2^3+1 \times 2^2+0 \times 2^1+1 \times 2^0=(1101)_2$$
$$(5)_{16}=0 \times 2^3+1 \times 2^2+0 \times 2^1+1 \times 2^0=(0101)_2$$
$$(15)_{16}=1 \times 2^3+1 \times 2^2+1 \times 2^1+1 \times 2^0=(1111)_2$$

计算机中数值的表示需要满足数据类型选择、进制转换等多个方面的要求，才能保证计算结果的正确性和精确性。在实际的计算机应用中，需要根据具体情况进行数据类型选择和合理应用。

三、常见信息编码（ASCII 码）

在现代化的计算机系统中，数制的表示已经成为计算机的基础知识之一。数制表示对计算机系统的运行速度有着深刻的影响。在计算机中，我们常常需要使用不同的数据类型来表示数字和其他类型的数据。常用的数据类型包括整型、浮点型、字符型、布尔型等。不同的数据类型需要遵守不同的数制表示规则。

1. 整型数值表示

在计算机中，整型数值的表示可以通过固定的内存空间来完成。换言之，整型数据类型需要一个存储空间来表示一个整型数值。不同的编程语言中，整型数据类型所占用的存储空间也不同。例如：C 语言中，整型数据类型可以占用 2 个字节、4 个字节或 8 个字节的存储空间；Java 语言中，则只定义了 4 种大小的整型数值，分别为 byte（1 个字节）、short（2 个字节）、int（4 个字节）以及 long（8 个字节）。整型数值在计算中的精度比较高（一般为 32 位或 64 位），这使得整型数据类型在一些需要精确计算的应用中比较常用，如统计整数数量或保证算法的正确性。

2. 浮点型数值表示

浮点型是指可以表示小数的数值类型。以单精度浮点型 float 和双精度浮点型 double 为例，float 占 4 个字节，double 占 8 个字节。因为浮点型数值需要用到指数和尾数来表示数值，所以浮点型数值在计算精度上要比整型数值低。在计算机中，为了表示浮点型数值，需要用到固定字节的内存空间来存储，这样才能保证浮点型数值的精度，并且规定双精度浮点型数值要比单精度浮点型数值高出一倍的精度。同样，在不同的编程语言中，浮点型数据类型所占用的存储空间也有所不同。

3. 字符型数值表示

字符型是指用来表示字符的一种数据类型，如 'A'、'B'、'C'、'1'、'2'、'3'。在计算机中，字符型数值需要使用 8 位的内存空间来存储，这意味着它们本质上属于整型数据类型。字符型数值在计算机中通常用 ASCII 码（见表 1-3）表示。使用不同的字符编码方式，字符型数值还可以表示其他语言的字符。

表 1-3 ASCII 码表

	0000	0001	0010	0011	0100	0101	0110	0111
0000	NUL	DLE	SP	0	@	P	`	p
0001	SOH	DC1	!	1	A	Q	a	q
0010	STX	DC2	"	2	B	R	b	r
0011	ETX	DC3	#	3	C	S	c	s
0100	EOT	DC4	$	4	D	T	d	t
0101	ENQ	NAK	%	5	E	U	e	u
0110	ACK	SYN	&	6	F	V	f	v
0111	BEL	ETB	'	7	G	W	g	w
1000	BS	CAN	(	8	H	X	h	x
1001	HT	EM	)	9	I	Y	i	y
1010	LF	SUB	*	:	J	Z	j	z
1011	VT	ESC	+	;	K	[	k	{
1100	FF	FS	,	<	L	\	l		
1101	CR	GS	–	=	M	]	m	}
1110	SO	RS	.	>	N	^	n	~
1111	SI	US	/	?	O	_	o	DEL

4. 布尔型数值表示

布尔型是一种逻辑数值类型，只有两个数值：true 和 false。在计算机中，布尔型数值用一位二进制数来表示，1 表示 true，0 表示 false。因为布尔型数值非常简单，所以它们可以用来表示许多应用场景，如控制流程的运行、定义条件语句等。

在实际编程中，正确使用数据类型可以提高程序的运行速度和精度，从而为计算机系统的正确性和可靠性打下基础。

四、信息的存储与存储单位

随着科技的飞速发展，计算机在我们的日常生活和工作中成为必不可少的工具。计算机在完成复杂计算的同时，需要进行信息的存储，将数据保存下来以便后续的处理。因此，了解信息的存储方式及存储单位对于我们使用计算机是非常重要的。

1. 信息的存储方式

信息的存储方式可以分为两种：顺序存储和随机存储。顺序存储是将数据按照顺序一个一个地存储在磁带或磁盘上，而且只能按照顺序访问。这种存储方式效率较低，适用于数据量较大且访问频率较低的情况。随机存储是将数据分别存放在不同的存储单元中，并且可以随意访问。这种存储方式可以大大提高访问和处理数据的速度，是目前计算机内存存储方式的主流。

2. 常用的存储单位

我们常用的存储单位有字节（byte，简写为 B）、千字节（KB）、兆字节（MB）、吉字节（GB）和太字节（TB）。其中，1 byte=8 bit(位)，1 KB=1024 byte，1 MB=1024 KB，1 GB=1024 MB，1 TB=1024 GB。这些存储单位可以帮助我们快速地了解需要存储多少数据，并选择适当的存储设备。

3. 常用的存储设备

目前常用的存储设备有磁盘、固态硬盘（SSD，见图 1-4（a））、U 盘（见图 1-4（b））、记忆棒等。磁盘是一种较为常见的存储设备，它采用顺序存储的方式，适用于存储大量数据。固态硬盘采用固态存储技术，访问速度更快，且不易受到外界干扰，因而拥有更高的稳定性和可靠性。U 盘以及记忆棒等存储设备适用于小容量的数据存储，如存储文件、文档等。

(a)   (b)

图 1-4　常用的存储设备

在进行信息存储时，还需要考虑数据的备份和安全性问题。备份数据可以防止数据的意外丢失，一般可以选择将数据存储在互联网云端或者外接设备上；而关于数据的安全性问题，则需要采取一定的保护措施，如设置密码等。

在计算机使用过程中，了解信息的存储方式及存储单位非常重要。我们需要从数据量和数据访问速度、存储设备的品质和数据备份、数据的安全性等方面综合进行考虑。在这样的基础上，我们可以选择合适的存储设备，保存我们的数据。

 项目任务

任务：计算 U 盘中可以存放多少数据。

认识 U 盘的容量，填写表1–4。

表1–4 U 盘容量认知

U 盘容量	图片 （一张图片 20 KB）	歌曲 （一首歌曲 5.5 MB）	电影 （一部电影 1.6 GB）
8 GB			
16 GB			
32 GB			
64 GB			
128 GB			

 拓展知识

1. 你不知道的"0"和"1"

计算机在现代社会中扮演着越来越重要的角色，我们几乎每天都使用计算机来完成各种各样的任务，而计算机中最基本的东西就是"0"和"1"。

在计算机中，"0"和"1"分别代表着两种状态，即"关"和"开"。例如，在计算机系统中，内存芯片的状态可以使用"0"和"1"两个二进制数来表示，"0"代表一个芯片处于关闭状态，"1"代表一个芯片处于开启状态。计算机系统是由这些"0"和"1"的状态组成的，通过这些状态变化，计算机可以完成各种各样的任务。

在逻辑运算中，"0"和"1"分别代表着"假"和"真"，通过它们可以进行复杂的逻辑运算。在位运算中，"0"和"1"代表着二进制数的位数，通过指定"0"和"1"可以进行各种位运算操作。

在计算机工程和科学中，广泛使用了"0"和"1"的处理方式，从而推动了计算机技术的快速发展和应用。

2. 条形码与二维码

条形码（见图 1-5）与二维码（见图 1-6）是现代社会发展中不可或缺的技术手段，它们被广泛应用于商品管理、物流配送、足迹追踪、支付结算等方面。它们的普及不仅改变了人们的购物方式，也提高了供应链管理效率，是现代商业活动中技术的重要组成部分。

图 1-5　条形码

图 1-6　二维码

（1）条形码的起源。

20 世纪 50 年代，美国发明了第一个条形码。该条形码由在飞机上工作的一名工程师 Norman

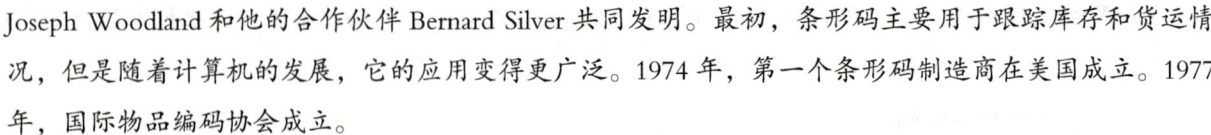

Joseph Woodland 和他的合作伙伴 Bernard Silver 共同发明。最初，条形码主要用于跟踪库存和货运情况，但是随着计算机的发展，它的应用变得更广泛。1974 年，第一个条形码制造商在美国成立。1977 年，国际物品编码协会成立。

（2）二维码的起源。

二维码是一种将信息编码成方块的二维图形，可以用来存储各种类型的信息，如链接、文本、图片和视频等。1994 年，日本 Denso Wave 公司的工程师腾弘原发明了第一个二维码。二维码最初是为了解决超市的购物问题而产生的。随着手机的普及，二维码的应用越来越广泛。它现在被用于公司标识、私人信息、广告、抽奖和优惠券等多种目的。微信、支付宝等应用也将二维码广泛应用于移动支付。

（3）条形码与二维码的各自优势。

和条形码相比，二维码可以包含更多的信息，并且不会受到扫码距离的限制。经常出现在广告中的微信二维码更具数字化属性与互动性，可以为消费者提供更丰富的信息。

然而，由于使用二维码需要一些特殊软件，因此，有些消费者可能不熟悉二维码的使用。另外，条形码可以使用更简单的扫描设备进行扫描，因此在学校及图书馆管理等领域，条形码的使用更为广泛。

综上所述，随着科技的发展，条形码与二维码已成为现代社会技术发展的重要组成部分，并且在生活和工作中有着广泛的应用。在未来，可能还会发展出三维码、四维码等。需要注意的是，在发展信息技术的同时，要加强对信息技术在安全性方面的研究，以确保信息的安全和合法性。

课后练习

1. 进制转换。

（347）$_{10}$ = （　　　　　　　）$_2$

（10010）$_2$ = （　　　　　　　）$_8$

（84）$_{10}$ = （　　　　　　　）$_{16}$

2. 存储单位换算。

1 byte（字节）= （　　　　）bit（比特）

1 KB（千字节）= （　　　　）byte（字节）

10 MB（兆字节）= （　　　　）KB（千字节）

1.5 GB（千兆字节）= （　　　　）MB（兆字节）

1.2 TB（万兆字节）= （　　　　）GB（千兆字节）

第四节 计算机信息安全基础

信息技术的发展给我们带来了极大的便利，同时我们更应该重视信息安全这个问题。隐私泄露、财产损失、病毒攻击等，都是我们在信息社会中需要重视的潜在威胁。

不仅仅是我们个人，信息安全同样存在于社会和国家层面。为此，国家也制定并发布了一系列与信息安全相关的法律法规，如《中华人民共和国网络安全法》《信息安全等级保护管理办法》等。只要我们在遵纪守法的前提下使用网络信息，那么信息安全就会得到保障。

本节将介绍信息安全常识，学习防范信息系统遭受恶意攻击的常用技能，以让我们可以在更加安全的环境下使用网络信息。

 一、信息安全

1. 信息安全概述

信息安全主要是指信息被破坏、更改、泄露的相关安全问题，如破坏涉及信息的可用性，更改涉及信息的完整性，泄露涉及信息的机密性等。因此，信息安全的基础，就是要保证信息的可用性、完整性和机密性。

（1）信息的可用性。

如果信息可用，则代表攻击者无法占用所有的资源，无法阻碍合法用户的正常操作。如果信息不可用，则对于合法用户来说，信息已经被破坏，这就涉及信息安全的问题。

（2）信息的完整性。

信息的完整性是指信息未经授权允许不能进行改变的特性。只有得到授权允许的用户才能修改信息，并且能够判断出信息是否已经被修改。如果信息在不知情的情况下被修改，对于合法用户来说，就涉及信息安全的问题。

（3）信息的机密性。

加密技术是实现信息机密性的手段之一，加密后的信息能够在传输、使用和转换过程中避免被第三方非法获取。如果在未经允许的情况下，信息被第三方获取，则表示信息泄露，这也涉及信息安全问题。

2. 信息安全现状

近年来，信息安全事件频繁曝光，泄露用户信息甚至买卖用户信息等行为屡禁不止。我国正在大力推进信息安全化社会的发展，从战略地位、法治建设、安全意识、组织措施等方面确保国家、社会和个人的信息安全。

3. 信息安全面临的威胁

网络在为我们带来更多便利的同时，也使我们的信息安全面临严重威胁。就目前来看，信息安全面临的威胁主要有以下几点。

（1）黑客的恶意攻击。

黑客是指擅长计算机硬件、软件、编程技术等的计算机人群。有些黑客会通过各种技术手段攻击计算机用户，以达到各种非法目的。

（2）软件设计的漏洞或"后门"程序产生的问题。

软件系统中的安全漏洞或"后门"程序是真实存在的、难以避免的安全隐患，不法分子往往会利用这些漏洞或"后门"程序，将恶意程序传递到网络和计算机中，达到窃取信息从而获利的目的。

（3）恶意网站中的陷阱。

一些恶意网站往往会显示人们感兴趣的内容，当用户访问或执行下载操作时，就会将恶意程序传输到用户的计算机上，从而让不法分子能够轻易控制用户的计算机，并获取信息。

（4）用户不良行为习惯引起的安全问题。

用户因为错误操作或不良习惯导致信息丢失、信息损坏、没有备份重要信息，或在网上滥用各种非法资源，都有可能对信息安全造成威胁。

随着计算机技术和互联网技术的发展与普及，为了更好地保障信息安全，我国陆续制定了一系列法律法规，如表1-5所示，用以制约和规范我们对信息的使用行为，阻止有损信息安全的事件发生。

表1-5　部分计算机安全法律法规

法律	《中华人民共和国刑法》第二百八十五条非法侵入计算机信息系统罪
	《中华人民共和国刑法》第二百八十六条破坏计算机信息系统罪
	《中华人民共和国刑法》第二百八十七条利用计算机实施犯罪的提示性规定
	《中华人民共和国个人信息保护法》
	《中华人民共和国数据安全法》
法规	《中华人民共和国计算机信息系统安全保护条例》
	《中华人民共和国计算机信息网络国际联网管理暂行规定》
	《中国互联网络域名注册实施细则》
	《中国公用计算机互联网国际联网管理办法》

在日常生活中，我们除了要养成良好的计算机使用习惯外，还应该注意计算机病毒的防治问题，以避免出现信息被破坏、更改、泄露等问题。

二、计算机病毒

1. 计算机病毒概述

根据《中华人民共和国计算机信息系统安全保护条例》规定，计算机病毒，是指编制或者在计算机程序中插入的破坏计算机功能或者毁坏数据，影响计算机使用，并能自我复制的一组计算机指令或者程序代码。

计算机病毒与医学上的病毒不同，它是人利用计算机软件和硬件所固有的"脆弱性"编制的计算机指令或程序代码，与日常生活中存在的生物病毒有着本质的区别。计算机病毒只可能在计算机系统或计算机网络中传播、复制，不会对计算机使用者造成伤害。

此外，计算机病毒属于计算机软件的范畴，因此计算机病毒感染或破坏的对象主要是计算机的软件资源（程序、数据等）。

《计算机病毒防治管理办法》第六条规定，任何单位和个人不得有下列传播计算机病毒的行为：

（1）故意输入计算机病毒，危害计算机信息系统安全；

（2）向他人提供含有计算机病毒的文件、软件、媒体；

（3）销售、出租、附赠含有计算机病毒的媒体；

（4）其他传播计算机病毒的行为。

此外，《计算机病毒防治管理办法》第七条规定，任何单位和个人不得向社会发布虚假的计算机病毒疫情；第十条规定，对计算机病毒的认定工作，由公安部公共信息网络安全监察部门批准的机构承担。

2. 计算机病毒的特性

计算机病毒具有以下特性。

（1）寄生性。

计算机病毒是一段短小精干的可执行代码，一般不独立存在，而是依附于磁盘系统或程序文件存在。

（2）传染性。

传染性是计算机病毒的重要特征。当计算机感染病毒后，病毒就会搜索计算机中符合其传染条件的程序或存储介质，并将自身代码植入其中，以实现自我繁殖。

（3）隐蔽性。

对于大多数用户而言，计算机病毒会对计算机产生不同程度的损害。计算机病毒为了不被发现而将自己隐藏在文件或程序中。

（4）潜伏性。

病毒感染计算机后不会立即发作，而是隐藏在计算机程序中伺机发作。当不满足发作条件时，病毒并不会影响计算机的使用。

（5）破坏性。

计算机病毒发作时可能会降低计算机的运行速度，也可能会破坏计算机的程序和用户数据。

（6）触发性。

计算机病毒的发作需要满足一定的条件，当不具备发作条件时，计算机病毒不会发作。

3.计算机病毒的分类

按照计算机病毒的破坏情况，计算机病毒大致可以分为良性病毒和恶性病毒两大类。

良性病毒可以理解为不会破坏计算机程序和数据的病毒。大多数时候，它会减缓计算机的运行速度，隐藏、泄露计算机中的文件和数据。

恶性病毒会破坏计算机中的程序和数据，使计算机或者计算机中的数据无法使用。

常见的计算机病毒可以归结为以下几类。

（1）引导区病毒。

引导区病毒利用操作系统的引导模块存放在某固定位置，控制权的转交方式以物理位置为依据，而不以操作系统引导区的内容为依据，因此病毒占据该物理位置即可获得控制权，而将真正的引导区内容转移或替换，待病毒程序执行后，将控制权交给真正的引导区内容，使这个带病毒的系统看似正常运转，而实际上病毒已隐藏在系统中并伺机传染、发作。

这类病毒传播的唯一途径是使用感染这类病毒的启动盘（包含可启动的光盘）启动计算机。如果只是读取感染了引导区病毒的磁盘或光盘上的文件，则计算机不会被感染。如果计算机已经感染了病毒，并且病毒驻留在内存中，则计算机在与外存设备发生数据交换时很容易传播病毒。

（2）文件型病毒。

文件型病毒寄生在其他文件中，通常利用对自身编码加密或其他技术隐藏自己。文件型病毒夺取正常文件启动主程序的可执行命令作为自身运行的命令，病毒激发成功后，便会将控制权交还给启动主程序，伪装成计算机运行正常。与此同时，病毒会执行大量的操作并通过自我复制在计算机中扩散，附着在其他可执行文件中。

（3）宏病毒。

宏病毒是一种特殊的文件型病毒。在研发部分软件时，为实现特定功能而引入了宏语言，并允许软件在运行时调用宏代码。宏的功能十分强大，但也给宏病毒留下了可乘之机。

（4）脚本病毒。

脚本病毒依赖脚本语言（如 VBScript、JavaScript 等），同时需要主软件或应用环境能够正确识别和翻译脚本语言中嵌套的命令。

（5）网络蠕虫病毒。

网络蠕虫病毒是一种通过间接方式复制自身的病毒。例如，有些网络蠕虫病毒可以拦截 E-mail 系统向全网络发送自己的复制品以传播自己。这类病毒借助网络传播，传播速度惊人，危害十分严重，可直接导致邮件服务器崩溃。

（6）"特洛伊木马"病毒。

这类病毒通常是指伪装成合法软件的非感染型病毒，但它们不自我复制，最常见的用途是窃取用户信息，如用户名和密码等。

4. 计算机病毒的诊断

（1）计算机感染病毒的表现。

①经常无故死机或出现蓝屏。

②程序无法正常启动或无响应。

③运行速度明显变慢。

④系统提示可使用内存不足。

⑤磁盘空间异常变小。

⑥网络通信发生错误。

⑦文件的日期、时间、大小等发生变化。

⑧文档丢失或被隐藏。

大部分非正常使用受限的情况都可能与计算机感染病毒有关。但是计算机硬件损坏，如硬盘损坏（物理破坏）、鼠标或键盘损坏、计算机开机时主板报警等问题，不是由计算机病毒造成的。

（2）计算机病毒的防范。

要想有效避免计算机病毒传播，我们需要先了解计算机病毒的传播途径。

计算机病毒一般通过网络或者移动存储设备来传播。例如，使用 U 盘或移动硬盘打开已感染病毒的文件、从网络中下载文件或电子邮件、浏览网页等，均可能感染计算机病毒。

就像戴口罩可以预防通过飞沫传播的疾病一样，只要计算机用户养成良好的计算机使用习惯，就可以有效防止计算机感染病毒。

防范计算机病毒的具体措施如下。

①安装杀毒软件并定期升级病毒库，经常扫描计算机系统并定时杀毒。

②打开计算机系统自带的防火墙，提升阻止病毒经网络入侵计算机系统的能力。

③不打开来历不明的文件，不浏览不健康网站，不传播带病毒的文件，在使用移动存储设备和打开文件时先用杀毒软件扫描等。

值得注意的是，计算机病毒的更新速度往往比病毒库的升级速度更快，杀毒软件无法扫描到或清除最新的计算机病毒，计算机仍然处于危险中。我们应养成良好的计算机使用习惯，以保护计算机的安全。

 项目任务

任务 1：杀毒软件的安装。

电脑杀毒软件相当于计算机的医疗系统，能够有效避免病毒的传播，在病毒影响计算机系统正常运行时，及时控制、消灭病毒。

市面上有很多电脑杀毒软件，无论选用哪一款，都好过不安装而让计算机暴露在风险中。下面我们以"腾讯电脑管家"为例，来了解电脑杀毒软件的安装步骤。

我们首先打开浏览器，使用搜索引擎找到需要下载的软件。我们使用"IE"浏览器打开"百度"

搜索引擎，在搜索栏里输入"腾讯电脑管家"，如图1-7所示。大多数时候，搜索引擎会在用户输入信息后，给出相关联的信息以供参考，如果用户输入的内容无误，则只需要按下"回车键"或单击"百度一下"进行搜索，不需要进行其他的操作。

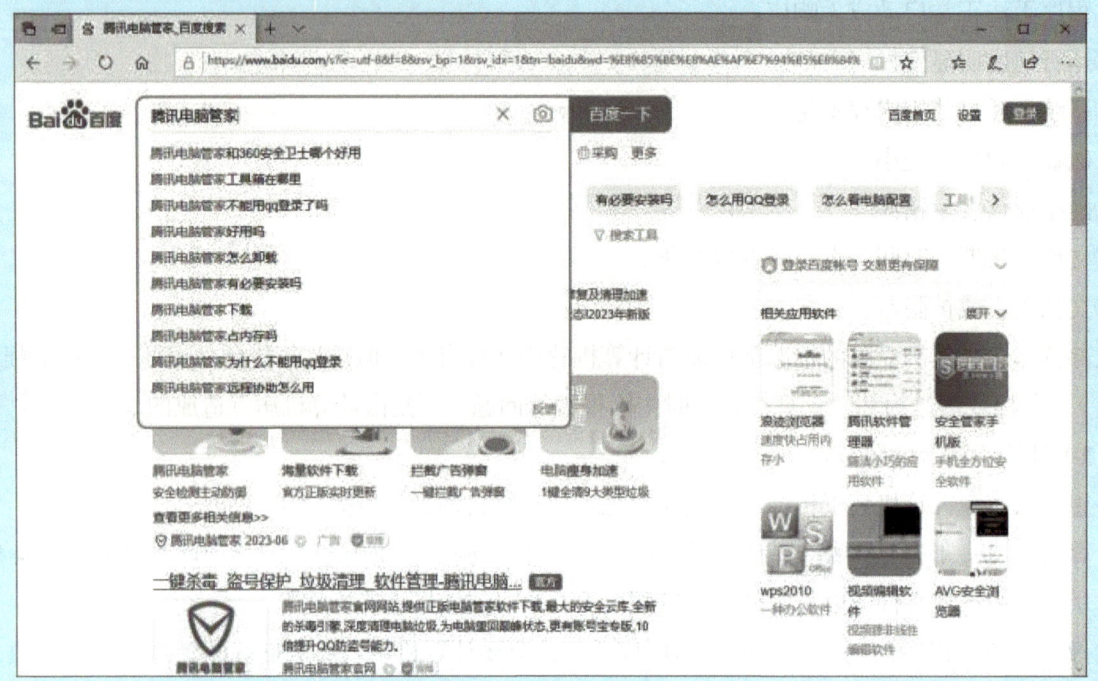

图1-7　在"IE"浏览器"百度"搜索引擎搜索栏里输入"腾讯电脑管家"

这时，在浏览器中，会显示多个与搜索内容相关的信息，为了避免下载到盗版软件，或进入广告链接中，我们需要单击带有"官方"字样的链接，如图1-8所示。

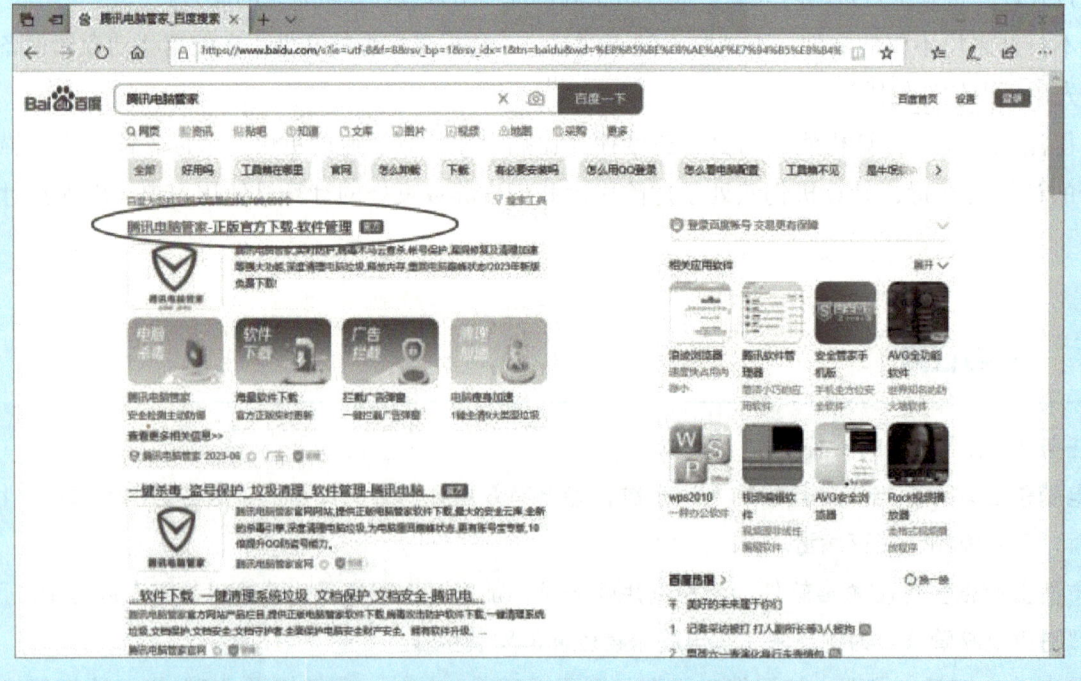

图1-8　应单击带有"官方"字样的链接

　　进入官方的链接后，我们需要找到下载的按钮，如图1-9所示。单击"立即下载"按钮，这时会出现"运行"和"保存"两个选项。为了避免下载的软件跳过计算机系统的安全检测直接运行，增加计算机的安全风险，我们选择"保存"选项，下载软件并经过计算机系统检测后，再进行后续操作。

图1-9　找到下载的按钮

　　文件下载好后，在浏览器中会提示"已完成下载"字样（见图1-10（a）），我们可以单击"运行"进行安装，或单击"打开文件夹"找到已经下载好的安装包（见图1-10（b））进行安装。

图1-10　文件下载好后的操作

计算机信息技术基础

目前，大部分软件的安装都是一键式的。值得注意的是，软件的安装位置会影响计算机的运行速度，给用户带来不好的体验感。我们需要在安装界面中设置安装路径。软件都默认安装在"C盘"，如图1-11（a）所示，我们可以将软件统一安装到其他盘，如"D盘"。具体的操作是，在图1-11（a）所示的安装界面单击安装路径后的文件夹图标，在弹出的"请选择安装目录"对话框（见图1-11（b））中设置安装路径。

(a)

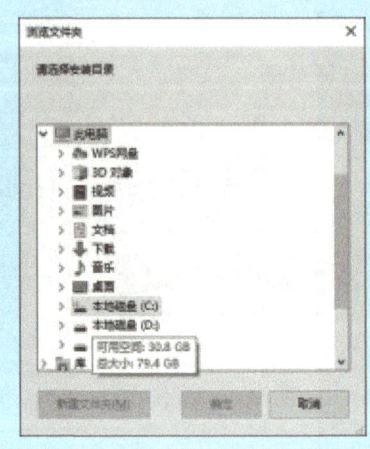
(b)

图1-11　安装路径的设置

勾选"同意协议"，单击"一键安装"，即开始安装软件，如图1-12（a）所示，等待完成安装即可。完成软件安装后，如图1-12（b）所示，我们就可以使用"腾讯电脑管家"对计算机进行检测了。

(a)

(b)

图1-12　软件安装及完成安装后的显示

任务2：使用杀毒软件查杀病毒。

电脑杀毒软件安装完成后，我们首先要对整个系统及硬盘的所有区域进行扫描，排查是否存在安全隐患。

单击"安全扫描"可以对整个计算机系统及所有盘进行扫描，也可以根据需求选择某些区域单独进行检测，如图1-13所示。

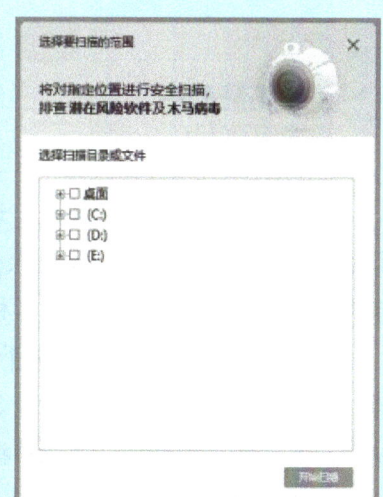

图 1-13　扫描排查是否存在安全隐患

在进行了全盘扫描后，杀毒软件会显示计算机系统中存在的风险，如图 1-14 所示。此时，我们可以选择"立即处理"或"暂不处理"。

对于杀毒软件中的其他功能，在此不一一展开介绍。

图 1-14　扫描结果

 拓展知识

怎样选择一款好的杀毒软件

在互联网高速发展的今天，计算机病毒、网络攻击等安全问题日益引起人们的关注，保护个人计算机安全成为当务之急。杀毒软件作为防御恶意软件威胁的重要工具，具有重要的应用价值。但是，市面上的杀毒软件种类繁多，怎样选择一款好的杀毒软件成了难题。

杀毒软件是一种能够检查并清除计算机病毒的电脑程序。它的核心功能包括查杀病毒、删除病毒、防止病毒入侵、实时监控等。杀毒软件通过对文件、软件、数据的扫描，检测计算机中是否存在病毒、木马等恶意程序，并能够执行清除、隔离等操作，从而保护计算机安全。

杀毒软件能够针对日常的计算机使用，如浏览网页、接收邮件、下载文件，及时发现安全隐患。装有杀毒软件的计算机，会在系统启动时自动扫描病毒、木马，检查系统漏洞。定期进行扫描、监测、清理，可以帮助计算机系统保持高效、健康。一旦计算机受到病毒、木马程序等恶意软件的攻击，杀毒软件能够起到一定的预防和保护作用，将我们的损失降到最低。

目前市面上的杀毒软件种类繁多，选择适合自己的杀毒软件至关重要。选择口碑好的品牌会避免一些不必要的风险，选择功能齐全的杀毒软件能让我们使用起来更方便。选择杀毒软件时应注意以下两点：宜选择能够及时更新病毒库，对安全隐患特征识别率高，防御能力强的杀毒软件；宜选择兼容性好，可以保障计算机稳定运行的杀毒软件。

如果你还是很茫然，最简单的方法就是问问身边的朋友，听一听他们用的是哪一款杀毒软件、体验如何。其实无论选择哪一款杀毒软件，都好过不安装而让自己的计算机暴露在风险中。

白帽子黑客——计算机领域的守护神

白帽子黑客是一群维护互联网秩序的"安保人员"。他们拥有高超的专业技能，致力于迅速识别安全漏洞并及时修复。工作中面对日益智能化、繁杂化和多样化的网络攻击环境，他们不断接受挑战、提升能力并解决问题，帮助企业抵御愈发严峻的安全风险，为企业的正常运作保驾护航，是企业持续发展的大后方。

2021年，国内白帽子黑客总数已超过173300人，帮助超过6000个客户组织发现并修复了超过1025449个漏洞，共获取超过3900万元漏洞赏金，获得了国际计算机界的认可。

 **课后练习**

1. 根据所学知识，为你的计算机选择一款你认为合适的杀毒软件，下载并安装。

2. 打开杀毒软件，检查杀毒软件是否需要升级更新。完成升级更新后，对系统及所有硬盘区域进行查杀检测，若发现有安全隐患，及时处理。

第五节　计算机软件与知识产权

 一、计算机软件与知识产权概述

计算机软件是指计算机系统中的程序、数据和文档。它是由人们运用计算机语言编写而成的，可以让计算机完成各种各样的工作。从设计一个小型应用程序到构建世界上最复杂的高性能系统，都能使用计算机软件来实现。

知识产权（见图1-15）又称为智力成果权、智慧财产权或智力财产权，是指对智力活动创造的精神财富所享有的权利。作为一个创造性的成果，计算机软件往往具有其独特的特点和优势。因此，在如今的知识经济时代，保护计算机软件的知识产权变得愈加重要。保护计算机软件知识产权的方法包括版权保护、专利保护和商标保护。

图1-15　有关知识产权的趣味漫画

1.版权保护

版权保护是保护计算机软件最常见的方法。它保护软件的代码、文档以及用户界面等方面，以确保他人不得擅自复制或散播该软件。此外，计算机软件开发人员也可以使用开源许可协议来保护其知识产权。开源许可协议通常允许其他人自由使用和修改软件代码，但必须遵守计算机软件开发人员制定的一些特定条款。国家版权登记证书样例如图1-16所示。

图 1-16　国家版权登记证书样例

2. 专利保护

专利保护是另一种保护计算机软件的方法。在许多国家，包括美国和欧盟国家，政府都允许计算机软件开发人员申请专利，以保护他们的发明和技术。专利可以使开发人员拥有独占的权利，并有权在其专利期限内禁止他人从事类似的活动。国家发明专利证书样例如图 1-17 所示。

图 1-17　国家发明专利证书样例

3. 商标保护

商标保护是用于保护与计算机软件相关的商业名称和标识符的方法。商标可以在市场上区分出一个产品或服务和其他的产品或服务（见图1-18）。例如，微软公司拥有"Windows"商标，这个商标可以唯一标识微软公司的操作系统，从而确保不会与其他类似系统混淆。

图 1-18　有关商标的趣味漫画

　　在计算机软件的快速发展时代，保护知识产权变得至关重要。采取适当的措施来保护计算机软件知识产权，不仅可以保护计算机软件开发人员的权益，也可以促进创新发展，并为消费者提供更安全、更好的计算机软件产品。

 二、计算机软件著作权

　　计算机软件的体现形式是程序和文件，它们是受《著作权法》保护的。计算机软件著作权（见图1-19）是指计算机软件作品依法获得的知识产权，是计算机软件创作者或者其权利人享有的财产权和人身权的集合体现。计算机软件著作权具有与其他知识产权相同或者类似的权利主题，如使用权、转让权、许可权、署名权和保护权，由法律保护。

图 1-19　有关计算机软件著作权的趣味漫画

计算机软件著作权的产生和保护，与软件行业的发展与成熟密不可分。计算机软件下载和篡改、盗版现象愈发严重，计算机软件著作权的法律维护面临越来越大的压力。因此，如何加强对计算机软件著作权的保护已成为当前亟须解决的问题。

 ### 三、计算机使用道德规范

计算机技术的高速发展对现代社会的进步做出了巨大的贡献。同时，计算机使用过程中的道德问题也受到了关注。由此，计算机的使用道德规范成为当今社会的一个话题。任何计算机活动都必须遵从适用的法律法规，计算机用户不得从事任何非法、不道德的活动。

1. 保护隐私权

随着计算机技术的发展，如互联网的普及，人们越来越容易遭受到隐私泄露的风险。隐私泄露不仅给个人带来了不便，也可能导致财产上的损失。因此，在计算机使用中保护隐私权（见图1-20）就显得尤为重要。计算机用户应该尊重他人的隐私权，不应有任何形式的隐私侵犯行为。用户在获取他人隐私信息时，一定要遵循相关规定，避免妨碍他人的权益。

图 1-20　有关保护隐私权的趣味漫画

2. 尊重版权

在计算机使用过程中，用户可能侵犯他人的版权。例如，用户在网络上下载一些侵权的音乐或视频，这就是侵犯了版权。侵犯版权的行为会导致版权所有人蒙受经济损失，因此保护版权也是非常重要的。计算机用户应该尊重知识产权，不应有任何形式的版权侵犯行为。计算机用户在网络上下载、转载他人的作品时，一定要获得版权所有者的授权，以免侵犯版权所有者的知识产权。

3. 注重安全

计算机的使用安全也是需要关注的。计算机安全问题包括但不限于病毒、木马、黑客攻击等，这些问题会导致计算机用户数据的丢失或者泄露，对计算机用户的财产、隐私等都具有巨大的威胁。计算机用户应该协助维护信息安全，不允许任何形式的黑客攻击、病毒侵袭等行为。同时，计算机用户在使用计算机过程中也需要注意保护信息安全，不随意将个人信息泄露给任何人。

4. 维护正义

在使用计算机过程中，某些用户做出违法和不正义的行为，例如，利用计算机进行诈骗、破解密码等。由于计算机使用是一个虚拟的行为，很容易避开监管和制约，因此，用户在计算机使用中应该充分考虑正义问题，应该遵守国家法律法规，不实施违法、不正义的行为。同时，计算机用户也应该尽量配合相关机构进行技术监管，以确保计算机使用的健康发展。

计算机技术正日益成为人们生活中的必需品，因此在计算机使用中，遵循道德规范，保障他人权益，维护社会正义，是每个计算机用户应该尽到的义务和社会责任。

四、计算思维

计算思维是运用计算机科学的基础概念进行问题求解、系统设计以及人类行为理解等涵盖计算机科学之广度的一系列思维活动。它的核心在于将问题转化为计算机可以处理的形式，利用计算机的特性，通过不断迭代和优化来解决问题。这种思维模式已经成为现代社会的基石，对计算机科学、数据科学、人工智能等领域的发展有着重要的推动作用。

计算思维是概念化，而不是程序化，本质是抽象和自动化，特征是概念化、是人的思维方式、是数学和工程思维的互补与融合。计算机科学不是计算机编程。像计算机科学家那样去思维意味着远不止能为计算机编程，还要求能够在抽象的多个层次上思维。

计算思维可以进一步解析为通过运用约简、嵌入、转化和仿真等方法，把一个看起来困难的问题重新阐释成一个我们知道问题怎样解决的方法。这是一种递归思维，是一种并行处理方法，是一种把代码译成数据又能把数据译成代码的方法，是一种多维分析推广的类型检查方法；是一种选择合适的方式去陈述一个问题，或对一个问题的相关方面建模使其易于处理的思维方法；是利用海量数据来加快计算，在时间和空间之间、处理能力和存储容量之间进行折中的思维方法等。

项目任务

任务：认识盗版软件的危害。

认识盗版软件的危害并填表 1-6。

表 1-6　正版软件和盗版软件的对比

项目		内容填写
正版软件	优点	
盗版软件	缺点	

 **拓展知识**

1. 鸿蒙 OS 的发展历程

随着移动设备在我们生活中的普及，操作系统成为手机、平板电脑等设备的核心组成部分。然而，市场上并没有一款全面适用于不同终端设备的操作系统。鸿蒙 OS 在这个时候应运而生。

鸿蒙 OS（HarmonyOS）最早是 2012 年华为公司提出的一个概念，旨在打造一个全新的操作系统，可以应用在不同类型的终端设备上。华为公司认为，传统的操作系统很难同时满足手机、平板电脑、可穿戴智能设备等多种终端设备的要求。因此，鸿蒙 OS 这个概念被提出来了。

（1）鸿蒙 OS 的初步构想。

在 2012 年，鸿蒙 OS 只是一个想法，华为公司开始设想未来新一代的操作系统能够给用户带来什么样的体验。

（2）鸿蒙 OS 的萌芽阶段。

2016 年，华为公司开始正式启动对鸿蒙 OS 的开发。在这一年，鸿蒙 OS 第一次公开亮相，并向全球开发者进行了展示。此时，鸿蒙 OS 还没有成为一个真正意义上的操作系统，只是一个尝试去破解各种终端设备面临的问题的概念。

（3）鸿蒙 OS 的面世。

2019 年 5 月，华为公司正式宣布了鸿蒙 OS 初版面世，名字是鸿蒙 OS 1.0。此时，华为公司已经将发展鸿蒙 OS 作为一项重要的战略，力求在未来打造一个支持多终端、全场景的操作系统。

（4）鸿蒙 OS 的发展。

随着鸿蒙 OS 在中国市场的推广，越来越多的手机厂商开始尝试应用鸿蒙 OS。在 2020 年的华为开发者大会上，鸿蒙 OS 2.0 发布。此版本加强了安全性以及应用处理能力。

2. 鸿蒙 OS 对行业的影响

相较于其他的操作系统，鸿蒙 OS 独树一帜，它致力于满足多终端设备的需求，同时保证终端设备之间的互联互通。由于鸿蒙 OS 的设计独特，各个厂商都可以根据自己的需求和市场反应来支持它，因此，鸿蒙 OS 被称为未来元年的重磅操作系统。在未来，它将会对全行业产生重要的影响，激发未来操作系统的创新。

在过去，难以支持多设备连接的问题影响着市场的发展前景，阻碍了用户需求的迅猛增长。鸿蒙 OS 对满足用户对多终端的需求、提供更加出色的连接能力和互操作性发挥了非常重要的作用。

第二章

计算机操作系统——Windows

第一节　操作系统概述

 一、认识操作系统

操作系统是计算机软件进行工作的平台，通过操作系统才能实现人机对话。目前，主流的操作系统是由微软公司开发的 Window 10 操作系统，它具有操作简单、启动速度快、安全和连接方便等特点。

当我们使用计算机、智能手机、平板电脑等信息技术终端时，实际上就是在各种图形界面上进行操作，而这些图形界面就是由操作系统提供的。我们在操作系统提供的图形界面上，利用鼠标、键盘等输入设备输入各种操作指令后，操作系统就能对这些操作指令进行解释、翻译，然后调动软件、硬件等各种资源，完成各种复杂的任务与操作。

目前主流的操作系统有桌面操作系统、服务器操作系统两种类型。

1. 桌面操作系统

1）Windows

Windows 是微软公司以图形用户界面为基础研发的操作系统，主要运用于计算机、智能手机等设备。它共有普通版本、服务器版本（Windows Server）、手机版本（Windows Phone 等）、嵌入式版本（Windows CE 等）等子系列，是全球应用最广泛的操作系统之一。

Windows 于 1983 年开始研发，最初的研发目标是在 MS-DOS 的基础上提供一个多任务的图形用户界面，后续版本逐渐发展成为主要为个人计算机和服务器用户设计的操作系统，并最终获得了世界个人计算机操作系统的垄断地位。Windows 初代版本于 1985 年 11 月 20 日推出，Windows 3.0 发布后开始取得商业地位；1993 年 8 月推出 Windows NT 系列，1996 年推出 Windows Server 系列，2000 年推出 Windows Mobile 系列（后被 Windows Phone 取代）。Microsoft Windows 早期为 MS-DOS 虚拟环境，后采用图形用户界面（GUI），且操作界面先后在 1995 年（Windows 95）、2000 年（Windows 2000）、2000 年（Windows Me（千禧年版））、2001 年（Windows XP）、2006 年（Windows Vista）、2012 年（Windows 8）进行提升，在 2015 年（Windows 10）进行大幅整改。

2）Windows 10

Windows 10 是微软公司研发的跨平台操作系统，应用于计算机和平板电脑等设备，于 2015 年 7 月 29 日发行。Windows 10 在易用性和安全性方面有极大的提升，除了针对云服务、智能移动设备、自然人机交互等新技术进行融合外，还对固态硬盘、生物识别器、高分辨率屏幕等硬件进行了优化完善与支持。

（1）Windows 10 的特点。

相比于以往的操作系统，Windows 10 的菜单得到了很大程度的改进，很多的人都觉得 Windows 10 做得非常棒。Windows 10 菜单采用的是 a ～ z 的排列方式，看上去非常清爽。Windows 10 的兼容性也非常强大。有的人做过一个测试：在计算机上装了 40 多个常用的软件，但是并没有发现软件之间有不兼容的现象，这一点可能是 Windows 中做得最好的。而且，这个系统还支持平板模式，解决了 Windows 8 造成逻辑混乱的难题。Windows 10 的软件窗口可以任意拖动，这对于用户来说是一个很不错的体验。

Windows 10 的特点可归纳如下。

①具有直观、高效的面向对象的图形用户界面，易学易用。

②用户界面统一、友好。

③支持丰富的与设备无关的图形操作。

④提供多任务操作环境。

（2）Windows 10 的版本分类。

Windows 10 有七个版本，七个版本之间的区别有三点，就是面向不同的用户群体、不同的使用环境和不同的使用设备。

① Windows 10 家庭版。

使用环境：仅供家庭用户使用。该版本包含常用功能，如 Edge 浏览器、Continuum 平板模式以及其他所有内置应用。

② Windows 10 专业版。

使用环境：定位于小型商业用户。该版本可以帮助目标用户管理各种设备、应用以及保护敏感数据。

③ Windows 10 企业版。

使用环境：定位于大中型企业。该版本提供给批量许可用户。最重要的一点是，它为部署"关键任务"的机器提供接入长期服务分支的选项。

④ Windows 10 教育版。

使用环境：定位于大学和其他各种学校用户。值得注意的是，微软公司表示使用 Windows 10 家庭版和专业版的学生和学校有升级到 Windows 教育版的专门途径。

⑤ Windows 10 移动版。

使用环境：定位于小型移动设备。该版本支持通用应用，并且包含 Windows 10 触控版 Office。微软公司称该版本包含 Continuum 平板模式，但是否能够启用还得看设备本身的支持能力。

⑥ Windows 10 移动企业版。

使用环境：定位于需要管理大量 Windows 10 移动设备的企业。该版本也通过批量许可方式授权，并且增加了新的安全管理选项，允许用户控制系统更新过程。

⑦ Windows 10 物联网核心版。

使用环境：定位于小型、低成本设备，专注于物联网。目前，该版本已支持树莓派 2 代 /3 代、DragonBoard 410c（基于骁龙 410 处理器的开发板）、MinnowBoard MAX 及 Intel Joule。

2. 服务器操作系统

服务器操作系统又称网络操作系统，是支持服务器运行的系统软件。目前主流的服务器操作系统有 UNIX、Linux、NetWare 等。

1）UNIX

UNIX 是 20 世纪 70 年代初出现的一个操作系统，除了作为网络操作系统之外，还可以作为单机操作系统使用。UNIX 作为一种开发平台和台式操作系统获得了广泛使用，主要用于工程应用和科学计算等领域。

UNIX 在计算机操作系统的发展史上占有重要的地位。它对已有技术做出精细、谨慎而有选择性的继承和改造，并且在操作系统的总体设计构想等方面有所发展。UNIX 的主要特点表现在以下几个方面。

（1）UNIX 在结构上分为核心部分和外围部分两个部分，而且两者有机结合成一个整体。核心部分承担系统内部的各个模块的功能，即承担处理机管理、进程管理、存储管理、设备管理和文件管理功能。核心部分的特点是精心设计、简洁精干，因只需占用很小的空间而常驻内存，以保证系统的高效率运行。外围部分包括系统的用户界面、系统实用程序以及应用程序，用户通过外围部分使用计算机。

（2）UINX 提供的用户界面良好，具有使用方便、功能齐全、清晰而灵活、易于扩充和修改等特点。UNIX 的使用有两种形式：一种是操作命令，即 shell 语言，提供用户可以通过终端与系统发生交互作用的界面；另一种是面向用户程序的界面，它不仅在汇编语言中向用户提供服务，而且在 C 语言中向用户提供服务。

（3）UINX 的文件系统是树形结构。UINX 的文件系统由基本文件系统和若干个可装卸的子文件系统组成，既能扩大文件存储空间，又有利于安全和保密。

（4）UINX 把文件、文件目录和设备做统一处理。它把文件作为不分任何记录的字符流进行顺序或随机存取，并使得文件、文件目录和设备具有相同的语法语义和相同的保护机制，这样既简化了系统设计，又便于用户使用。

（5）UINX 包含非常丰富的语言处理程序、实用程序和开发软件用的工具软件，向用户提供相当完备的软件开发环境。

（6）UINX 的绝大部分程序是用 C 语言编制的，只有约占 5% 的程序是用汇编语言编制的。C 语言是一种高级程序设计语言，它使得 UNIX 易于理解、修改和扩充，并且具有非常好的移植性。

（7）UINX 还提供了进程间的简单通信功能。

2）Linux

Linux，全称为 GNU/Linux，是一种免费使用和自由传播的类 UNIX 操作系统。它的内核由林纳斯·本纳第克特·托瓦兹（Linus Benedict Torvalds）于 1991 年 10 月 5 日首次发布。林纳斯·本纳第克特·托瓦兹在创立 Linux 时主要受到 MINIX 和 UNIX 思想的启发，Linux 是一个基于 POSIX 的多用户、多任务、支持多线程和多 CPU 的操作系统。它支持 32 位和 64 位硬件，能运行主要的 UNIX 工具软件、应用程序，并支持 UNIX 使用的网络协议。

Linux 继承了 UNIX 以网络为核心的设计思想，是一个性能稳定的多用户网络操作系统。Linux 有上百种不同的发行版本，如基于社区开发的 Debian、Arch Linux 和基于商业开发的 Red Hat Enterprise Linux、SUSE Linux、Oracle Linux 等。

Linux 的特点如下。

（1）完全免费。

Linux 是免费的操作系统，用户可以通过网络或其他途径免费获得，并可以任意修改其源代码。这是其他的操作系统所做不到的。正是由于这一点，来自全世界的无数程序员参与了 Linux 的修改、编写工作。程序员可以根据自己的兴趣和灵感对 Linux 进行改变，这让 Linux 吸收了无数程序员的精华，不断壮大。

（2）多用户、多任务。

Linux 支持多用户，各个用户对自己的文件设备有自己特殊的权利，保证了各用户之间互不影响。多任务是现代计算机最主要的一个特点，Linux 可以使多个程序同时并独立地运行。

（3）代码开源。

Linux 由众多微内核组成，其源代码完全开源。

3. 磁盘操作系统 DOS

磁盘操作系统 DOS（disk operating system），是早期个人计算机上的一类操作系统。从 1981 年 MS-DOS 1.0 直到 1995 年 MS-DOS 7.0 这 15 年间，DOS 作为微软公司在个人计算机（PC）上使用的一个操作系统载体，推出了多个版本。DOS 在 IBM PC 兼容机市场中占有举足轻重的地位。用户可以直接操纵管理硬盘的文件，以 DOS 的形式运行。

DOS 是一种个人计算机操作系统。它采用命令模式下的人机交互界面，用户通过这个界面来运行和控制计算机，就好像两个人在相互沟通。DOS 使用一些接近于自然语言或其缩写的命令，就可以轻松地完成绝大多数日常操作。另外，DOS 作为操作系统能有效地管理、调度、运行个人计算机各种软件和硬件资源。

在 Windows NT、Windows 2000、Windows XP、Windows Vista、Windows 7、Windows 8 和 Windows 10 的"开始"菜单中有一个"命令提示符"。它模拟了一个 DOS 环境，用户在"命令提示符"对话框可以使用相关的命令对计算机和网络进行操作。

 二、对话框与窗口

1. 对话框

在图形用户界面中，对话框（又称对话方块）是一种特殊的视窗，用来向用户显示信息，或者在需要的时候获得用户的输入响应。之所以称之为"对话框"，是因为它们使计算机和用户之间构成了一个对话——或者是通知用户一些信息，或者是请求用户的输入，或者两者皆有。

在 Windows 对话框中，通常会给用户提供多项选择的控件有以下几种。

（1）列表框（ListBox）。列表框是一种用于显示列表或选项的控件，用户可以在列表中选择一个或多个选项。列表框通常会显示一个或多个选项，用户可以使用鼠标或键盘上的上下箭头键来选取其中的一个或多个选项。

（2）组合框（ComboBox）。组合框是一种混合了文本编辑框和列表框的控件，用户可以在下拉列表中选择一个选项，或者在文本编辑框中输入自己的选项。

（3）复选框（CheckBox）。复选框是一种用于允许用户进行多选的控件，用户可以在复选框中选择一个或多个选项。复选框通常会显示一个或多个选项，用户可以通过单击鼠标来选取其中的一个或多个

选项。

（4）单选框（RadioButton）。单选框是一种用于允许用户进行单选的控件，用户只能在单选框中选择一个选项。单选框通常会显示多个选项，用户可以通过单击鼠标来选取其中的一个选项。

2. 窗口

Windows 窗口由标题栏、菜单栏、工具栏、工作区域、状态栏、滚动条、窗口缩放按钮组成。

（1）标题栏。标题栏位于窗口上方的蓝条区域，标题栏左边显示控制菜单图表和窗口中程序的名称。

（2）菜单栏。菜单栏位于标题栏下方，包含很多菜单。

（3）工具栏。工具栏位于菜单栏下方，它以按钮的形式给出了用户最经常使用的一些命令，如复制、粘贴等。

（4）工作区域。工作区域指窗口中间的区域，窗口的输入、输出都在工作区域进行。

（5）状态栏。状态栏位于窗口底部，显示运行程序的当前状态。通过它，用户可以了解到程序运行的情况。

（6）滚动条。如果窗口中显示的内容过多，当前可见的部分不够显示，窗口就会出现滚动条。滚动条分为水平滚动条与垂直滚动条两种。

（7）窗口缩放按钮。窗口缩放按钮即最大化按钮、最小化按钮、关闭按钮。

3. 对话框与窗口的联系与区别

从操作系统实现角度来看，对话框是特殊的窗口（window）。特殊之处不在于对话框会包含一些控件（如按钮、文本编辑框、列表框等），因为一般的窗口也可以包含这些控件。对话框和窗口的比较如下。

（1）窗口的右上角有三个按钮，分别是"最小化"按钮、"最大化 / 还原"按钮、"关闭"按钮；对话框右上角有两个按钮，分别是"帮助"按钮、"关闭"按钮。

（2）窗口和对话框都有标题栏，鼠标放在标题栏并按住左键可以移动窗口和对话框。

（3）窗口的大小可以调整，对话框的大小不可以调整。

 ## 三、Windows 10 的应用

1. 界面

Windows 10 的界面由桌面、快速启动栏、任务栏、桌面图标四个部分组成。

（1）桌面。桌面是打开计算机并登录系统之后看到的显示器主屏幕区域。就像实际的桌面一样，它是用户工作的平面。打开程序或文件夹时，它们便会出现在桌面上。用户还可以将一些项目（如文件和文件夹）放在桌面上，并且随意排列它们。

（2）快速启动栏。快速启动栏位于计算机屏幕左下方，用于快速找到应用程序的功能键。

（3）任务栏。任务栏主要由三个部分组成：中间部分，显示正在运行程序，并可以进行切换；"开始"按钮，位于任务栏最左侧，通过它可以访问程序、文件夹、计算机设置和关机等；通知区域，位于任务栏最右侧，包括一个时钟和一组图标，表示计算机上某程序的状态，或提供访问特定设置的途径。

（4）桌面图标。桌面图标各自代表着一个程序，用鼠标双击图标就可以运行相应的程序。常见的系统图标有此电脑、网上邻居、回收站、我的文档、控制面板、Internet Explorer。除此之外，用户也可以为自己常用的程序在桌面上建立一个图标，即快捷方式，通过双击这个图标来运行程序。

2. 图标

图标指具有指代意义的图形符号，具有高度浓缩并快捷传达信息、便于记忆的特性。一个图标是一个小的图片或对象，代表一个文件、程序、网页或命令。图标有助于用户快速执行命令和打开程序文件。单击或双击图标可以执行一个命令。图标也用于在浏览器中快速展现内容。所有使用相同扩展名的文件具有相同的图标。

3. 控制面板

控制面板（control panel）是 Windows 系统图形用户界面的一部分，可通过"开始"菜单访问。它允许用户查看并更改基本的系统设置，如添加 / 删除软件、控制用户账户、更改辅助功能选项。在 Windows 系统中，控制面板就是一种用户接口，在某种程度上类似汽车上的仪表盘，以容易阅读的方式组织并表示信息。控制面板功能全面，具体如下。

1）辅助功能

控制面板允许用户配置个人计算机的辅助功能。它支持多种主要针对有不同喜好的用户或者有计算机硬件问题的设置。

（1）可更改声音方案。

（2）可激活高对比度模式。

（3）可自定义键盘光标。这可以修改在文本输入模式下光标的闪烁速度与宽度。

（4）可通过数字键盘控制鼠标指针。

2）添加硬件

通过控制面板可启动一个可使用户添加新硬件设备到系统的向导。这可通过从一个硬件列表中选择或者指定设备驱动程序的安装文件位置来完成。

3）卸载程序

控制面板允许用户从系统中添加或删除程序。添加 / 删除程序的对话框也会显示程序被使用的频率，以及程序占用的磁盘空间。

4）管理工具

控制面板包含为系统管理员提供的多种工具，包括安全配置工具、性能配置工具和服务配置工具。

5）日期和时间

控制面板允许用户更改存储于计算机 BIOS 中的日期和时间，更改时区，并通过 Internet 时间服务器同步日期和时间。

6）个性化（显示属性）

通过控制面板可加载允许用户改变计算机显示设置（如桌面壁纸、屏幕保护程序、显示分辨率等）的显示属性窗口。

7）文件夹选项

控制面板允许用户配置文件夹和文件在 Windows 资源管理器中的显示方式。文件夹选项也被用来修

改 Windows 中文件类型的关联，这意味着使用何种程序打开何种类型的文件。

8）字体

通过控制面板可显示所有安装到计算机中的字体。用户可以删除字体、安装新字体或者使用字体特征搜索字体。

9）游戏控制器

控制面板允许用户查看并编辑连接到个人计算机上的游戏控制器。

10）Internet 选项

控制面板允许用户更改 Internet 安全设置、Internet 隐私设置、HTML 显示选项和多种诸如主页与插件等网络浏览器选项。

11）键盘

通过控制面板，用户可更改并测试键盘设置，包括光标闪烁速率和按键重复速率。

12）邮件

控制面板允许用户配置 Windows 中的电子邮件客户端（通常为 Microsoft Outlook）。Microsoft Outlook Express 无法通过此项目配置，只能通过自身的界面配置。

13）网络和共享中心（网络连接）

控制面板显示并允许用户修改或添加网络连接，诸如本地网络（LAN）和因特网（Internet）连接。它在一旦计算机需要重新连接网络时提供了疑难解答功能。

14）通信选项

通过控制面板，用户可管理电话和调制解调器连接。

15）电源选项

控制面板电源选项包括管理能源消耗的选项，可决定当按下计算机的开 / 关按钮时计算机的动作，或不激活休眠模式。

16）安装设备

通过控制面板，可显示所有安装到计算机上的打印机和传真设备，并允许它们被配置或移除，或者添加新的打印机和传真设备。

17）区域选项

通过控制面板，可改变多种区域设置，如数字显示的方式（如十进制分隔符）、默认的货币符号、时间和日期符号。

18）视频设备

通过控制面板，可显示所有连接到计算机的扫描仪和相机，并允许它们被配置或移除，或者添加新的扫描仪和相机。

19）操作中心（安全中心）

安全中心仅在 Windows XP Service Pack 2 和 Windows Vista 中可用（Windows 7 及以上改为使用 Windows Defender）。它是一个允许用户查看多种安全特性状态的部件。

20）音频设备

控制面板可实现多种与声音相关的功能，如更改声卡设置、更改系统声音，或者在特定事件发生时播放特效声音。

21）任务栏和"开始"菜单

控制面板允许更改任务栏的行为和外观。

22）用户账户

控制面板允许用户控制与使用系统中的用户账户。用户如果拥有必要的权限，还可提供给另一个用户（管理员）权限或撤回权限，添加、移除或配置用户账户，等等。

 项目任务

任务 1：操作系统的基本操作（界面）。

对于图形用户界面而言，最常见的操作对象包括窗口、对话框、菜单、命令、选项、按钮等。本任务将通过添加桌面图标、为程序创建桌面快捷方式图标、设置"开始"菜单以及操作窗口和对话框等操作，让大家进一步了解图形用户界面的使用方法。具体操作如下。

①启动计算机，进入 Windows 10 操作系统。在桌面空白区域单击鼠标右键，在弹出的快捷菜单中选择"个性化"命令，打开"设置"窗口。

②选择左侧列表框中的"主题"选项，在当前显示的界面中单击"桌面图标设置"超链接，打开"桌面图标设置"对话框，单击选中需要在桌面上显示的桌面图标对应的复选框，这里单击选中"计算机""回收站""用户的文件"和"控制面板"复选框，单击"确定"按钮。

③单击桌面左下角的"开始"按钮，在弹出的"开始"菜单中找到"计算器"程序，在该程序上按住鼠标左键不放，将程序拖曳到桌面上，释放鼠标左键，便可以创建"计算器"程序的桌面快捷方式图标。在以后的使用中，只需要在桌面上双击该快捷方式图标，便可快速启动"计算器"程序。

④在"开始"按钮上单击鼠标右键，在弹出的快捷菜单中选择"设置"命令。

⑤打开"设置"窗口，选择左侧列表框中的"开始"选项，根据自己的操作习惯对"开始"菜单进行设置，具体设置方法为单击开 / 关按钮进行开 / 关两种状态的切换。这里仅开启"在'开始'菜单中显示应用列表"和"显示最近添加的应用"功能。

⑥双击桌面上的"此电脑"图标，打开"此电脑"窗口，单击窗口右上角的"最大化"按钮最大化显示窗口内容。

⑦单击"查看"菜单项，并单击相应功能区右侧的"选项"按钮。

⑧打开"文件夹选项"对话框，单击"查看"选项卡，在"高级设置"下拉列表框中单击选中"始终显示菜单"复选框，然后单击"确定"按钮。

⑨单击"此电脑"窗口右上角的"关闭"按钮关闭窗口。

任务 2：设置任务栏与"开始"菜单。

任务栏一般位于屏幕的下方，用户可以根据需要调整任务栏到屏幕除下方以外的其他 3 个边框位置上。特别地，为了扩大屏幕的显示区域，用户还可以暂时隐藏任务栏。以 Windows XP 为例，具体操作如下。

①单击"开始"按钮，然后选择"设置"→"任务栏和开始菜单"命令，弹出的"任务栏和「开始」菜单属性"对话框。

②在该对话框的"任务栏"选项卡中，单击"任务栏外观"区域内的"自动隐藏任务栏"复选框。

③单击"确定"按钮，即可自动隐藏任务栏。

提示：当鼠标指针移到屏幕最下方时，任务栏自动弹出，以供用户使用。

④重复上述过程，可以显示任务栏。

 拓展知识

国产操作系统多是以 Linux 为基础二次开发的操作系统。2014 年 4 月 8 日起，美国微软公司停止了对 Windows XP Service Pack 3 操作系统提供服务支持，这引起了社会和广大用户的广泛关注和对信息安全的担忧。2020 年对 Windows 7 服务支持的终止再一次推动了国产操作系统的发展。我国工信部对此表示，将继续加大力度，支持基于 Linux 的国产操作系统的研发和应用，并希望用户可以使用国产操作系统。对于国产操作系统，这里只列举几个。

1. 华为鸿蒙操作系统

华为鸿蒙操作系统（HUAWEI HarmonyOS，见图 2-1）是华为公司开发的一款基于微内核、面向 5G 物联网、面向全场景的分布式操作系统。鸿蒙的英文名是 HarmonyOS，意为和谐。HarmonyOS 不是通过修改安卓系统而来的，它是与安卓系统、iOS 不一样的操作系统。它在性能上不弱于安卓系统。该系统是面向下一代技术而设计的，能兼容安卓应用的所有 Web 应用。

图 2-1　华为鸿蒙操作系统

HarmonyOS 旨在创造一个超级虚拟终端互联的世界，将人、设备、场景有机地联系在一起，实现极速发现、极速连接、硬件互助、资源共享，用合适的设备提供场景体验。

2. 银河麒麟

银河麒麟是由国防科技大学、中软公司、联想公司、浪潮集团和民族恒星公司合作研制的闭源服务器操作系统。此操作系统是 863 计划重大专项，目标是打破国外操作系统的垄断，研发一套中国自主知识产权的服务器操作系统。银河麒麟完全版共包括实时版、安全版、服务器版三个版本，简化版是基于服务器版简化而成的。

3. 红旗 Linux

红旗 Linux（见图 2-2）是中国较大、较成熟的 Linux 发行版之一，也是国产较出名的操作系统。近年来，红旗 Linux 不断完善和升级，已经成为国内外广泛使用的 Linux 发行版之一。

图 2-2 红旗 Linux

4. 凤凰系统

凤凰系统（PhoenixOS）和其他大部分操作系统不一样，是一款基于安卓系统的大屏幕系统。它的特点如下：具有类似 Windows 的桌面、多窗口、键鼠操作等特性；通过底层适配和强大的游戏助手，安卓游戏可以在凤凰系统上运行；支持键盘、鼠标、手柄三种常用外设；应用可以窗口化运行，可以最小化到任务栏，甚至可以改变窗口的尺寸；可对当下热门的游戏预设键位，并且随着游戏版本变化及时在线更新。

 **课后练习**

一、键盘练习

键盘是计算机中非常重要的输入设备之一，请以正确的姿势和指法练习键盘的使用，熟练掌握正确的键盘操作指法。

其中，操作键盘的姿势为：身体坐正，双手自然放在键盘上，腰部挺直，上身微前倾。座椅的高度与键盘、显示器的放置高度适中，一般以双手自然垂放在键盘上时肘关节略高于手腕为宜；显示器高度则以操作者坐下后，其目光水平线处于屏幕上 2/3 处为优。

指法规则为：将左手的食指放在"F"键上，将右手的食指放在"J"键上，其他手指（除大拇指外）按照顺序分别放置在相邻的 6 个基准键上，双手的大拇指放在"Space"键上。

8 个基准键是指主键盘区第 3 排按键中的"A"键、"S"键、"D"键、"F"键、"J"键、"K"键、"L"键、";"键。每个手指负责的键位不同，按键后手指迅速返回相应的基准键。

二、输入法练习

（1）单击输入法图标，选择一种中文输入法。我们以智能 ABC 输入法为例介绍中文输入法的使用。

切换中英文输入法：同时按"Ctrl"键和"Space"键。

各种输入法间的切换：同时按"Ctrl"键和"Shift"键。

（2）智能 ABC 输入法。

智能 ABC 输入法不是一种纯粹的拼音输入法，而是一种音形结合输入法。

输入法中文信息技术教案如下。

①全拼输入：如"我"，输入"wo"。

②简拼输入：如"中国"，输入"zhg"或"zg"。

③混拼输入：如"长城"，输入"changc"或"chcheng"。

注意：拼音输入法有重码多的特点，当当前选词框中没有所需的词时，按"+"键或"−"键上下翻页。

④音形输入：有八个笔形，即横 1、竖 2、撇 3、点 4、折 5、弯 6、叉 7、方 8，如"软件"，输入"r1j"或"r1j3"或"rj13"或"rj1"。

在智能输入法下输入英文，只需要在输入的英文字母前输入"v"即可，如输入"teacher"，只需键入"vteacher"即可。

（3）打开桌面上的金山打字软件开始练习。

第二节　Windows 中的资源管理

信息资源包括文字、图片、数据、音频、视频等各种各样的资源。如果不对信息资源进行有效管理，信息资源就会变得杂乱无章，同时也不利于信息资源的安全保存和使用。因此，会管理信息资源是我们使用计算机系统时应该具备的基本技能。

 一、认识文件与文件夹

在计算机等信息技术设备中，信息资源大多以文件的形式存储在存储器中。这可以理解为，文件是存储信息的基本单位。信息技术设备中的文字、图片、音频、视频等资料，都是以文件的形式保存在硬盘中的。

1. 文件与文件名

计算机操作系统中的每个文件都有一个文件名，操作系统通过文件名对文件进行组织和管理。在正常情况下，操作系统的文件名最多可由 255 个字符组成。以 Windows 10 为例，文件名的组成与使用规则如下。

（1）文件名允许使用空格，在查询文件时允许使用通配符 "*" "?"。

（2）文件名允许使用多个间隔符 "."，最后一个间隔符后的字符被认为是扩展名。例加，文件 "请假条 .docx" 的扩展名为 ".docx"，文件 "新年好 .gs.mp3" 的扩展名为 ".mp3"。

（3）文件名中不允许出现 ?、\、/、*、""、:、<、>、| 等符号。

2. 文件的类型

在计算机操作系统中，文件根据存储信息的不同分成不同的类型，并以扩展名区分。文件的类型主要包括可执行文件、文本文件、字体文件、压缩包文件、数据文件等。以 Windows 10 为例，部分文件类型及其扩展名如表 2-1 所示。

表 2-1　Windows 10 部分文件类型及其扩展名

扩展名	类型	扩展名	类型
.sys	系统文件	.docx	Word 文档文件
.ini	配置文件	.xlsx	Excel 文件
.tmp	临时文件	.bmp	一种常用的图像文件
.htm	网页文档文件	.jpg	一种常用的图像文件

扩展名	类型	扩展名	类型
.txt	文本文件	.mp3	一种常用的声音文件
.zip	压缩文件	.rm	一种常用的视频文件
.dll	动态链接库文件	.swf	FLASH 动画文件
.hlp	帮助文件	.exe 或 .com	可执行文件

注意：在对文件重命名时，不要随意修改文件的扩展名，这样会导致计算机系统无法识别文件，导致文件无法使用。当然，也可以通过更改文件扩展名的方法，改变文件类型，将文件变成另一种类型的文件，但是这样的方法可能会导致文件无法打开或使用。

3. 显示 / 隐藏已知文件类型的扩展名

在日常的使用中，经常会出现因为个人失误更改了文件的扩展名，导致文件无法被计算机识别，不能正常使用的情况。

大部分计算机系统在默认情况下已将常见的文件扩展名隐藏起来，以减少因人为操作的失误造成的问题。用户需要修改文件扩展名时，必须先将扩展名显示出来。

显示文件扩展名的操作方法为：打开磁盘或文件夹，选择"工具"菜单下的"文件夹选项"命令，在弹出的"文件夹选项"对话框中选择"查看"选项卡，在"高级设置"列表框中找到"隐藏已知文件类型的扩展名"复选框，单击该复选框（"√"消失），然后单击"确定"按钮确认操作，如图 2-3 所示。

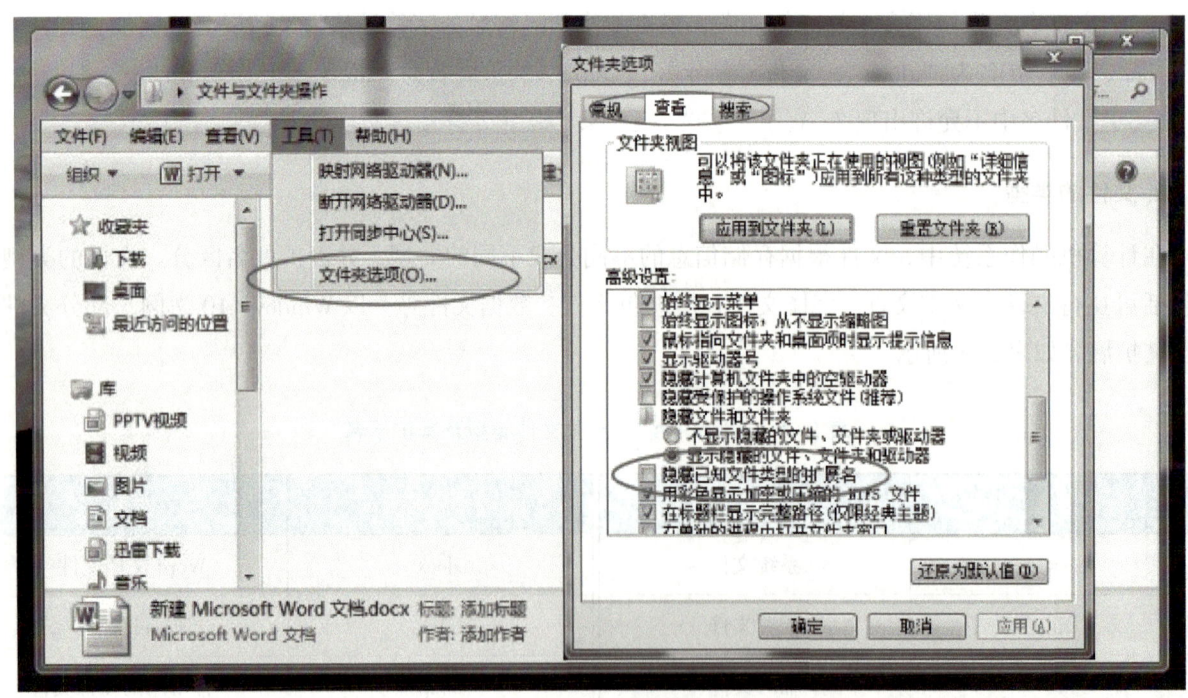

图 2-3　显示文件扩展名的操作方法

二、认识文件夹树

在计算机操作系统中也采用了文件夹结构。一个文件夹类似一个储物箱，可以用来存放文档、程序、视频、音乐等文件，也可以用来存放其他的文件夹（称为子文件夹）。通过文件夹，可以实现对不同文件的分类、归纳和管理等操作。

由于各级文件夹之间存在着包含的关系，因此所有文件夹就构成了一个树状结构，称为文件夹树。计算机操作系统往往会将磁盘等外存储器划分为一个个驱动器盘符区域，每个驱动器盘符下都有自己的多级文件夹和文件目录，各盘符下的顶层目录为根目录，下一级目录为子目录。如图 2-4 所示，C 盘和 D 盘为顶层的根目录，"0_公司项目""1_学习材料""4_备份与恢复"为 D 盘的子目录，"0_英语学习""1_工程技术"为"1_学习材料"的子目录。

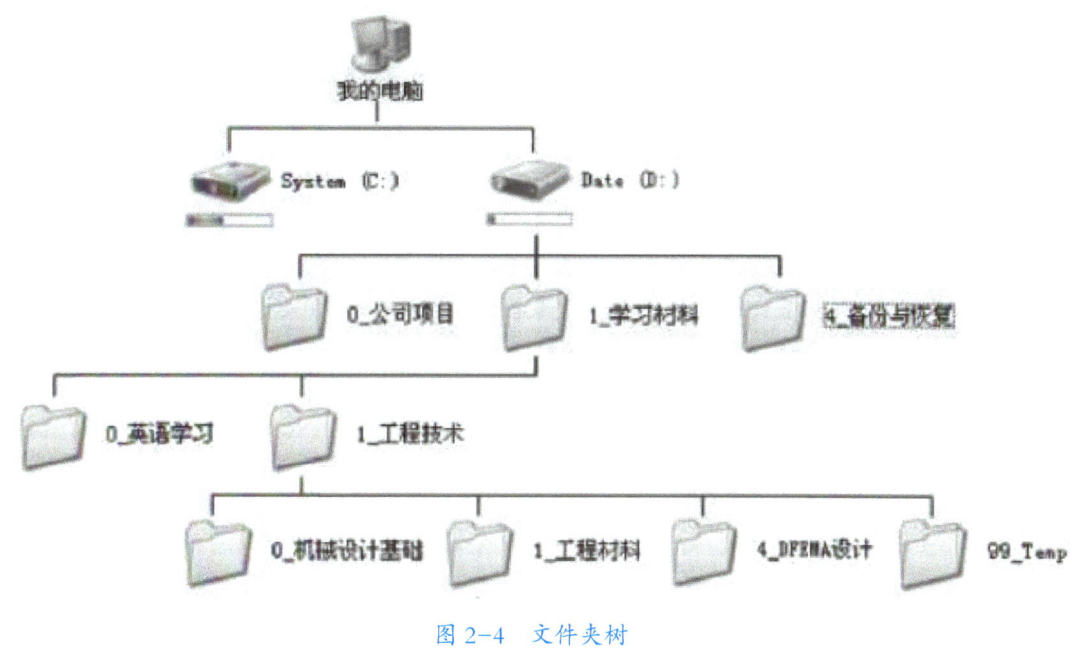

图 2-4　文件夹树

三、文件与文件夹的基本操作

如果不对文件进行分类整理，我们将不容易找到需要的文件，而且，打开资源管理器后，文件让我们感到杂乱无章。所以，整理文件和整理我们的物品一样重要。

杂乱的摆放（见图 2-5（a））让人在找资料时有些无从下手；而整齐的摆放（见图 2-5（b））不仅让人有耳目一新之感，而且方便查找资料。

电脑桌面也一样，只有做好分类、归纳和管理，如图 2-6 所示，我们的工作效率、学习效率才会提高。下面让我们来学习怎样有效地分类、整理文件吧。

1. 新建

当我们需要统一收纳文件时，我们就需要新建一个文件夹。

(a)   (b)

图 2-5   物品整理的重要性示例

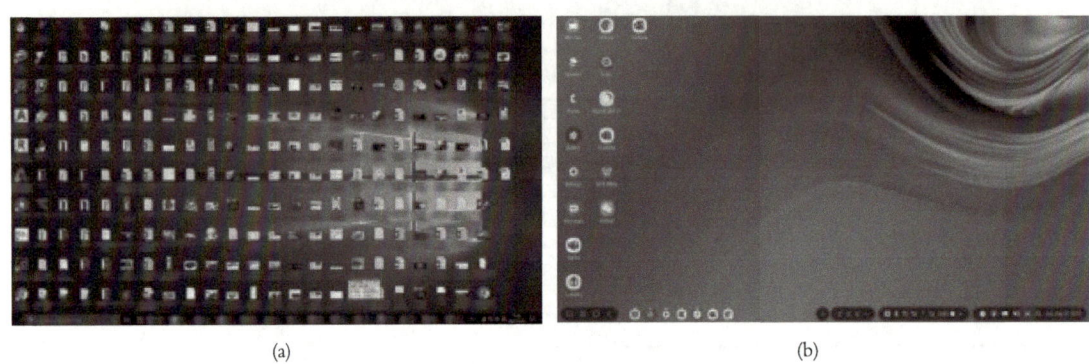

(a)   (b)

图 2-6   电脑桌面的整理

在桌面或文件夹的空白处单击鼠标右键，在出现的菜单栏里选择"新建"选项→"文件夹"，如图 2-7 所示，单击鼠标，这样我们就能得到一个新的、空白的文件夹。

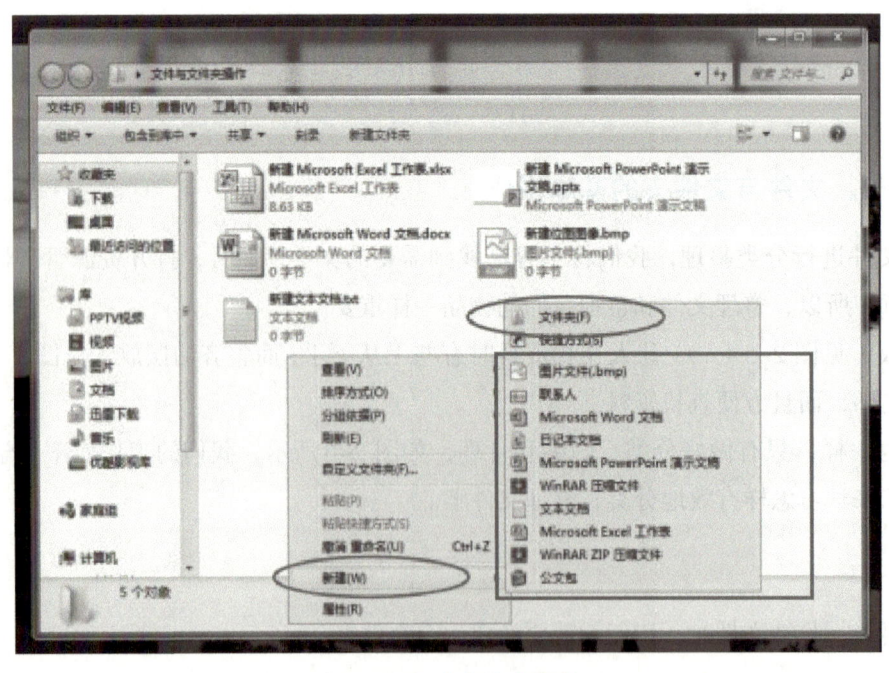

图 2-7   新建文件夹操作

我们需要文件时，采用同样的方法，即选择菜单栏中的"新建"选项，单击所需要的文件。如果我们没有找到需要的文件，我们也可以通过修改扩展名的方法得到需要的文件。

2. 重命名

为了更加方便地识别文件或文件夹，我们需要把文件名改成自己熟悉、易于分辨的名字。重命名文件包括两个部分，即更改主文件名和文件扩展名。具体方法如下。

（1）方法1：选中要改名的对象，选择"文件"菜单，选择"重命名"命令，如图2-8所示，输入新的名称，按"Enter"键（回车键）或单击窗口空白处保存。

图 2-8　重命名方法 1

（2）方法2：选中要改名的对象，右击鼠标，在弹出的快捷菜单中选择"重命名"命令，如图2-9所示，输入新名称，按"Enter"键或单击窗口空白处保存。

（3）方法3：选中要改名的对象，在对象名称上单击鼠标左键（不是双击），当看到文件名底纹变色后，如图2-10所示，输入新名称，按"Enter"键或单击窗口空白处保存。

（4）方法4：选中要改名的对象，按"F2"键，输入新名称，按"Enter"键或单击窗口空白处保存。注意：在这里，"F2"键就是重命名的快捷键。

3. 剪切（移动）/ 复制

剪贴板是计算机内存中开辟的一块用来存放交换信息的临时存储空间。它内置在操作系统中，并使用系统的内部资源或虚拟内存来临时保存剪切和复制的信息，可以存放的信息种类多种多样。通过剪贴板这个内存中的临时存储区域，计算机在各应用程序之间架起了一座桥梁，使各种应用程序间相互传递、共享信息成为现实。在计算机操作中，最常用到剪贴板的就是复制和移动操作。

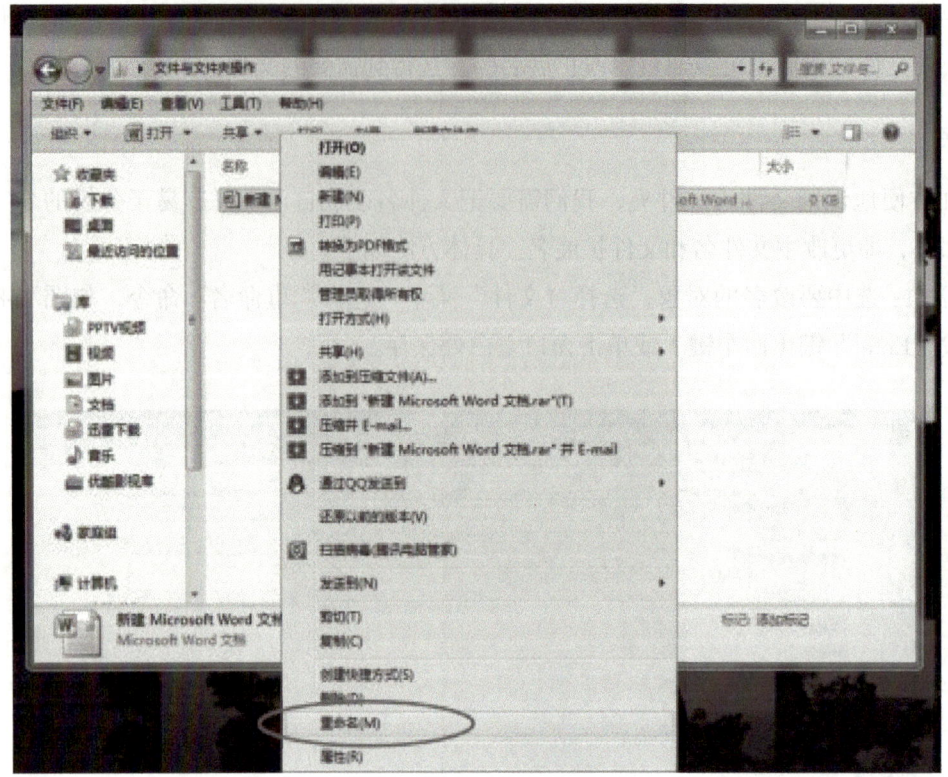

图 2-9　重命名方法 2

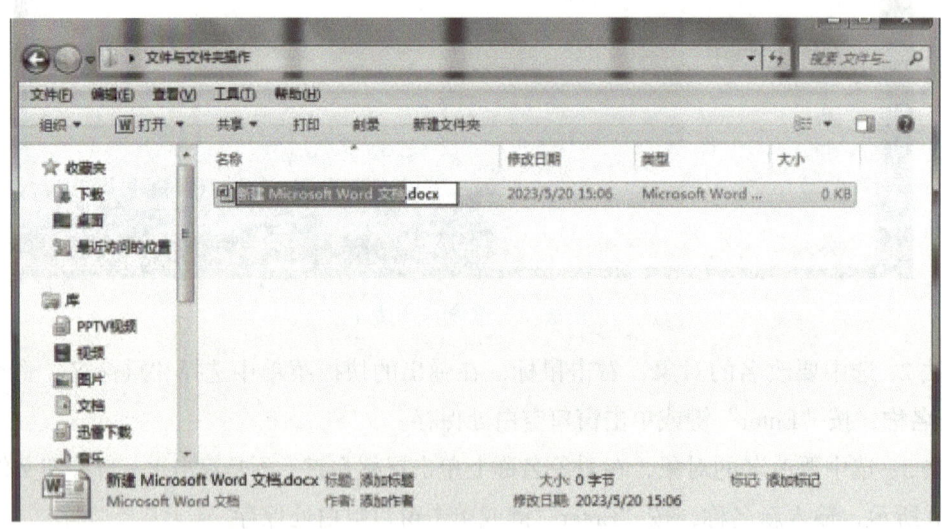

图 2-10　重命名方法 3

剪切文件或文件夹是指将目标对象移动到剪贴板后，再从剪贴板中将其粘贴到指定的文件夹的操作。剪切操作完成后，目标对象将从原来的位置移动到新的位置。

复制文件或文件夹是指将目标对象复制到剪贴板后，再从剪贴板中将其粘贴到指定的文件夹的操作。复制操作完成后，目标文件夹中将出现一个与源文件夹中完全相同的文件或文件夹。

剪切与复制的操作大同小异，操作方法如下。

（1）方法 1：选中要编辑的对象，选择"编辑"菜单中的"剪切"或"复制"命令，如图 2-11 所示。

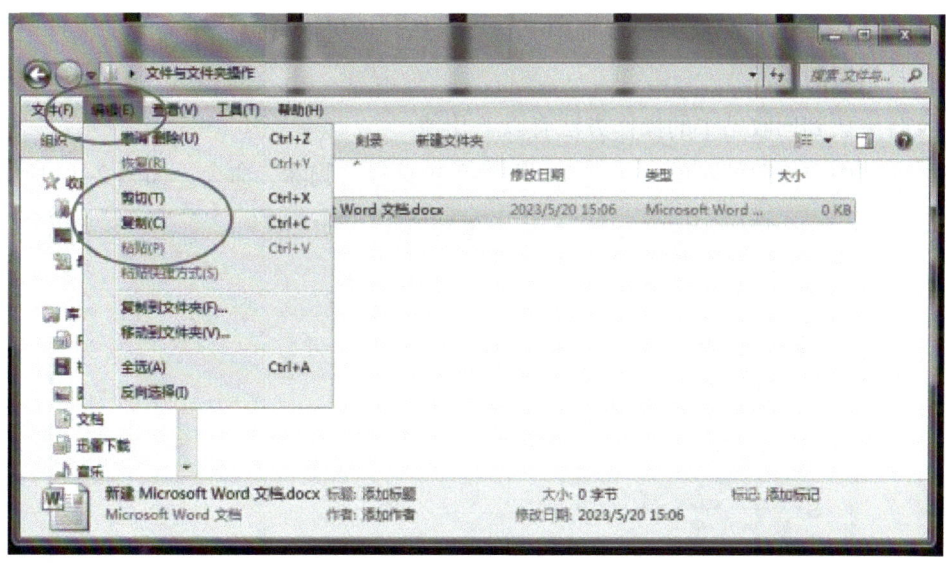

图 2-11　剪切与复制操作方法 1

（2）方法 2：选中要编辑的对象，右击鼠标，在弹出的快捷菜单中选择"剪切"或"复制"命令，如图 2-12 所示。

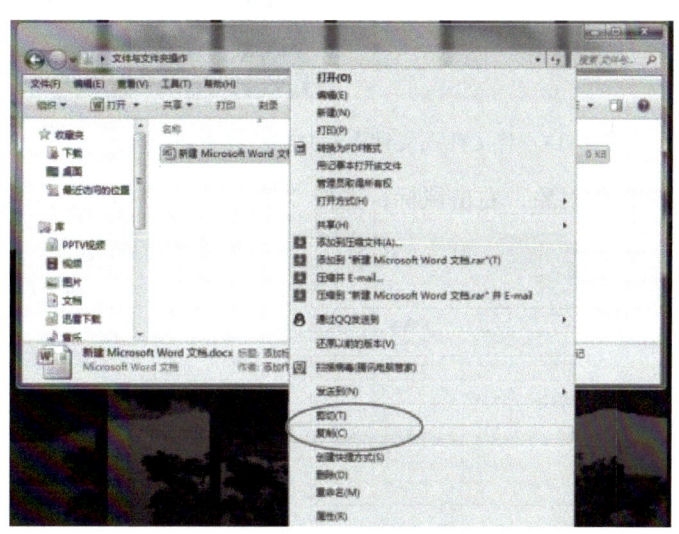

图 2-12　剪切与复制操作方法 2

（3）方法 3：选中要编辑的对象，使用快捷组合键"Ctrl + C"进行复制操作。

当用户完成复制操作后，复制的内容将会放入计算机的剪贴板中，等待用户进行粘贴操作。这时用户可以通过以下方法实施粘贴操作：①使用"编辑"菜单中的"粘贴"命令；②在指定位置单击鼠标右键，在弹出的快捷菜单中选择"粘贴"命令；③使用快捷组合键"Ctrl + V"。

剪切的快捷组合键为"Ctrl + X"，配合粘贴的快捷组合键"Ctrl + V"进行使用，使用方法与复制相同。

4. 删除

当不再需要文件或文件夹时，我们可以将它们删除。删除文件时，一般默认将指定的文件放到回收

站中，就像我们把不需要的物品放到垃圾桶中一样。当然，也可以直接把不需要的文件直接销毁，这样我们将无法找回被销毁的文件。

将文件或文件夹放到回收站中的操作方法有以下几种。

（1）方法1：选中要删除的对象，在"文件"菜单中选择"删除"命令，如图2-13所示。

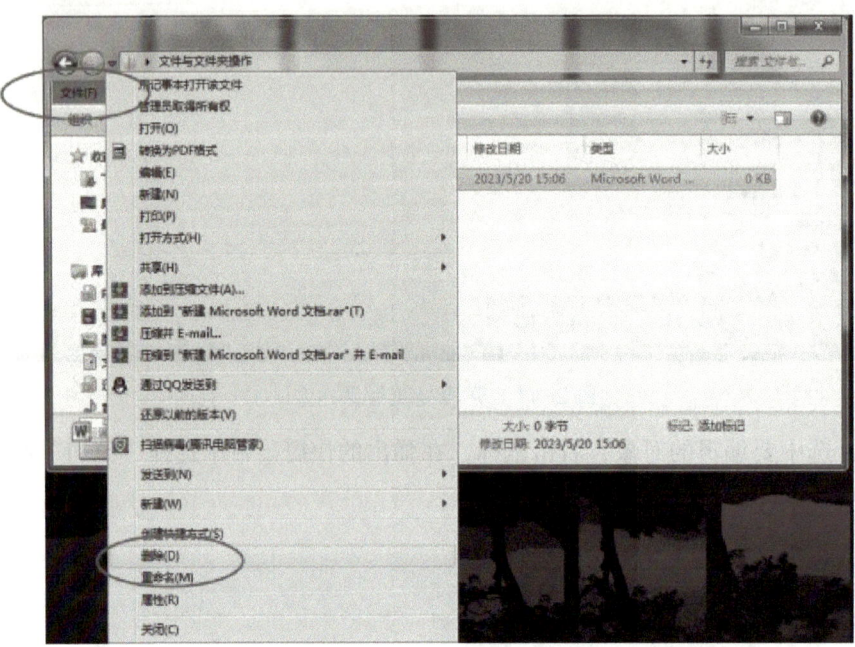

图2-13　将文件或文件夹放到回收站中的操作方法1

（2）方法2：选中要删除的对象，右击鼠标，选择"删除"命令，如图2-14所示。

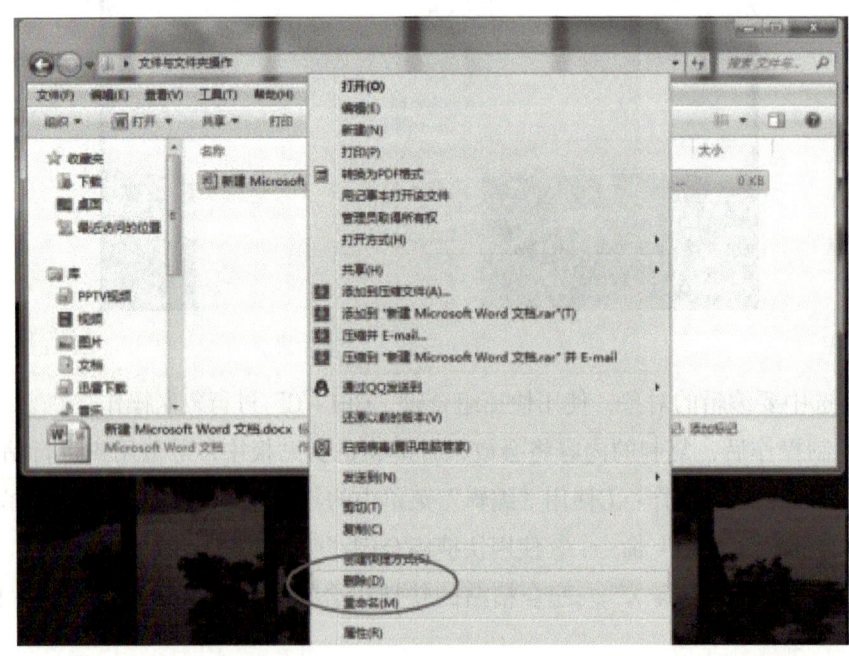

图2-14　将文件或文件夹放到回收站中的操作方法2

（3）方法3：选中要删除的对象，使用"Delete"键进行删除操作，单击"是"按钮（见图2-15）完成操作。

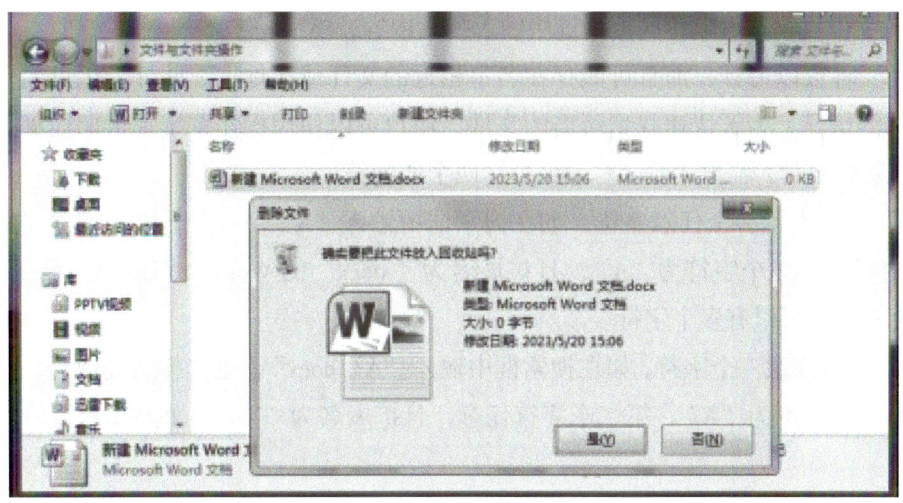

图 2-15　将文件或文件夹放到回收站中的操作方法 3

　　如果需要找回删除的文件或文件夹，我们可以在桌面上找到回收站并打开，在回收站中找到需要的对象，单击鼠标右键，将其"还原"到原位置；也可以选择"剪切"命令，将其"粘贴"到需要的位置。

　　如果不需要将该对象放到回收站中，我们可以使用快捷组合键"Shift + Delete"将文件或文件夹永久删除，如图 2-16 所示。

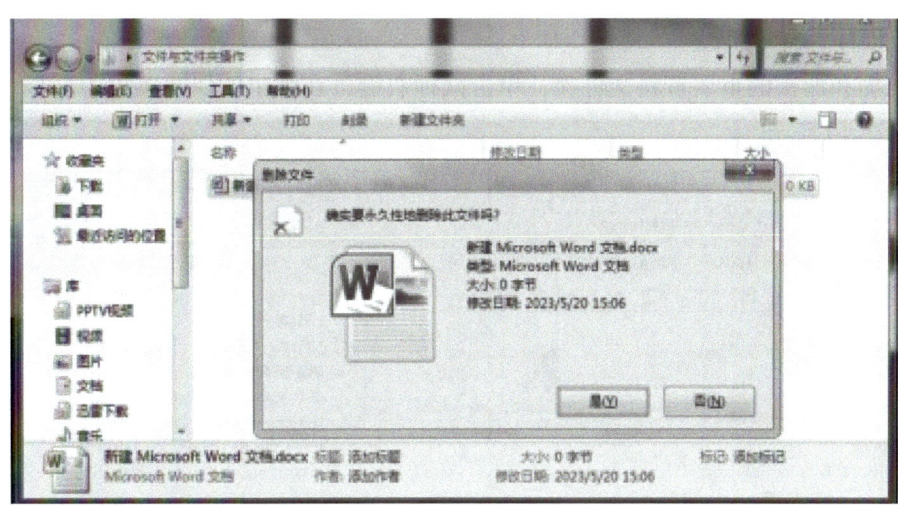

图 2-16　永久删除文件或文件夹操作

 ## 四、文件搜索

　　Windows 10 为用户提供了搜索功能，以便用户查找文件或文件夹，并提供了多种搜索方法供用户选用。Windows 10 提供的搜索方法有种类、修改日期、类型、大小和名称，用户可以根据需要使用单个搜索方法，也可以组合使用以上搜索方法。

　　启动 Windows 10 搜索功能的方法如下。

　　① 打开"开始"菜单，在搜索框中输入需要搜索的文件的名称。

　　② 使用组合键"Win+ F"，在弹出的窗口右上角的搜索框中输入搜索内容。

③打开任意文件夹，在右上角的搜索框中输入搜索内容，然后单击"搜索"按钮。

计算机中的文件数以万计，而且可能存在名字相近的文件或文件夹。此外，也可能存在用户忘记文件或文件夹全称的情况。为了快速找到所需的文件，用户可以使用操作系统提供的模糊搜索功能。在对存储设备进行模糊搜索时，需要用到"*"和"?"两个通配符。

通配符"*"可以表示多个任意字符，如在搜索框中输入"A*.docx"，则当搜索完成后，搜索结果会显示计算机中所有第一个字符为"A"，且扩展名为".docx"的 Word 文档，"A"后面可以没有字符，也可以有一个字符，还可以有多个字符。

通配符"?"表示任意一个字符，如在搜索框中输入"A?.docx"，则当搜索完成后，搜索结果会显示计算机中所有第一个字符为"A"，第二个字符任意，且扩展名为".docx"的 Word 文档，"A"后面只能有一个字符。

 五、文件的压缩与保护

在日常生活中，我们经常会有重要的文件需要设置密码来增加其安全性，也有因文件内容太大，需要通过压缩来保存、拷贝或者上传的需求。

要满足上述需求，我们需要在计算机上先安装好压缩软件，如 WinRAR、WinZip 等软件，使用压缩软件对重要资料进行压缩并加密，具体操作如下。

①找到要压缩和加密的重要资料文件夹，单击鼠标右键，在弹出的快捷菜单中选择"添加到压缩文件"命令，如图 2-19 所示。

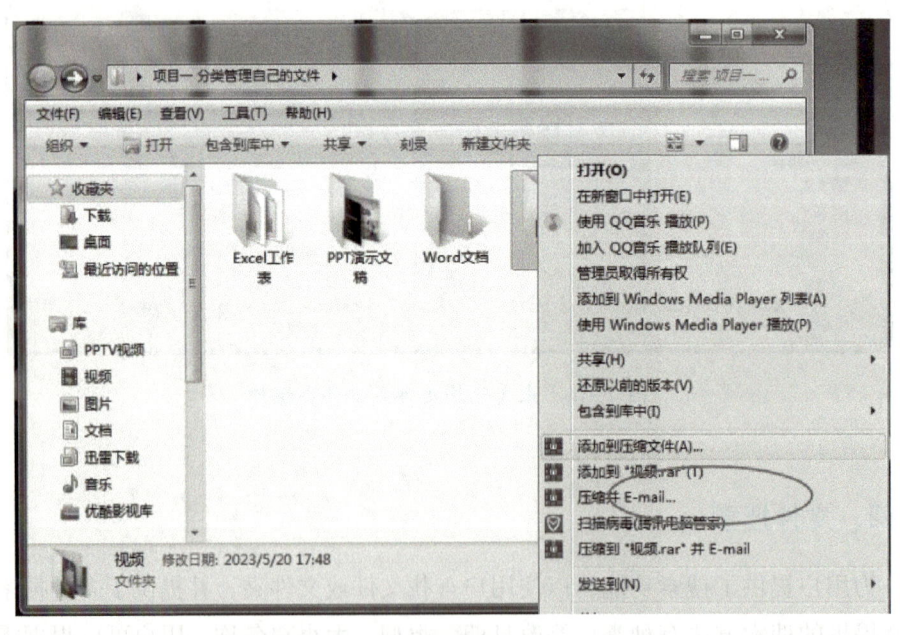

图 2-19　在快捷菜单中选择"添加到压缩文件"命令

②打开"压缩文件名和参数"对话框，在"压缩文件名"下拉列表框中可以设置文件夹压缩后的名称，单击"浏览"按钮可指定压缩文件的保存位置，单击"设置密码"按钮，如图 2-20 所示。

③打开"输入密码"对话框，如图 2-21 所示，分别在"输入密码"和"再次输入密码以确认"文本框中输入相同的密码信息，单击"确定"按钮。

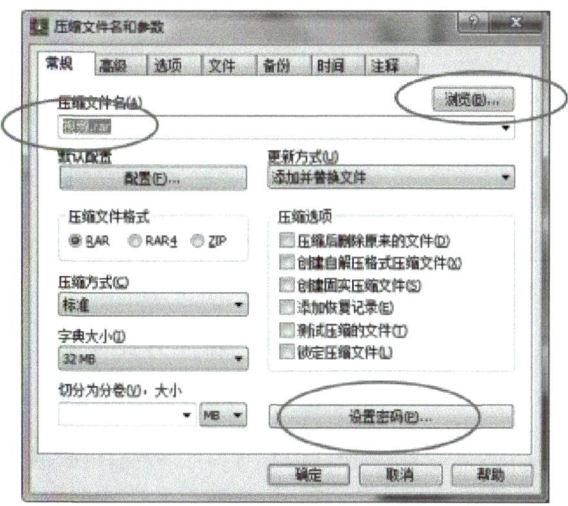

图 2-20　设置文件夹压缩后的名称，指定保存位置并单击"设置密码"按钮

④返回"压缩文件名和参数"对话框，单击"确定"按钮。

⑤稍等片刻，压缩软件将开始对文件夹进行压缩操作，同时会显示压缩进度，如图 2-22 所示。当显示进度的对话框自动关闭后，表示压缩已完成。

图 2-21　"输入密码"对话框　　　图 2-22　压缩操作

⑥若要打开压缩文件，在压缩文件上单击鼠标右键，在弹出的快捷菜单中选择"解压文件"命令，在弹出的"输入密码"对话框中输入正确的密码，如图 2-23 所示，才能执行解压操作。这样就达到了保护数据的目的。

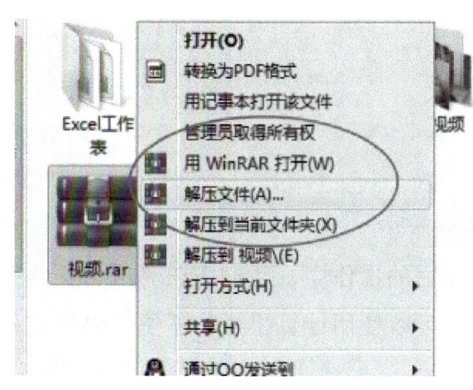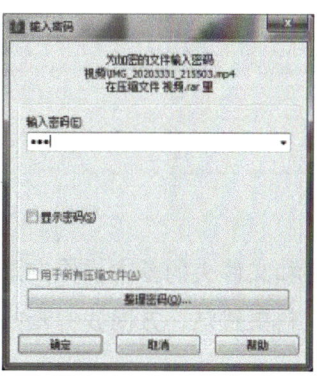

图 2-23　解压文件操作

 项目任务

任务 1：分类管理自己的文件。

打开文件夹，按照文件类型分类整理文件。

观察文件的扩展名，将文件按照文件类型分类为图片、音乐、视频、Word 文档、Excel 工作表、PPT 演示文稿等。

我们也可以在文件夹空白处单击鼠标右键，选择"排序方式"或"分组依据"中的"类型"命令（见图 2–17），对文件进行分类。

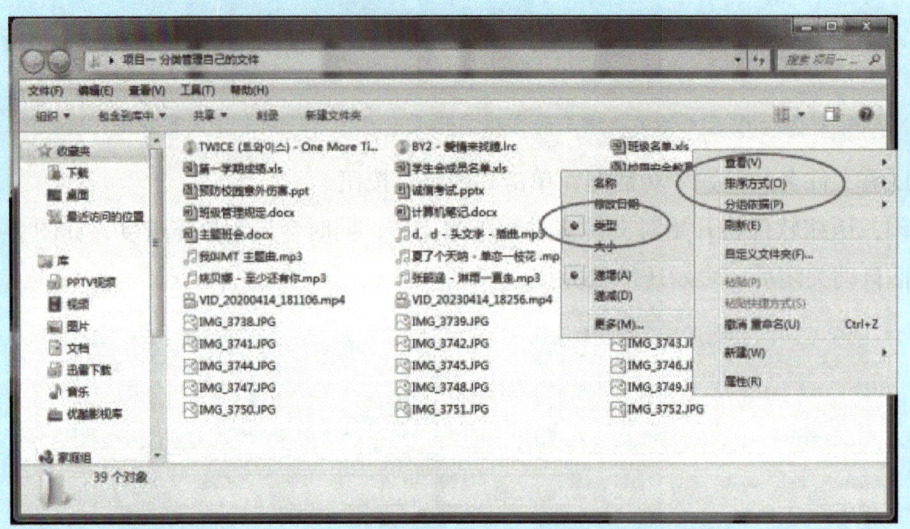

图 2–17　文件分类操作

新建文件夹，按要求重命名，使用剪切、复制、粘贴、删除等操作，将对应的文件放入相应的文件夹中，如图 2–18 所示。在选择时，运用连续性选取和非连续性选取的方法强化操作。

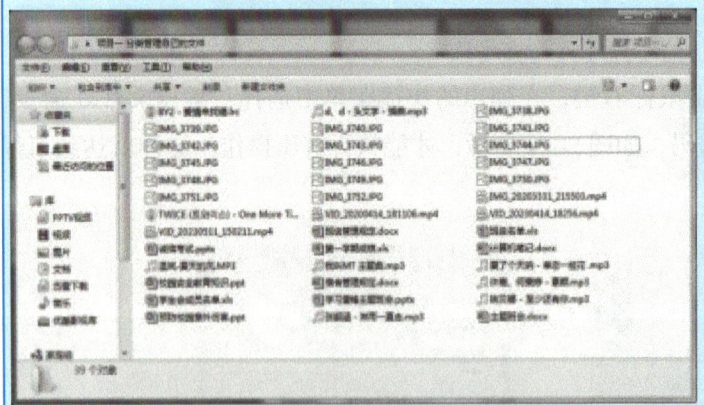 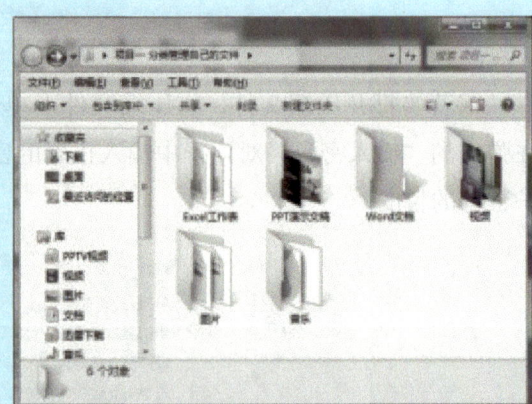

图 2–18　将文件放入相应的文件夹中

掌握了文件和文件夹的基本操作方法后，在今后的操作中，我们应该养成将文件分类整理的好习惯，使我们的资料更整洁，方便我们查找。我们也可以使用计算机操作系统提供的文件搜索功能来查找文件或文件夹。

任务2: 压缩重要的资料并设置密码。

在任务1设置的文件夹中，选择一个或几个文件按照步骤进行压缩并设置密码，使用密码解压文件。

拓展知识

备 份 文 件

我们在使用计算机的过程中，常常会遇到很多需要备份的重要文件，但使用压缩文件和设置密码的方法无法保证文件不会被恶意删除。这时我们应该定时对重要的文件资源进行备份，以免丢失重要数据。备份时，一般可以将文件备份到移动存储设备中，或将文件直接备份到网盘中。

1.使用 U 盘或移动硬盘进行备份

使用 U 盘或移动硬盘备份文件的方法为：将 U 盘或移动硬盘通过 USB 端口与计算机连接，打开"此电脑"窗口，在其中找到并选择需要备份的文件，在该文件上单击鼠标右键，在弹出的快捷菜单中选择"发送到"→"可移动磁盘"命令，也可以使用复制、粘贴的方法，将该文件备份到 U 盘或移动硬盘中。

2.使用网盘进行备份

我们可以将自己的文件或其他资料上传到网盘中，并可跨终端随时随地查看和使用这些文件资料。以百度网盘为例，备份的方法为：在计算机中安装百度网盘程序，注册百度网盘账号并登录，单击"上传"按钮，打开"请选择文件 / 文件夹"对话框，选择好要上传的文件 / 文件夹后，单击"存入百度网盘"按钮，便可以将计算机中的文件 / 文件夹备份到百度网盘中。

第三节　Windows 实用程序

一、记事本和写字板

1.记事本

（1）记事本（见图 2-24）是一个文本文件编辑器，可以使用它编辑简单的文档或创建 Web 页。使用记事本编辑的文件是纯文本文件。

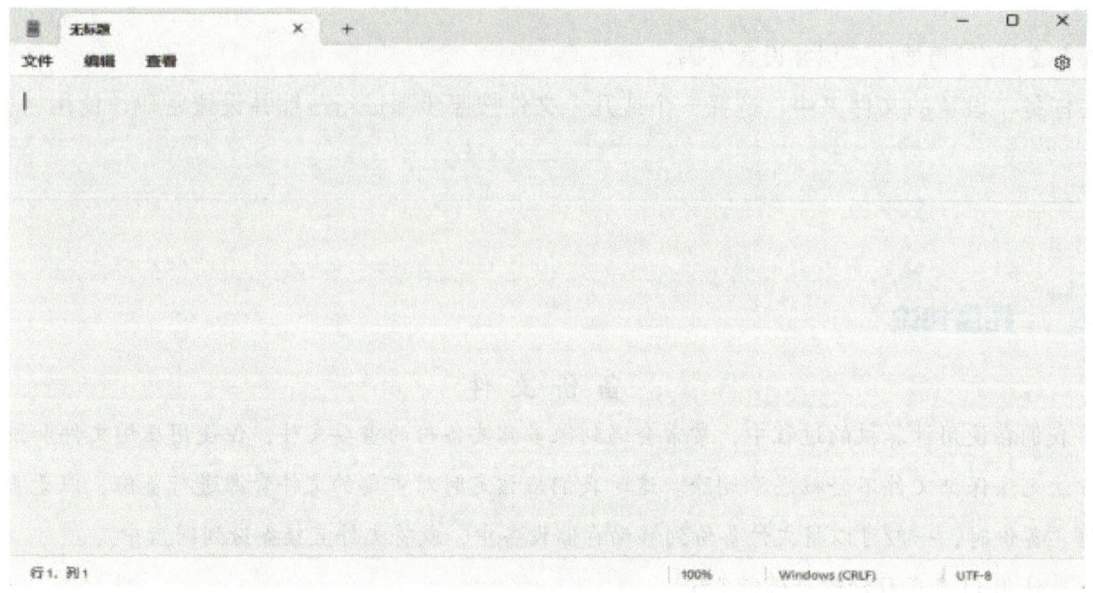

图 2-24　记事本程序界面

（2）记事本是一个典型的单文档应用程序，要编辑新的文档，则通过"文件"选项下的"打开"命令打开要编辑的新文档，此时当前打开的文档被关闭。

（3）记事本文件的默认扩展名是 .txt。

2. 写字板

（1）相比记事本，写字板（见图 2-25）具备格式编辑和排版的功能。

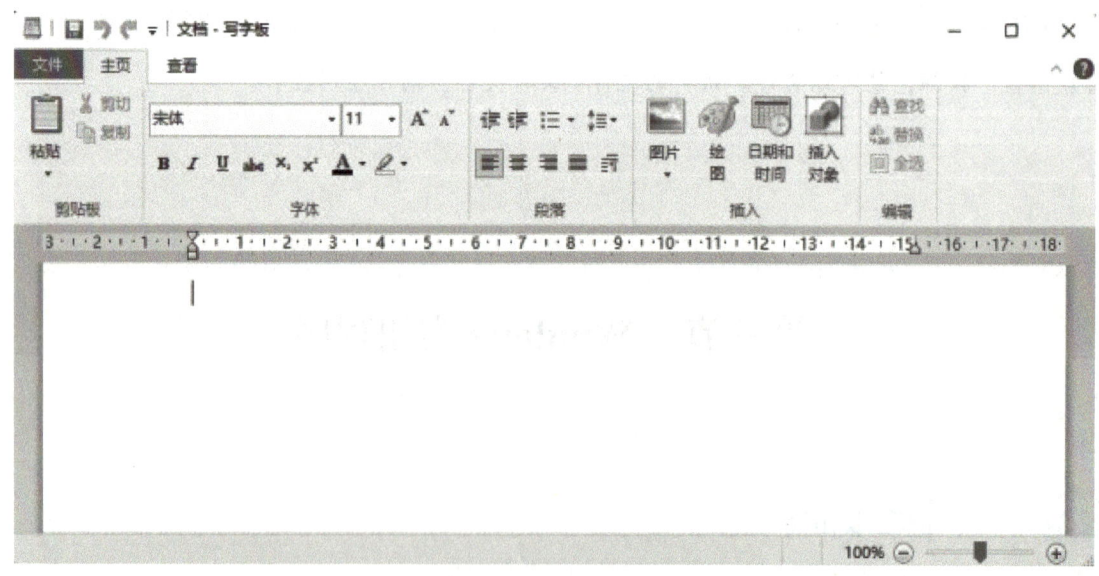

图 2-25　写字板程序界面

（2）在"查看"选项卡中，我们可以为文档加上标尺或者放大、缩小进行查看，也可以更改度量单位等。

（3）在写字板中可以插入图片和对象、设置段落格式等。

（4）写字板文件的默认扩展名是 .rtf。

二、计算器

Windows 7 中的计算器（见图 2-26）有四种模式，即标准模式、科学模式、程序员模式和统计信息模式。单击"查看"菜单，可以选择需要的计算器模式。

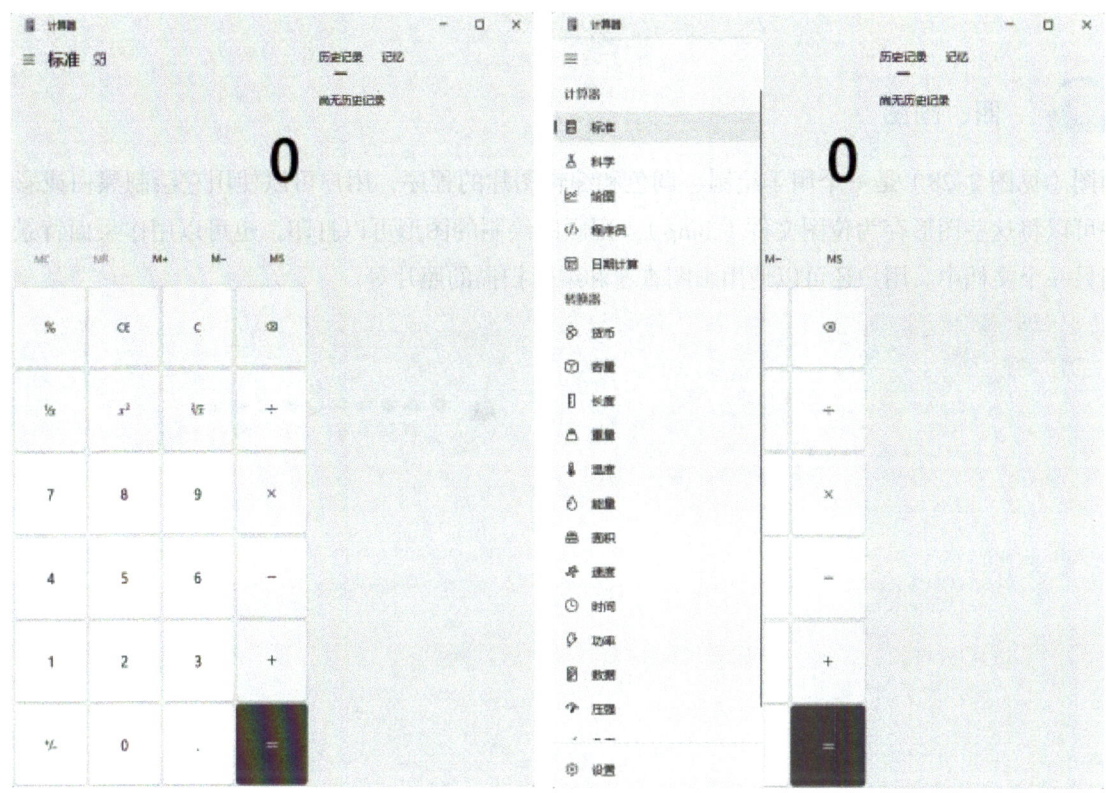

图 2-26　计算器程序界面

 三、截图工具

在"附件"中找到截图工具，或在"开始"菜单的搜索框中键入"SnippingTool"并按"Enter"键，均可启动截图工具，如图 2-27 所示。

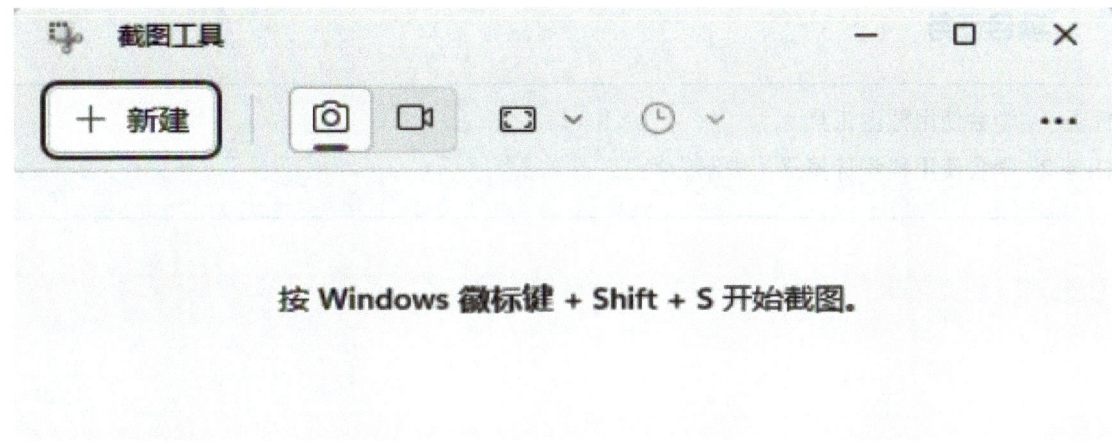

图 2-27　截图工具程序界面

计算机信息技术基础

　　选择截图模式后，整个屏幕就像被蒙上了一层白纱，此时按住左键，选择要捕获的屏幕区域，然后释放鼠标，截图工作就完成了，可以使用笔、荧光笔等工具添加注释，操作完成后，在标记窗口中单击"保存截图"按钮，在弹出的"另存为"对话框中输入截图的名称、选择保存截图的位置及保存类型，然后单击"保存"按钮。

 四、画图

　　画图（见图2-28）是一个用于绘制、调色和编辑图片的程序，用户可以使用它绘制黑白或彩色的图形，并可以将这些图形存为位图文件（.bmp）。用画图绘制的图形可以打印，也可以用作桌面背景，或者粘贴到另一个文档中。用户还可以使用画图查看和编辑扫描的照片等。

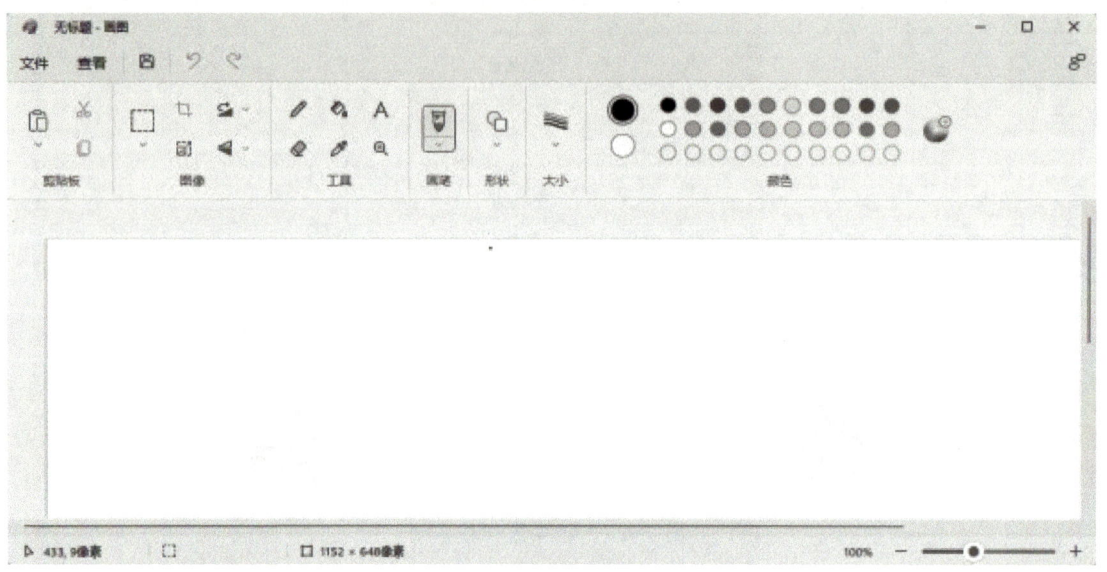

图 2-28　画图程序界面

　　用绘图工具在画布上绘图完毕后，通过"保存"命令可以将图形保存为图片格式的文件。画图程序的默认文件为 PNG 文件，用户也可以根据需要将图形保存为 JPEG、GIF、TIFF、BMP 等格式的文件。

 项目任务

　　任务 1：学会使用截图工具。
　　任务 2：学会使用科学计算器（进制转换）。

第三章

图文编辑
——制作精美的 Word 文档

第一节　认识文字处理软件

 一、认识常用的文字处理软件 Word

Word 是 Microsoft Office 办公软件中的一个组件，主要用于编辑和处理各种文档。我们可以借助 Word 制作出具有专业水准的创意文档。该软件的主要功能包括文本输入与编辑功能，各种类型的多媒体图文混排功能，文本校对、审阅功能，以及文档打印功能等。

Word 启动后，主窗口界面如图 3-1 所示。在 Word 的主窗口界面中，主要有 Word 按钮、快速访问工具栏、标题栏、功能区、文档工作区和状态栏等六个部分组成。也有学者把 Word 按钮和快速访问工具栏看作标题栏的一部分。

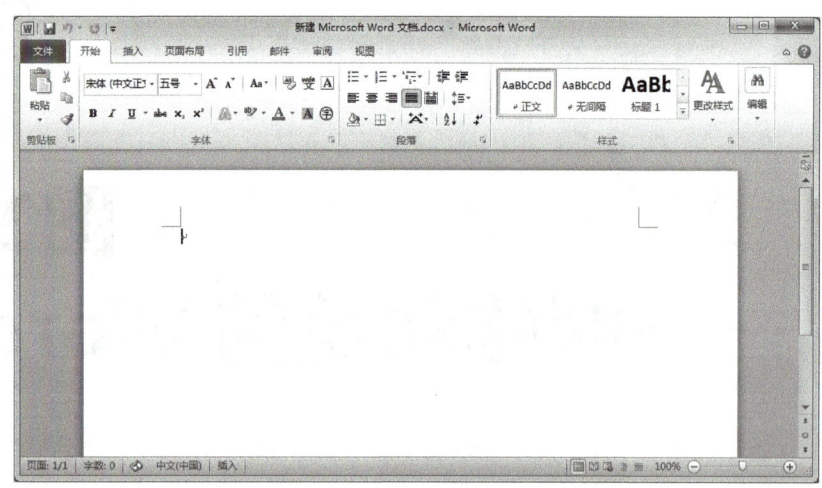

图 3-1　Word 主窗口界面

 二、Word 的通用界面

Word 的通用界面包括以下七个部分。

1. Word 按钮

在 Word 中，没有传统的菜单，而是采用了"选项卡 – 功能区"体系。Word 按钮对 Word 窗口具有控制作用。Word 按钮位于 Word 窗口左上角，单击 Word 按钮可以打开 Word 按钮面板，直接双击 Word 按钮则会关闭 Word。

2. "文件"选项卡

"文件"选项卡包含"新建""打开""关闭""保存""打印"等文档管理命令项，如图 3-2 所示。

图 3-2 "文件"选项卡

（1）最近使用的 Word 文档列表。

当"文件"选项卡面板中没有需要显示的下级子菜单时，"文件"选项卡面板的右侧就会显示最近使用过的 Word 文档列表。在每个历史文档名称的右侧都有一个固定按钮，单击该按钮可以将该历史文档固定在当前位置，而不会被后续的文档替换。

（2）关闭文档。

在 Word 以前的版本中（如 Word 2003），在 Word 主窗口中可以显示多个 Word 子窗口。每个 Word 子窗口中显示一个 Word 文档的内容，因此可以单独关闭当前的文档窗口，而不关闭 Word 主窗口。但在 Word 2010 中取消了 Word 子窗口功能。

用户可以通过单击"文件"选项卡中的"关闭"命令关闭当前的文档窗口，而不关闭 Word 系统。

（3）配置 Word 的工作环境。

"文件"选项卡中有一个"选项"选项，单击这个选项将打开"Word 选项"对话框，如图 3-3 所示。在该对话框中，可以开启或关闭 Word 中的许多功能并进行参数设置。

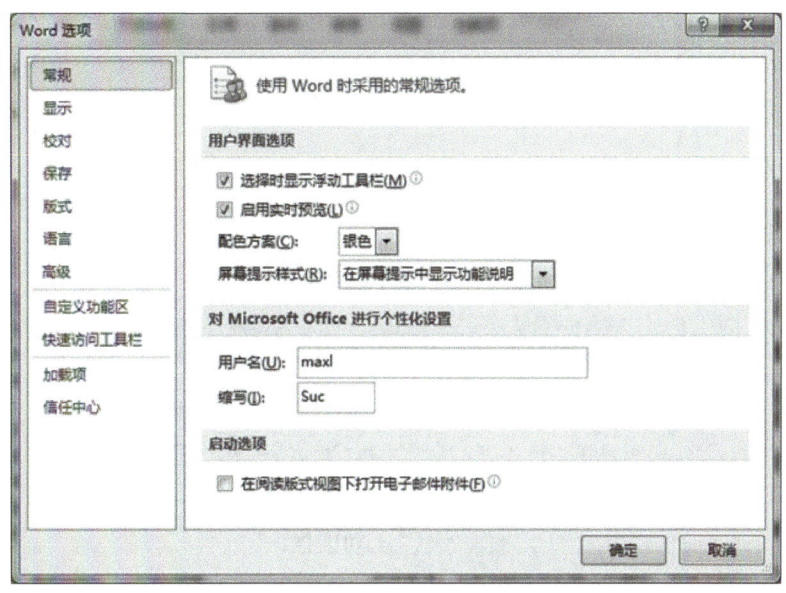

图 3-3 "Word 选项"对话框

3. 快速访问工具栏

快速访问工具栏浮动在 Word 主窗口左上角 Word 按钮右侧，用户可将常用的命令按钮放置于此处。系统默认将频繁使用的"保存""撤消""重复"三个命令按钮放在快速访问工具栏中。

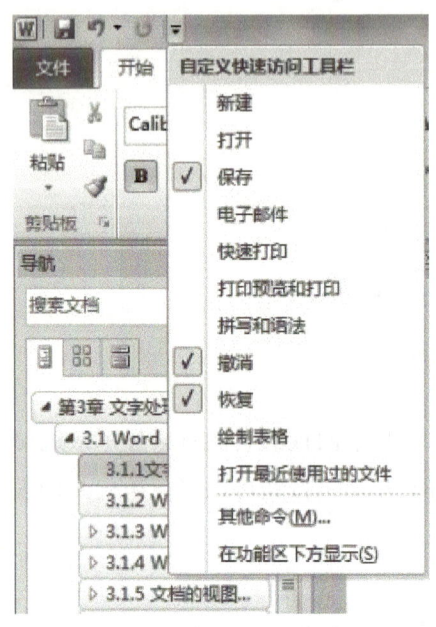

图 3-4 "自定义快速访问工具栏"列表框

快速访问工具栏是 Word 主窗口中唯一允许用户自定义的窗口元素。在快速访问工具栏中添加或删除命令按钮的操作如下。

（1）单击快速访问工具栏右侧的"自定义快速访问工具栏"按钮，出现下拉列表框，如图 3-4 所示。

（2）在"自定义快速访问工具栏"下拉列表框中选定或取消某个列表项。

注意：如果要添加的命令不在这个下拉列表框中，则选择"其他命令"选项；接着在弹出的"Word 选项"对话框（此时，系统处于"自定义"状态）的"从下列位置选择命令"列表中先单击所需的命令类别，然后在中部的可用命令列表中单击要添加到快速访问工具栏中的命令，并单击"添加"按钮，从而把该命令添加到快速访问工具栏中。在添加完所需的命令后，还可以调节各命令按钮的位置。

提示：只有命令才能被添加到快速访问工具栏中。大多数列表的内容（如缩进值和间距值及各个样式）虽然也显示在功能区，但无法添加到快速访问工具栏。

4. 标题栏

标题栏（见图 3-5）位于 Word 主窗口的顶端，用于显示正在运行的应用程序的名称和文件名称。标题栏右侧有三个按钮，分别用来控制窗口的最小化、最大化/还原和关闭。

图 3-5 标题栏

5. 功能区

（1）功能区简介。

功能区（见图 3-6）由选项卡、组和命令三个部分组成。

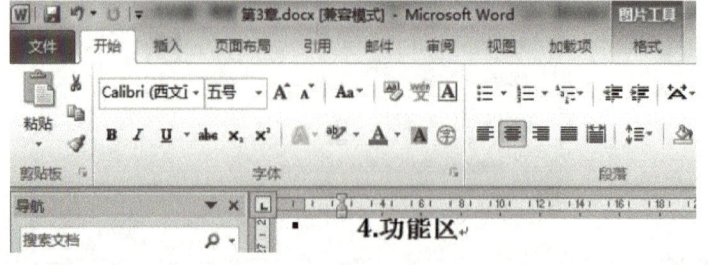

图 3-6 功能区

①选项卡：在 Word 主窗口顶部有八个基本选项卡，每个选项卡代表一类活动区域。

②组：每个选项卡都包含若干组，也叫区块。这些组把相关命令和选项组织在一起。

③命令：命令是指按钮或超链接，是用于接受单击或接收输入信息的组合框或菜单。

选项卡上的任何项都是根据用户活动的频率选择的。例如，"开始"选项卡中包含了常用的命令项，如"字体"组中是用于更改文本字体的命令，包含"字体""字号""加粗""倾斜"等命令。单击功能区选项卡名称，可以切换到与之相对应的功能区面板。

（2）常用的功能区。

在系统默认状态下，共有"开始""插入""页面布局""引用""邮件""审阅""视图""Acrobat"等八个功能区。

①"开始"功能区。

"开始"功能区（见图 3-7）中包括"剪贴板""字体""段落""样式""编辑"五个组。该功能区主要用于帮助用户对 Word 文档进行文字编辑和格式设置，是用户最常用的功能区。

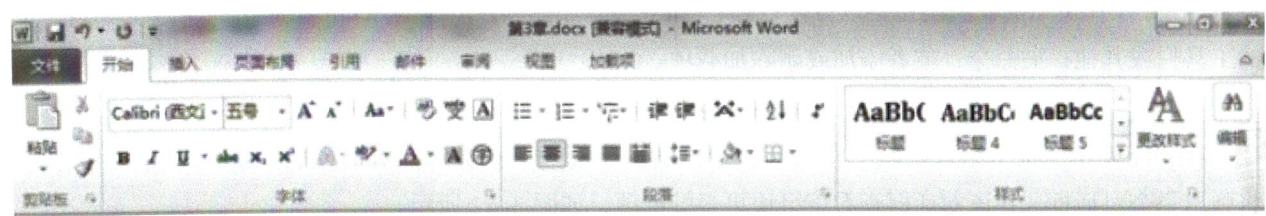

图 3-7 "开始"功能区

②"插入"功能区。

"插入"功能区（见图 3-8）包括"页""表格""插图""链接""页眉和页脚""文本""符号"七个组，主要用于在 Word 文档中插入符号、图片、艺术字、表格等各种元素。

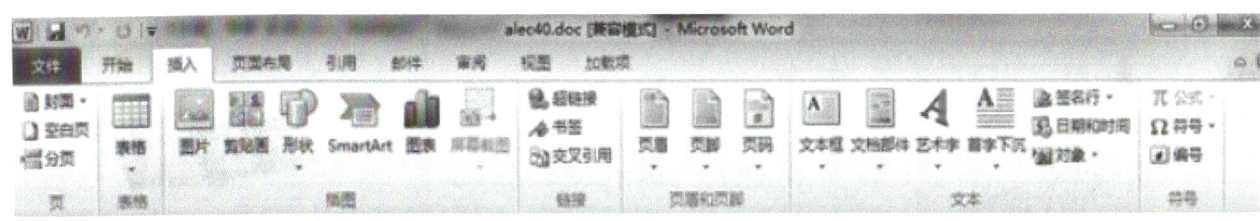

图 3-8 "插入"功能区

③"页面布局"功能区。

"页面布局"功能区（见图 3-9）包括"主题""页面设置""稿纸""页面背景""段落""排列"六个组，用于帮助用户设置 Word 文档的页面样式。

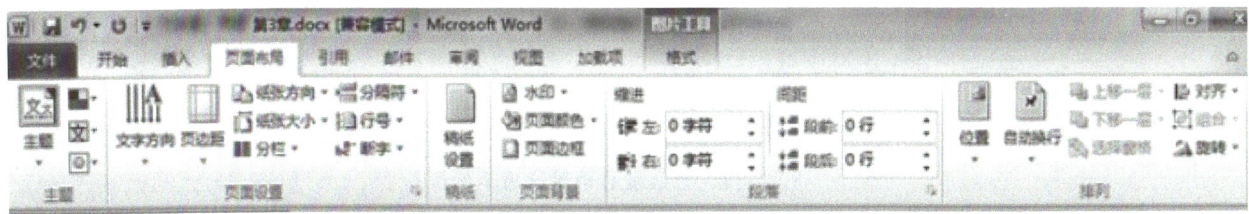

图 3-9 "页面布局"功能区

④"引用"功能区。

"引用"功能区（见图3-10）包括"目录""脚注""引文与书目""题注""索引""引文目录"六个组，用于实现在 Word 文档中插入目录等比较高级的功能。

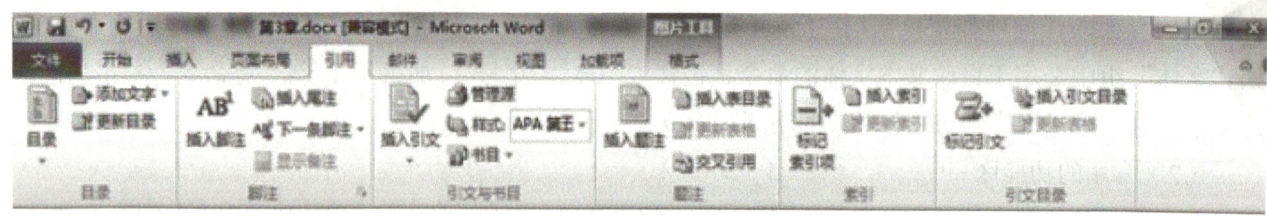

图 3-10 "引用"功能区

上述4个功能区为常用功能区，另外4个功能区中，"邮件"功能区主要用于邮件合并；"审阅"功能区包含"校对""语言""中文简繁转换""批注""修订""更改""比较""保护"八个组，主要用于对 Word 文档进行校对和修订等操作，适用于多人协作处理 Word 长文档；"视图"功能区主要用于帮助用户设置 Word 操作窗口的视图类型，以方便操作；"加载项"功能区，可以为 Word 添加附加属性，如自定义的工具栏或其他扩展命令，或者添加或删除加载项。

（3）对话框启动器。

在功能区中，很多组块的右下角都有一个倾斜的小箭头，它被称为对话框启动器。单击该小箭头，将弹出一个对话框，在该对话框查看该组块更多的选项，如图3-11所示。

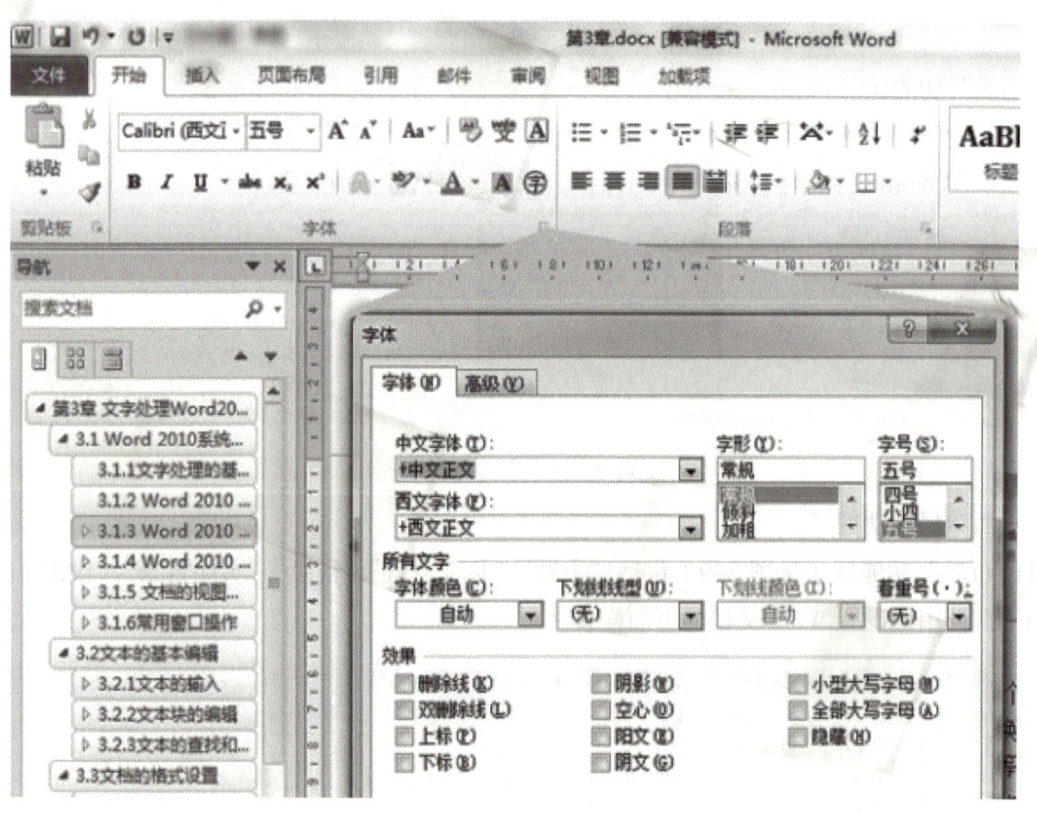

图 3-11 对话框启动器使用示例

提示：双击活动选项卡名称，可以隐藏选项卡中的详细组及按钮，从而留出更多文档编辑空间。若再次双击选项卡名称，则可以重新展开功能区面板，看到功能区的详细内容。

6. 状态栏

状态栏（见图 3-12）位于 Word 主窗口的底部，用于显示当前文档的一些属性和状态，如页码、行号、列、字数统计、语言、输入方式（插入 / 改写）、权限、视图快捷方式、显示比例等。

图 3-12　状态栏

提示：若右击状态栏，则可在随之打开的快捷菜单中选择要显示在状态栏中的项目。

7. 文档工作区

文档工作区（见图 3-13）是指功能区与状态栏之间的区域，人们输入和编辑文本、表格、图形等都在此进行，排版后的结果也可以在这里看到。文档工作区的主要组成元素包括标尺、文档内容区和滚动条。

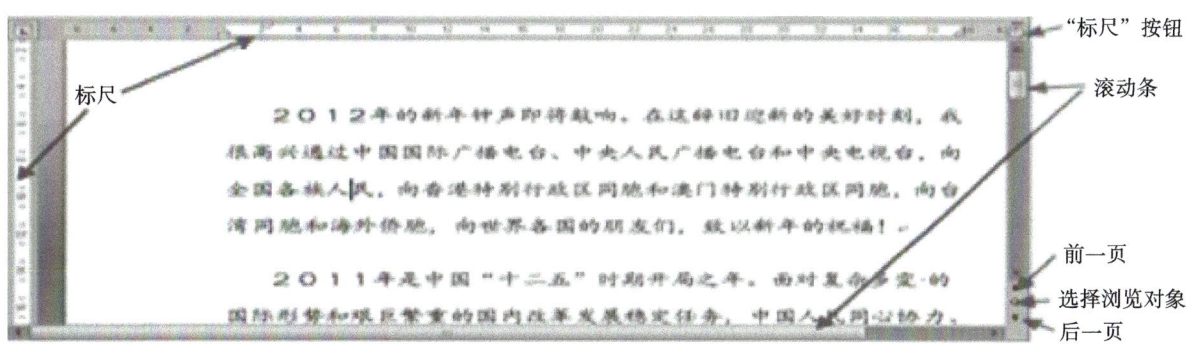

图 3-13　文档工作区

（1）标尺。

标尺分为水平标尺和垂直标尺。显示在文档工作区顶部的标尺为水平标尺。在页面视图模式下，在 Word 主窗口的左侧还可显示出垂直标尺。移动水平标尺上的标记可调整左右页边距、段落缩进量、表格列宽以及设置制表位等。利用垂直标尺可调整页的上下边距和表格的行高。

单击左上角的"标尺"按钮，可以显示或隐藏标尺。通过"视图"功能区→"显示"→"标尺"选项，也可显示或隐藏标尺。

（2）滚动条。

滚动条位于 Word 主窗口的底部和右侧，分为水平滚动条和垂直滚动条。滚动条中的滚动块指示当前显示内容在文档中所处的位置。拖动滚动条可滚动文档的显示范围，便于查看文档内容。

单击垂直滚动条两端的上、下箭头，可使文档中的内容向上或向下滚动一行。

 ### 三、文档的基本操作与设置

1. 创建新文档

在启动 Word 应用程序时，系统会自动创建一个空白文档。用户可直接在这个空白文档中输入内容并

完成编辑操作。

需要再次新建一个空白文档时，可执行以下操作。

（1）在 Word 主窗口中依次单击"文件"选项卡名称→"新建"命令，打开"新建文档"对话框，如图 3-14 所示。

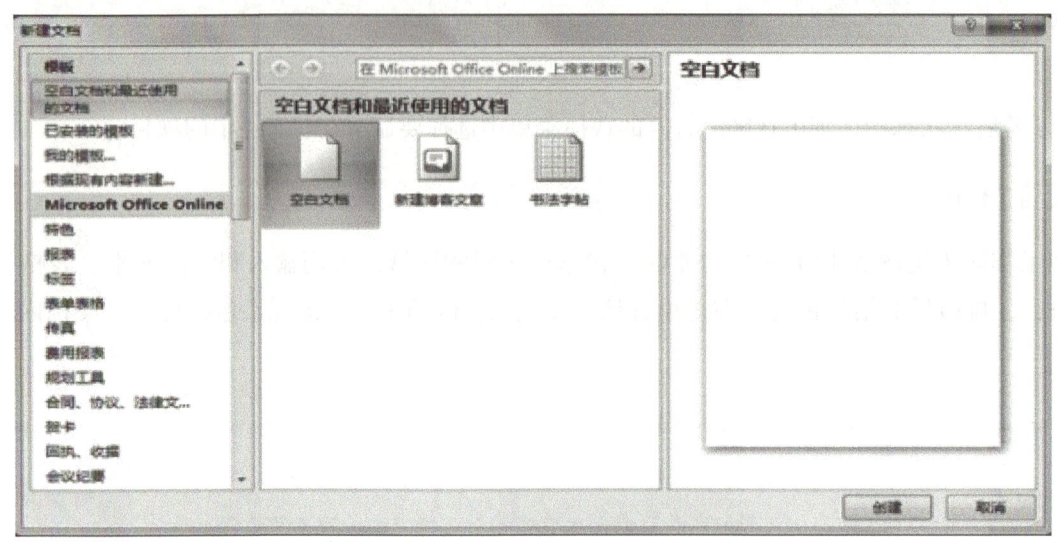

图 3-14　"新建文档"对话框

（2）在"新建文档"对话框中，在"空白文档和最近使用的文档"选项卡中单击"空白文档"选项，并单击"创建"按钮。

在"新建文档"对话框中，用户也可以通过选择"已安装的模板"或在"Microsoft Office Online"的区域选中其中一种模板类别，然后在打开的模板列表中选中需要下载的模板，来创建基于指定模板的新文件。

2. 保存文档

在输入、编辑的过程中，为避免文档信息丢失，需要不断地对文档进行保存。

（1）启动保存过程。

利用"文件"选项卡→"保存"命令或单击快速访问工具栏中的"保存"按钮，就能启动保存文档的过程。也可以直接按"Ctrl+S"组合键，启动保存过程。

如果此文档是第一次被保存，则弹出"另存为"对话框，如图 3-15 所示。由用户指定保存的位置及文档的名称，然后单击"保存"按钮即可。如果此文档是已保存过的文件，则会自动以原文件名保存，不再弹出"另存为"对话框。

（2）"另存为"文档。

如果要将已有的文档以新的文件名保存到其他驱动器或文件夹中，则可以单击"文件"选项卡名称→"另存为"命令，在弹出的"另存为"对话框中改变其保存位置或文件名。

利用"另存为"命令，还可以把当前的 Word 文档保存为其他类型的文件。

如果 Word 中已经安装 Microsoft Save as PDF 加载项，还可以直接把 Word 文档保存为 PDF 格式。

（3）自定义保存方式。

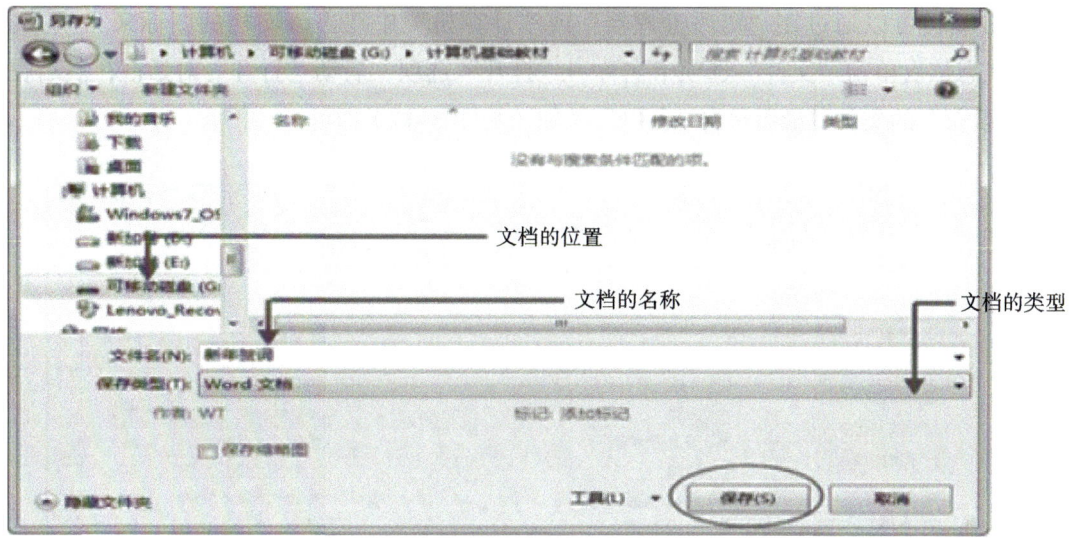

图 3-15 "另存为"对话框

在默认情况下,使用 Word 编辑的文档会保存为 .docx 格式,系统每隔 10 分钟会自动保存文件,当遇到一些突发状况导致文档非正常退出时,再次启动 Word 后,系统可以恢复文档。

用户也可以根据自己的需要更改这些默认设置。首先,在"文件"选项卡中单击"选项"选项,打开"Word 选项"对话框。其次,从左侧窗格中选择"保存"选项,如图 3-16 所示,在右侧窗格中就可以改变 Word 文档的默认保存格式、默认保存位置,以及保存自动恢复信息的时间间隔。

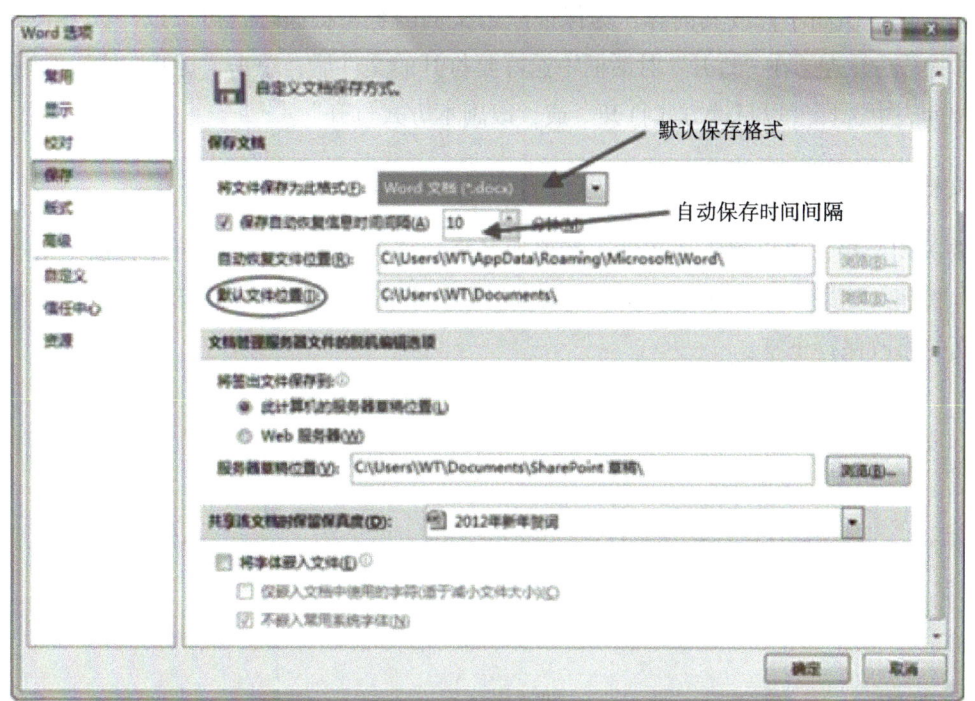

图 3-16 自定义保存方式

3. 打开文档

用户要对 Word 文档进行操作,如修改、编辑或打印等,都必须先打开文档。

打开 Word 文档可以通过在"资源管理器"或"计算机"中双击该文档的图标来完成。也可以在 Word 的编辑状态依次单击"文件"选项卡名称→"打开"选项，启动"打开"对话框，然后在"打开"对话框中选择要打开的文件，最后单击"打开"按钮（见图 3-17）即可。

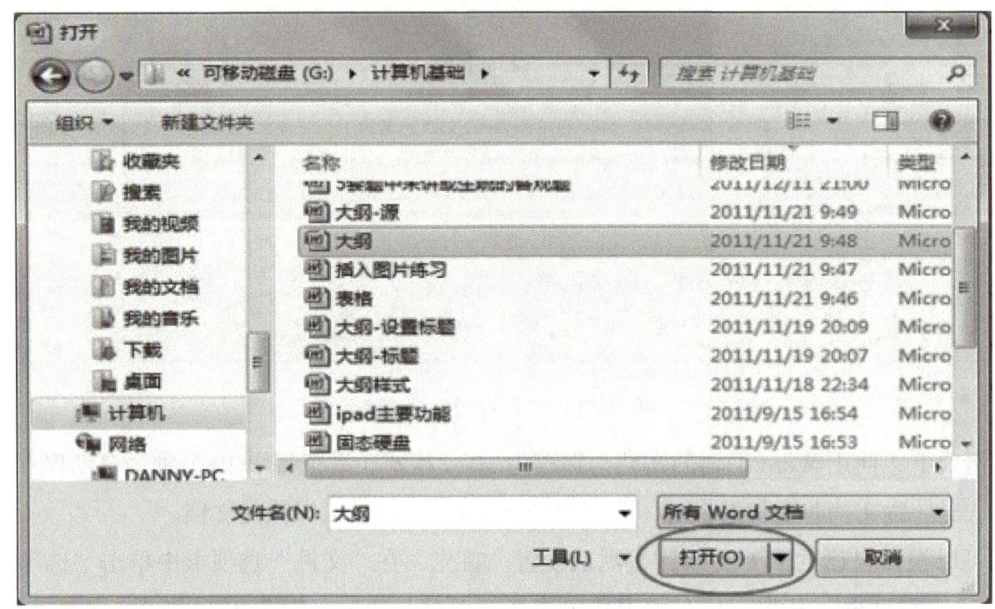

图 3-17 "打开"对话框

如果仅仅阅读文档而不修改其内容，为保证原始文档内容不被破坏，可以以只读方式或副本方式打开文档，具体操作方法是：在"打开"对话框中选好要打开的文件后，单击"打开"按钮右侧的向下按钮，在弹出的下拉列表中选择"以只读方式打开"或"以副本方式打开"。

4. 关闭文档

如果需要关闭文档，可以单击"文件"选项卡名称→"关闭"按钮，也可以直接单击文档窗口右上角的"关闭"按钮。如果文档已做过修改但尚未被保存，系统将弹出如图 3-18 所示的对话框，由用户确认是否要把新的修改保存下来。

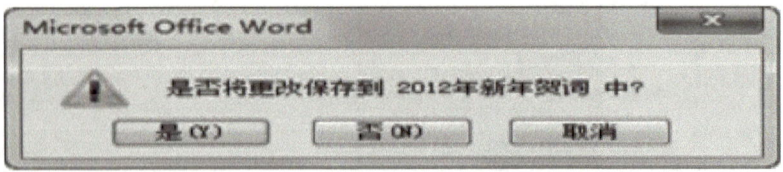

图 3-18 提示是否先保存文档

 项目任务

任务 1：进行简单的文档编辑。

任务 2：设置文档选项卡。

 **拓展知识**

认识文档的基本元素

对于利用信息技术设备编辑电子文档来说，设计和排版时应当主要考虑页面布局、文档内容和文档格式等元素。

（1）页面布局：主要涉及纸张大小、纸张方向、页边距、文字方向、分栏、页面背景等，这些元素决定了文档的整体布局。

（2）文档内容：主要涉及封面、目录、各级别标题、正文、图形图像、脚注与尾注、页眉与页脚等各种与纸质文档相似的内容，这些元素决定了文档的呈现方式。

（3）文档格式：主要涉及文本格式、段落格式、页面格式、图形图像的格式等，如字体、字号、字符间距、对齐方式、缩进距离等，这些元素决定了文档的表现形式。

第二节 设置文档格式

一、文档视图

Word 提供了 5 种视图供用户选择，这 5 种视图分别为页面视图、阅读版式视图、Web 版式视图、大纲视图和草稿。用户可以在"视图"功能区中自由切换文档视图，如图 3-19 所示；也可以通过单击 Word 主窗口右下方的视图按钮来切换视图。

图 3-19 "视图"功能区

1. 页面视图

页面视图（见图 3-20）最能体现 Word"所见即所得"的特点，完全依照用户设置的页面大小进行显示，显示效果与打印效果完全相同，用户可从中看到各种对象，包括页眉、页脚、水印和图像等在页面中的实际打印效果。页面视图是文档编辑过程中最常用的视图。

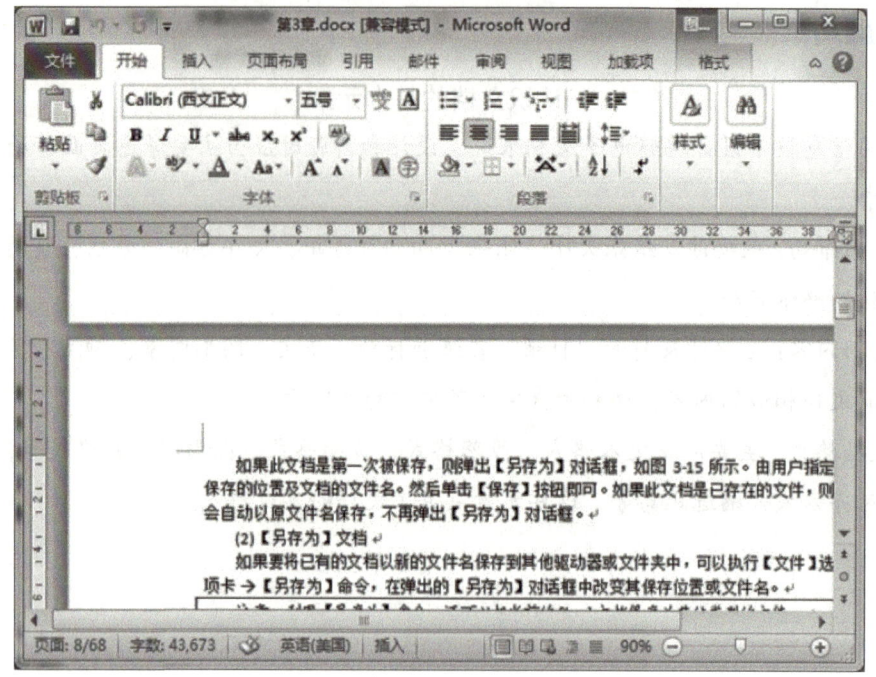

图 3-20　页面视图

在页面视图模式下，可以查看和调整页面中的文字、图片和其他元素的位置，也可以直接编辑页眉和页脚、调整页边距、处理分栏和调整图形对象的外观。

2. 阅读版式视图

阅读版式视图是以图书的分栏样式显示文档，以便于在计算机屏幕上阅读文档的一种视图模式。在阅读版式视图模式下，Word 按钮、功能区等窗口元素被隐藏了起来。

在阅读版式视图模式下，用户可以单击"工具"按钮选择各种阅读工具，还可以添加批注，或者单击右上方"视图选项"按钮来调整文档的视图。

单击屏幕右上角的"关闭"按钮，或按"Esc"键将关闭阅读版式视图模式，返回到页面视图模式。

3. Web 版式视图

Web 版式视图是为浏览和编辑 Web 网页而设计的，它仿真 Web 浏览器来显示 Word 文档。在 Web 版式视图模式下，可以看到文档的背景和为适应 Web 浏览器窗口而换行的文本，而且图形、图像和动画的位置均与在 Web 浏览器中的显示效果一致。

4. 大纲视图

大纲视图模式按照文档中标题的层次来显示文档，如图 3-21 所示。在大纲视图模式下，用户可以把文档的详细内容折叠起来，只查看标题；也可以展开文档，查看整个文档的内容，从而使得用户查看文档的结构变得十分简便。在这种视图模式下，用户还可以通过拖动标题来移动、复制或重新组织正文，方便了用户对文档大纲的修改。

大纲视图广泛用于 Word 长文档的快速浏览和设置。

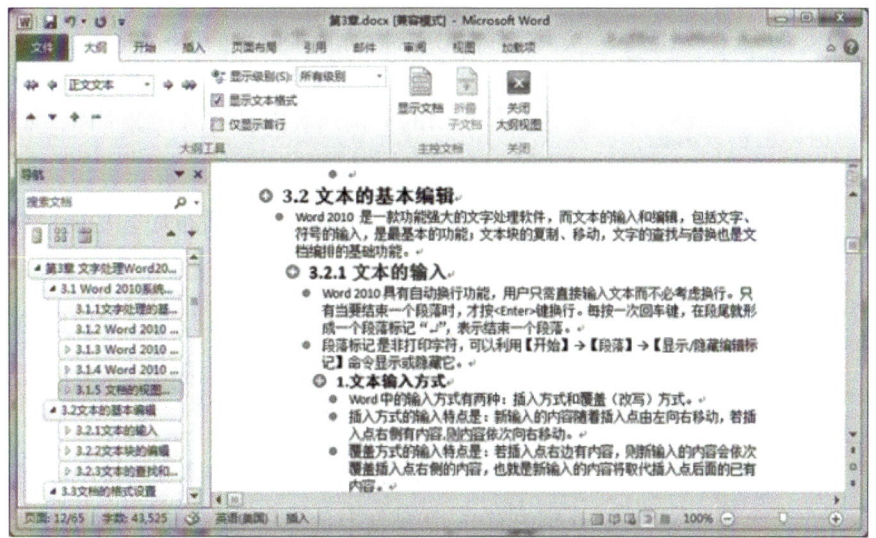

图 3-21　大纲视图

5. 草稿

草稿是 Word 最基本的视图方式。它可显示完整的文本格式，但简化了文档的页面布局（如在文档中嵌入的图形、页眉、页脚及页边距等内容都不予显示），显示速度相对较快，因而非常适合用于文字的录入阶段。用户可在该视图模式下进行文字的录入及编辑工作，并对文字格式进行编排。

 二、设置字体、段落格式

1. 字体设置

字体格式主要包括字体、字号、字形、字体颜色、下划线线型和颜色、着重号、删除线、上标、下标等字符效果，以及字符间距等。

在默认情况下，Word 文档中的西文字体会使用 Calibri 字体，中文字体会使用"宋体"字体，字号是五号。如果用户需要改变输入文本的字体格式，就需要重新设置。如果要改变文档中已有文本的格式，则需要先选定这一部分文本，再进行字体的重新设定。

当文本被选定后，文本的字体格式设置情况直接显示在"开始"功能区的"字体"组块中，但如果所选文本中包含了不止一种格式设置，则功能区内的相关文本框将显示为空白。

（1）使用"字符"组工具。

在"开始"功能区的"字体"组中，提供了常用字体格式设定的命令，如图 3-22 所示。

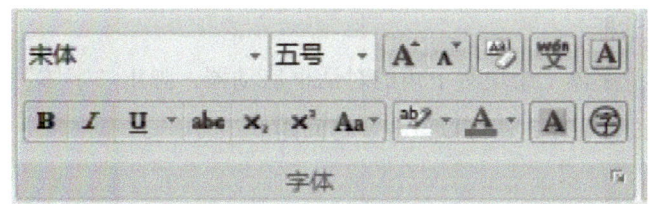

图 3-22　"开始"功能区的"字体"组

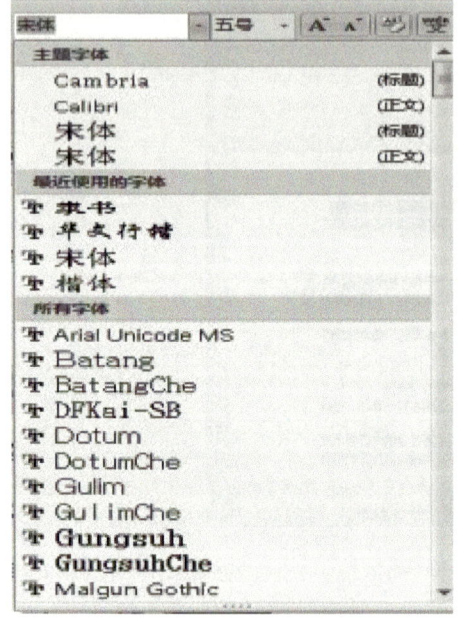

图 3-23　字体列表

①设置字体。

单击"开始"功能区"字体"组块中"字体"列表框的下拉按钮，显示出的下拉列表中显示出三组字体，如图 3-23 所示，可从中选择所需的字体。

"主题字体"是通过"页面布局"功能区的"主题"组设置的字体。

"最近使用的字体"显示出最近经常使用的字体。

"所有字体"显示当前计算机中已安装的完整字体列表。

②设置字号。

可单击"开始"功能区"字体"组块中"字号"的下拉按钮，从展开的下拉列表中选择字号；也可以直接在"字号"文本框中输入需要的字号。

字号以"磅"为单位，1 磅是 1/72 英寸，所以 12 磅是 12/72 英寸，1 英寸等于 2.54 厘米。Word 中的字号可以设置的增量级为 0.5 磅，如字号 10.5 磅是有效的。

③设置字体颜色。

利用"开始"功能区"字体"组块中"字体颜色"旁的下拉按钮，可以展开下拉列表，从中选择字体的颜色。

④设置字形。

单击"开始"功能区"字体"组块中的"加粗""倾斜""下划线"工具，可以添加或撤销加粗、倾斜和下划线格式。单击"下划线"旁的下拉按钮，可以选择下划线的线型和颜色。

⑤字符边框和字符底纹。

单击"开始"功能区"字体"组块中的"字符边框""字符底纹"工具，可以添加或撤销选定文本的边框和底纹。

提示：对整个段落设置边框和底纹与设置文本的边框和底纹，最终效果是不同的。

⑥上标和下标。

上标、下标是指在一行中位置比文字略高、略低且字号较小的数字。例如：脚注或尾注编号就是一个上标；数学公式中 x 的平方，即写在 x 右上角的小数字 2，也是上标；在科学公式中还常常使用下标。

设置上标、下标常用的方法是：先选择文本，然后单击"开始"功能区"字体"组块中的"上标"或"下标"命令。

（2）使用"字体"对话框。

单击"开始"功能区"字体"组块右下角的对话框启动器，弹出"字体"对话框，如图 3-24 所示。在该对话框中，不仅可以设置字体，还可以设置字符间距。

①"字体"选项卡。

在"字体"对话框"字体"选项卡可以分别设置中英文文字的字体、字形、字号、颜色以及各种字符效果等，并且可以在"预览"框中查看设置的效果。

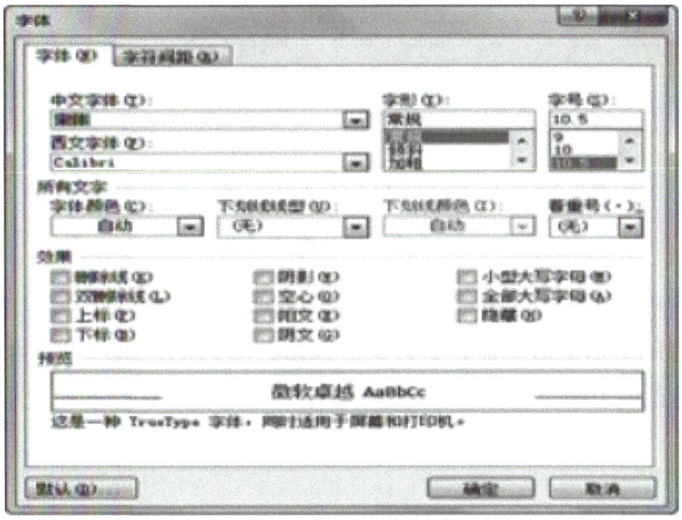

图 3-24　"字体"对话框

② "字符间距"选项卡。

在"字体"对话框中，如果切换到"字符间距"选项卡，则能够设置当前文档内字符之间的间距，使 Word 文档的页面布局更符合用户需要。

首先，选中需要设置字符间距的文本，单击"开始"功能区"字体"组块右下角的对话框启动器，弹出"字体"对话框，选择"字符间距"选项卡。

其次，根据实际需要设置字符间距，可以在"预览"框中查看设置的效果。

最后，单击"确定"按钮。

（3）清除文本格式。

如果用户需要将 Word 文档中已经设置的文本格式全部清除，则可以先选中应清除格式的文本，然后单击"字体"组块中的"清除格式"按钮，清除所选文本的所有格式，只保留纯文本。

2. 段落设置

段落是表达具有完整意义的一段信息，它是文本、表格、图形、对象或其他项目的集合，以段落标记为结束符，段落标记通过按"Enter"键产生。

利用段落格式能设置段落的外观，可以使文档浏览起来结构清晰、层次分明。段落格式包括对齐方式、段落缩进、行距等内容。

在 Word 中，段落标记符除了标识一个段落的结束外，还保留着有关该段的所有格式设置信息。所以，在移动或复制一个段落时，若要保留该段落的格式，就一定要同时移动或复制该段落的段落标记。当按"Enter"键开始一个新段落时，Word 会自动复制前一段的段落标记及其中所包含的格式信息。

段落标记可以在除阅读版式视图外的其他视图下显示出来，利用"开始"功能区"段落"组块中的"显示 / 隐藏编辑标记"命令，可以控制是否显示出段落标记。如果希望一直显示段落标记，可以通过选择"文件"选项卡→"选项"选项→"显示"选项卡，勾选"段落标记"复选框。

（1）"段落"组块。

为了对文本实现段落设置，Word 在"开始"功能区中专门设置了"段落"组块，如图 3-25 所示。

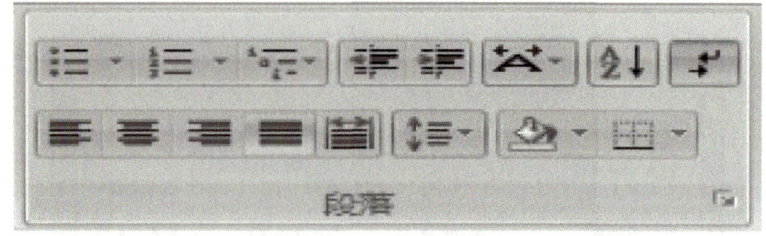

图 3-25 "开始"功能区"段落"组

段落格式设置一般针对插入点所在的段落实施，或者同时对选定的几个段落实施。单击"开始"功能区"段落"组块右下角的对话框启动器，会弹出"段落"对话框，用户可在该对话框中完成段落设计。另外，"段落"组块中还提供了最常用的一些按钮，用于实现诸如对齐方式设置、增加或减少缩进量等功能。

（2）段落对齐方式。

Word 提供了左对齐、居中、右对齐、两端对齐、分散对齐等五种对齐方式。在选择了某种对齐方式后，Word 将按所选定的对齐方式自动排列文本。

"开始"功能区"段落"组块依次提供了"文本左对齐""居中""文本右对齐""两端对齐""分散对齐"工具按钮（见图 3-25），单击即可设置已选中段落的对齐方式。

单击"开始"功能区"段落"组块的对话框启动器，弹出"段落"对话框，如图 3-26 所示。在"缩进和间距"选项卡中，单击"常规"栏的"对齐方式"下拉按钮，在下拉列表中可以选择所需要的对齐方式。

图 3-26 "段落"对话框

（3）段落缩进设置。

段落缩进是常规的排版手段。段落缩进是指在文档排版中，将段落的首行或整体向左侧或右侧移动一定的距离。常见的段落缩进方式有首行缩进和悬挂缩进。首行缩进是只缩进段落的第一行，而悬挂缩进则是除了第一行之外的其他行缩进。段落缩进有助于使文章更加清晰、易读，增强文本的层次感和美观度。

①使用标尺设置缩进。

拖动标尺上的"首行缩进""悬挂缩进""左缩进""右缩进"工具（见图 3-27），可以设置段落的各种缩进。但如果需要精确地设定缩进量，应使用"段落"对话框进行设置。

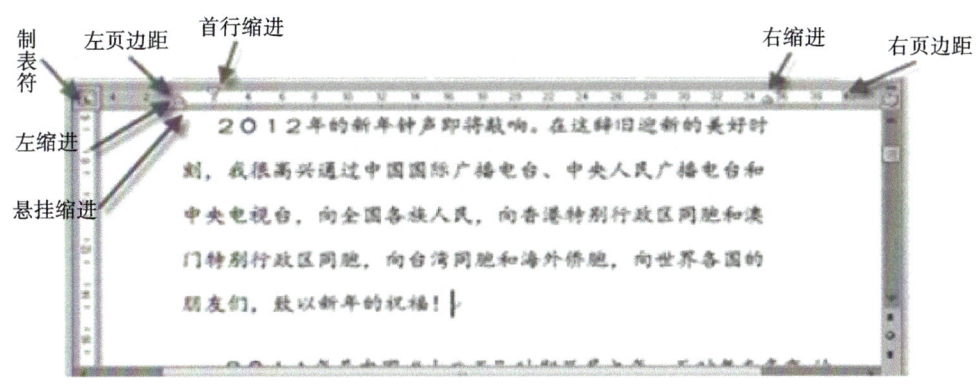

图 3-27　标尺上的设置工具

如果要保持左缩进与首行缩进的相对位置，则应拖动"悬挂缩进"工具。

②使用"段落"对话框。

在图 3-26 所示的"段落"对话框中，利用"缩进和间距"选项卡中的"缩进"栏，可以设置段落相对于左、右页边距的缩进距离，以及特殊格式的缩进，如首行缩进或悬挂缩进。

利用"段落"对话框可以精确地设置段落缩进的长度，而且允许用户直接输入长度及长度单位。例如，在"特殊格式"栏中选定了"首行缩进"后，可直接输入缩进长度"1 厘米"或"2 字符"等数据。

③使用功能区工具。

在"开始"功能区的"段落"组块中有增加或减少缩进量的按钮，在"页面布局"功能区的"段落"组块中也有设置左、右缩进量的工具，利用这些工具可以直接设置选定段落的缩进量。

3. 设置行距和段落间距

行距决定了段落中各行文字之间的垂直距离，段落间距决定了段落与上方和下方其他段落之间的间隔距离。在默认情况下，各行之间使用单倍行距，每个段落后的间距会略微大一些。

调整段落间距和行距，首先要将插入点放在要调整的段落中，或先选定要调整的多个段落，然后启动调整过程。

（1）使用"段落"对话框。

在图 3-26 所示的"段落"对话框中，"缩进和间距"选项卡的"间距"栏用于设定行距和段落间距。其中，在"段前"和"段后"框中键入所需间距数值来调节段前和段后的间距。

在"行距"下拉列表中可直接选择一种行距类型，以便更改行距。"行距"下拉列表中包含了"单倍

行距""1.5 倍行距""固定值"等类型的行距。

注意：切勿对文档中的图形等多媒体对象使用"固定值"行距，因为在"固定值"行距下，只能显示出多媒体对象的少量部分内容。通常把多媒体对象的行距设置为"单倍行距"。

（2）使用功能区工具。

单击"开始"功能区"段落"组块的"行和段落间距"（ $\boxed{\updownarrow\equiv\cdot}$ ），弹出下拉列表，可以直接从中选择常用的行距值并设置段落间距，也可以单击"行距选项"，启动"段落"对话框设置行距和段落间距。

利用"页面布局"功能区"段落"组块，也可设置"段前"和"段后"等间距值。

4. 段落内的换页符和分页符控制

在"段落"对话框"换行和分页"选项卡（见图 3-28）中，还可以规定段落在排版中的要求。相关项的功能如下。

（1）孤行控制：防止段落末行出现在页面顶端和段落首行出现在页面底端。

（2）与下段同页：防止在选中的段落与后面一个段落之间插入分页符。

（3）段中不分页：防止在段落中出现分页符。

（4）段前分页：在选中的段落前插入分页符。

（5）取消行号：防止在选中的段落旁出现行号。该选项对未设行号的文档或节无效。

（6）取消断字：防止段落自动断字。

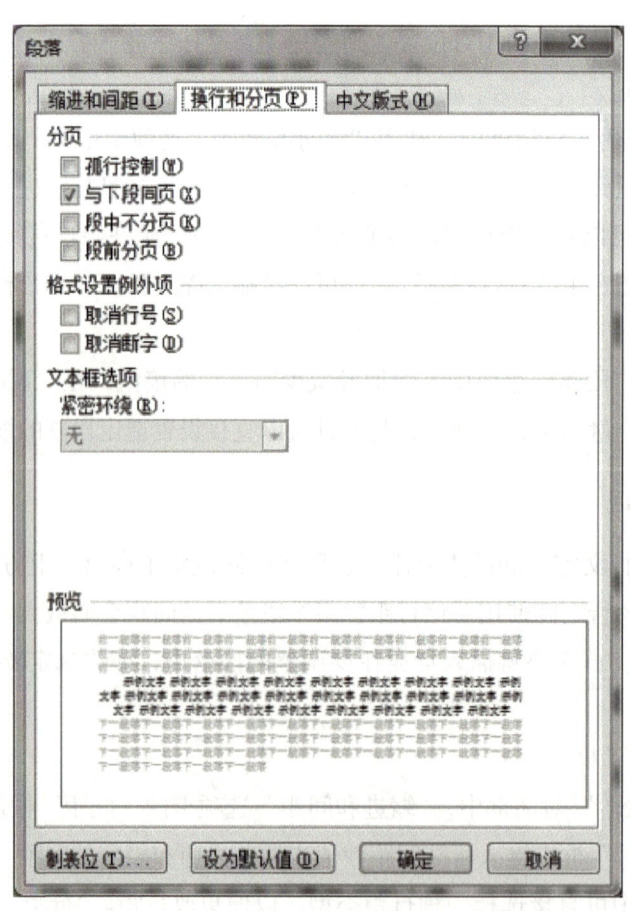

图 3-28 "段落"对话框"换行和分页"选项卡

5. 利用"格式刷"复制格式

"格式刷" 是快速设置格式的工具。它位于"开始"功能区最左侧的"剪贴板"组块中。使用"格式刷",可以快速地将一段文本的格式应用到另一段文本上。

（1）一次性应用"格式刷"。

①将光标置于提供格式的文本段落（满意的格式所在的段落）中,单击"格式刷"按钮。此时,鼠标指针变成格式刷状态。

②在新段落中单击格式刷状态下的鼠标,或者拖动格式刷状态下的鼠标。

（2）多次应用"格式刷"。

如果需要设定统一格式的段落很多,就需要"一次设定,多次使用"。

①将光标置于提供格式的文本段落中,双击"格式刷"按钮,使其保持打开状态。

②不断地在需要设置格式的文本上拖动鼠标。凡是拖过之处,均被"刷"成了前面选定的格式。

③再次单击"格式刷"按钮,或直接按"Esc"键,即可关闭格式刷功能。

三、查找和替换

Word 的替换功能在"开始"功能区的"编辑"组块中。具体的操作步骤如下。

（1）打开 Word 文档,然后再单击"开始"功能区名称,如图 3-29 所示。

图 3-29　打开"开始"功能区

（2）在"开始"功能区的最右边,为"编辑"组块。单击"编辑"组块中的"替换"按钮（见图 3-30）,或者直接同时按住键盘上的"Ctrl+H"组合键,就可以调出"查找和替换"对话框。

（3）在"查找和替换"对话框中,单击"替换"选项卡名称,在"替换"选项卡中输入要查找的内容，然后输入替换的内容，最后单击"替换"按钮即可，如图3-31所示。

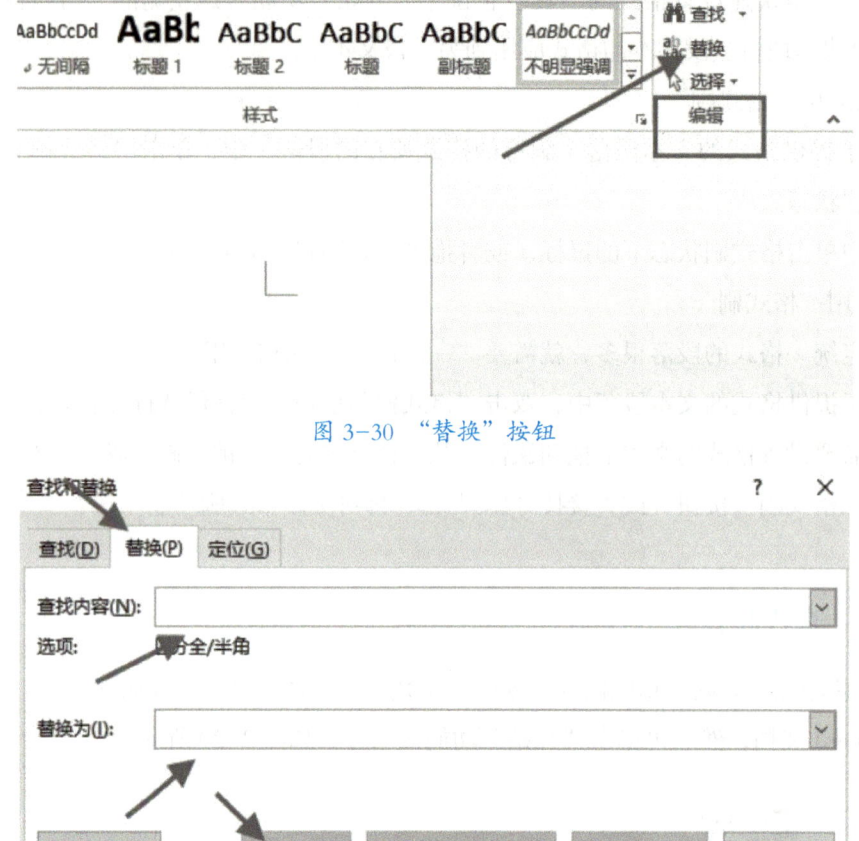

图 3-30 "替换"按钮

图 3-31 在"查找和替换"对话框"替换"选项卡中的操作

 四、项目符号与编号

使用项目符号和编号来组织标题或列表可以使文档结构整齐、层次清晰、便于阅读。将项目符号和编号应用于长文档更有助于形成目录和题注。

项目符号用图示化的符号来区分段落，达到条目清晰的效果；编号主要用阿拉伯数字、中文数字或英文字母来标记段落，用于标注相同类别的文本，强调条目的有序性；而多级列表突出了多级别条目的结构和层次。项目符号、编号和多级列表示例如图3-32所示。

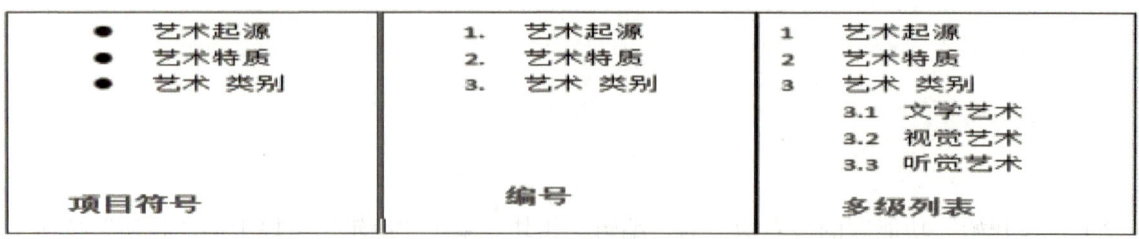

图 3-32 项目符号、编号和多级列表示例

1. 自动创建项目符号和编号

在文档中输入任意数字（如输入阿拉伯数字"1"或"1.1"），或者"*"，然后按"Tab"键，Word 会自动创建项目符号（或编号）。接着，就可以直接输入具体的文本内容了。

连续按两次"Enter"键，将会取消自动编号状态。

2. 创建项目符号或编号

（1）设置项目符号或编号。

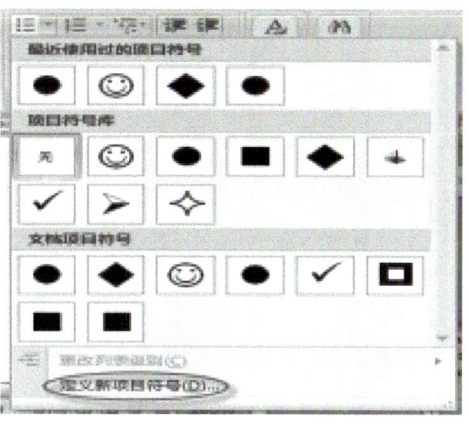

选择"开始"功能区→"段落"组块，单击"项目符号"/"编号"/"多级列表"按钮，可以创建默认的或正在使用的项目符号/编号/多级列表；单击"项目符号"/"编号"/"多级列表"按钮右侧的下拉按钮，会显示一个列表，列表中包括最近使用过的项目符号/编号库/列表库，用户可以根据需要进行选择，或自定义新的项目符号/编号格式/列表样式。其中，"项目符号"列表如图 3-33 所示。

图 3-33 "项目符号"列表

（2）定义新的项目符号或编号。

在"项目符号"列表中单击"定义新项目符号"命令，打开"定义新项目符号"对话框。然后，在"定义新项目符号"对话框中单击"符号"按钮，在弹出的"符号"对话框（见图 3-34）中可以选择新的符号。也可以单击"图片"按钮，在弹出的"图片项目符号"对话框中选择图片项目符号。

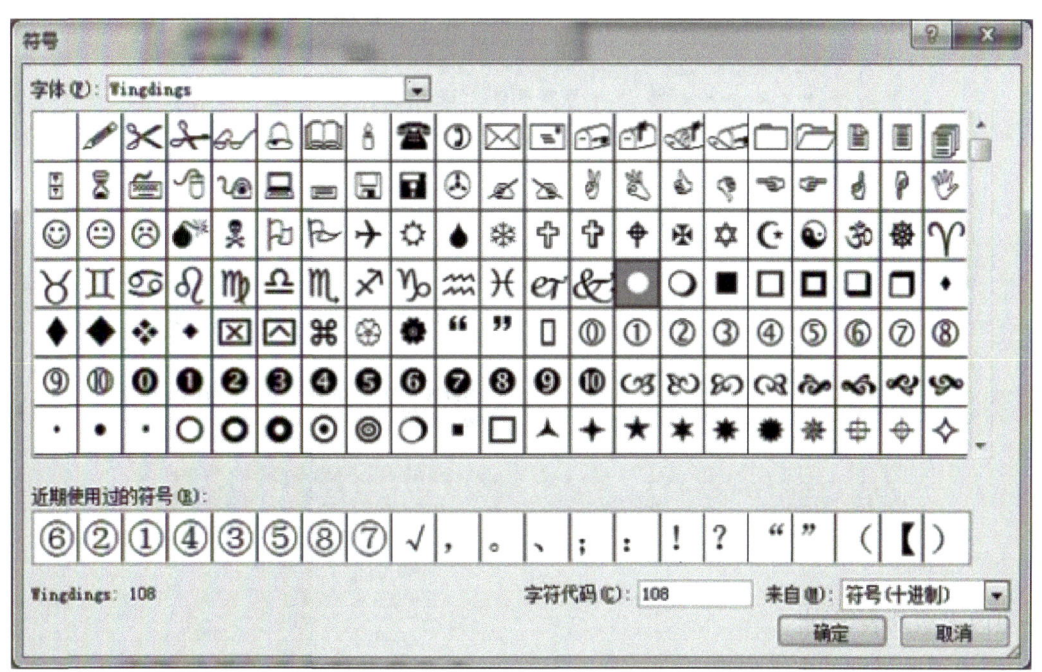

图 3-34 "符号"对话框

3. 重新编号和定义新编号格式

如果用户在编号过程中需要从某个位置开始重新编号，而用户想要的编号形式没有预置在编号库中，

图 3-35 "编号"列表

就需要自定义新编号格式。

选择"开始"功能区→"段落"组块，单击"编号"按钮右侧的下拉按钮。在弹出的下拉列表（见图 3-35）中单击"设置编号值"命令，可以设置新编号的起始值；单击"定义新编码格式"命令，可以根据文档需要建立新的编号形式，如"第 1 章"或"-1-"等。

4. 多级列表

在 Word 文档中，可以通过更改编号的列表级别创建多级编号列表，使编号列表的逻辑关系更加清晰。

（1）利用"Tab"键创建多级列表。

①在"开始"功能区"段落"组块中单击"编号"按钮右侧的下拉按钮，然后在打开的"编号"列表中选择一种编号格式。

②在第一级编号后面输入具体内容，然后按"Enter"键，在下一行创建同级编号。如果需要降低当前编号的层次，则先不要输入编号后面的具体内容，而是直接按"Tab"键，使之变成下一级编号形式。如果编号的格式不合适，可以通过"编号"列表进行设置。

③在编号列表的内容输入完成以后，连续按两次"Enter"键，就可以返回到上一级编号列表。

利用"Tab"键创建多级列表操作示意图如图 3-36 所示。

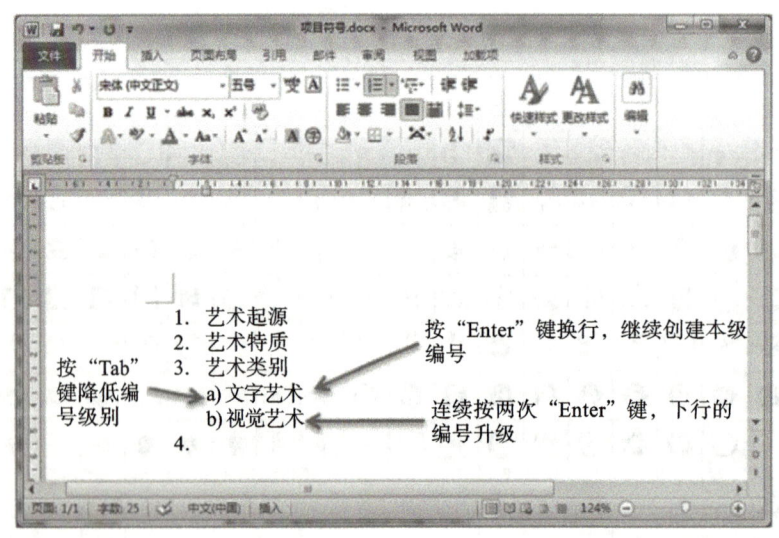

图 3-36 利用"Tab"键创建多级列表操作示意图

（2）更改多级列表级别。

①选中需要更改级别的多级列表。

②在"开始"功能区"段落"组块中单击"编号"按钮右侧的下拉按钮或"多级列表"按钮，然后在打开的"编号"列表或"多级列表"列表中指向"更改列表级别"选项，并选择合适的列表级别（如 2 级），如图 3-37 所示。

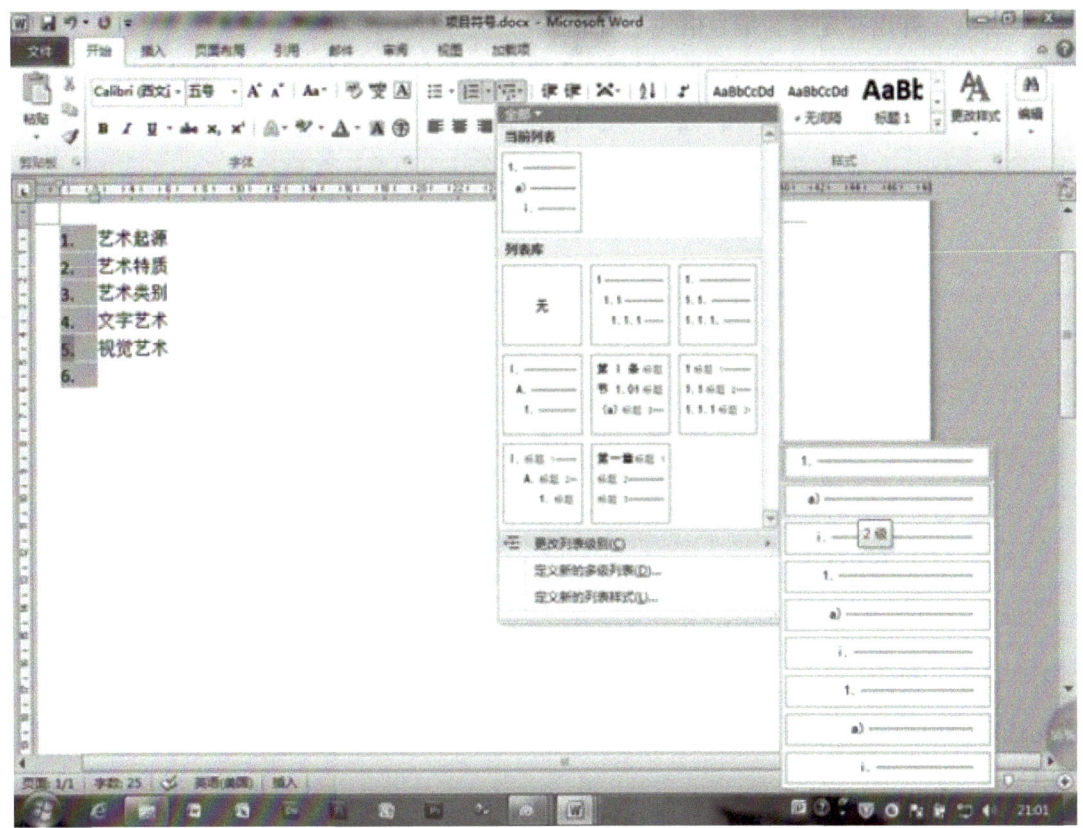

图 3-37　设置多级列表的符号

③重复上述步骤，更改其他编号的列表级别。

5. 多级列表实例

（1）实例 1：定义新编号格式。

把图 3-38 左侧框起来的编号改成图 3-38 右侧的形式。

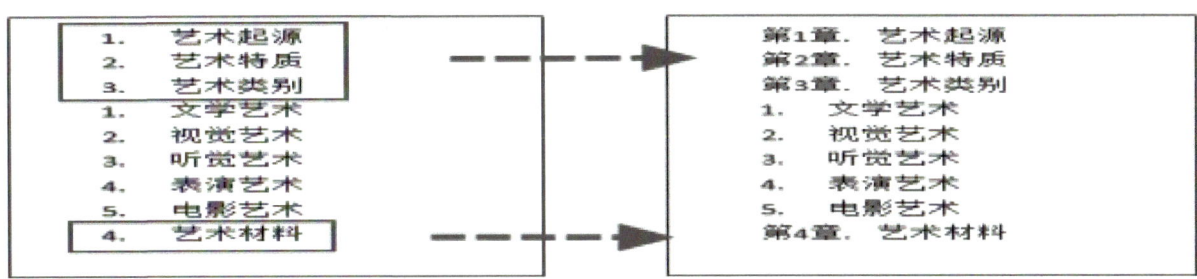

图 3-38　定义新编号格式的前后效果图

①实例分析。

改变编号形式并不难，只需单击"段落"组块中"编号"按钮右侧的下拉按钮，在打开的列表中选用新编号就好了。本实例的难点在于，所要求的编号形式不在编号库中，只能自定义。

②操作方法。

a. 按住"Ctrl"键并以鼠标逐条单击，选择 1、2、3、9 段落。

b. 选择"开始"功能区→"段落"组块，单击"编号"按钮右侧的下拉按钮，在列表中选择"定义新编号格式"命令，弹出"定义新编号格式"对话框。

c. 在"定义新编号格式"对话框，"编号样式"选择阿拉伯数字形式；在"编号格式"文本框中，分别在编号"1"的左、右输入"第"和"章"字，如图 3-39 所示。

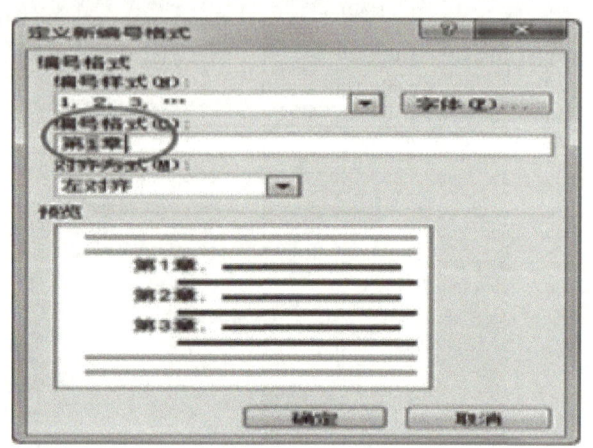

图 3-39 "定义新编号格式"对话框设置

d. 单击"确定"按钮。

通常先选定要应用新编号格式的段落，然后定义新编号格式。新定义的编号格式会进入编号库，便于以后使用。

（2）实例 2：更改多级列表级别。

将图 3-40 左侧所示的编号文本形式更改为图 3-40 右侧的多级列表形式，以体现章、节的层次关系。

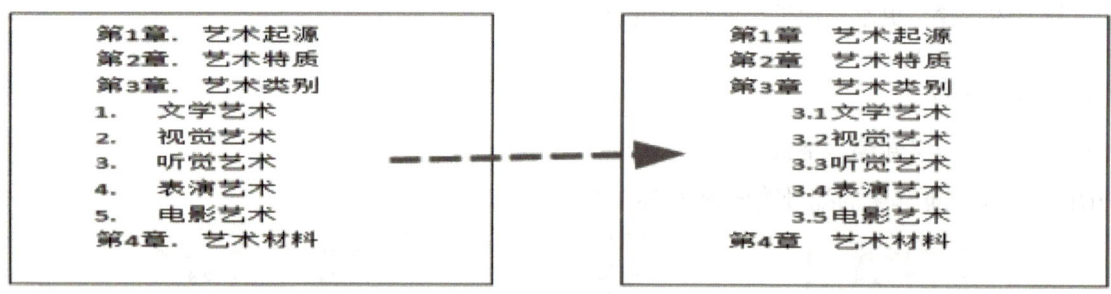

图 3-40 定义多级列表的前后效果图

①实例分析。

由单级列表更改为多级列表，首先需要确认段落的级别，然后再指定列表样式。

②操作步骤。

a. 更改段落级别。

由于单级列表默认为 1 级，因此章的段落不需要更改级别。对于节，先选中第 4 段落到第 8 段落，然后选择"开始"功能区→"段落"组块，单击"多级列表"按钮，在打开的列表中指向"更改列表级别"选项，并选择"2 级"。

b. 设置多级列表样式，主要包括以下 4 个步骤。

选择"开始"功能区→"段落"组块，单击"多级列表"按钮，在打开的列表中，如果有可选样式，直接选择即可；否则，需要自定义样式，即单击"定义新的列表样式"命令。

由于在 2 级列表的编号中需要包含 1 级编号和 2 级编号，因此应先制定 1 级列表的起始编号和样式，即先在"定义新列表样式"对话框中设置 1 级编号的起始编号，再单击左下角的"格式"按钮，在弹出的列表中单击"编号"选项，然后在弹出的"修改多级列表"对话框中设置 1 级编号的样式，如图 3-41 所示。

采用同样的方法，修改 2 级编号的起始编号和样式。

c. 单击"确定"按钮，结束设置。

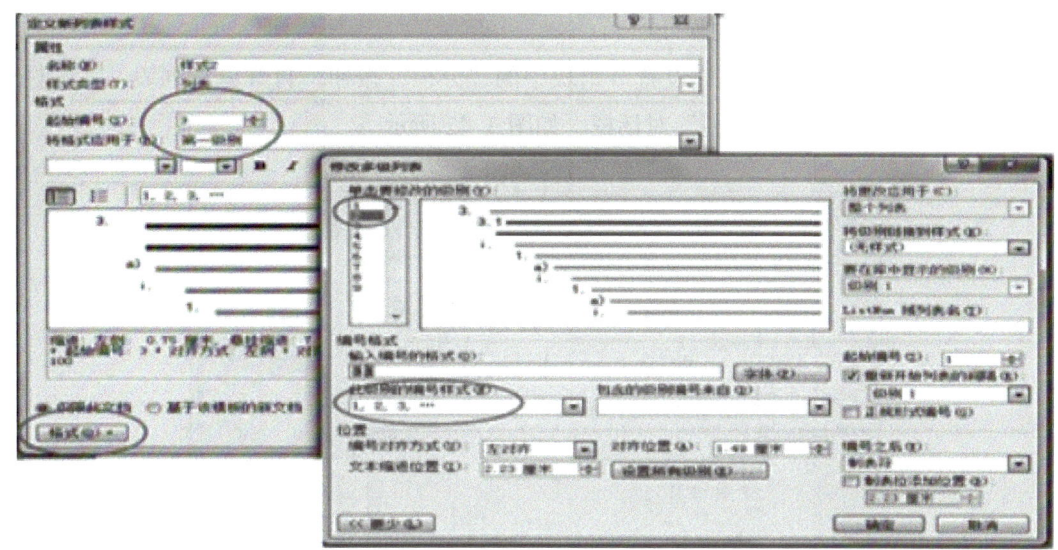

图 3-41　设置多级列表操作

 ## 五、首字下沉 / 悬挂、分栏

1. 首字下沉 / 悬挂

首字下沉 / 悬挂是指将文档中段首的一个文字放大，并进行下沉 / 悬挂设置，以凸显段落或整篇文档的开始位置。在 Word 中设置首字下沉或首字悬挂的步骤如下。

（1）将插入点定位到需要设置首字下沉的段落中。

（2）切换到"插入"功能区，在"文本"组块中单击"首字下沉"按钮，在打开的列表中选择"下沉"或"悬挂"选项，即可设置首字下沉或首字悬挂效果。

注意：如果需要详细设置下沉的字体或下沉行数，则可在列表中单击"首字下沉选项"，打开"首字下沉"对话框，然后进行详细设置。

如果要取消"下沉"或"悬挂"效果，则只需在"首字下沉"对话框"位置"栏下选择"无"。

2. 分栏

分栏是将全部页面或选中的文本设为两栏或更多栏，从而呈现出报纸、杂志中经常用到的多栏排版效果。

在文档的排版过程中，用户可以决定对哪些内容分栏、分几栏，并能设置相邻两栏之间的间隔。

（1）简单分栏的方法。

①将插入点定位到需要设置分栏的节中，或者选中需要分栏的特定文档内容。如果当前 Word 文档只有 1 节且未选中内容，则默认为文档的全部内容都被分栏。

②单击"页面布局"功能区"页面设置"组块中的"分栏"按钮，并在打开的分栏列表中直接选择分栏效果。

如果需要采用其他的分栏方式，则在分栏列表中选择"更多分栏"命令。

（2）利用"分栏"对话框详细设置分栏。

①单击"页面布局"功能区"页面设置"组块中的"分栏"按钮，打开分栏列表，在分栏列表中选择"更多分栏"命令，就能打开"分栏"对话框，如图 3-42 所示。

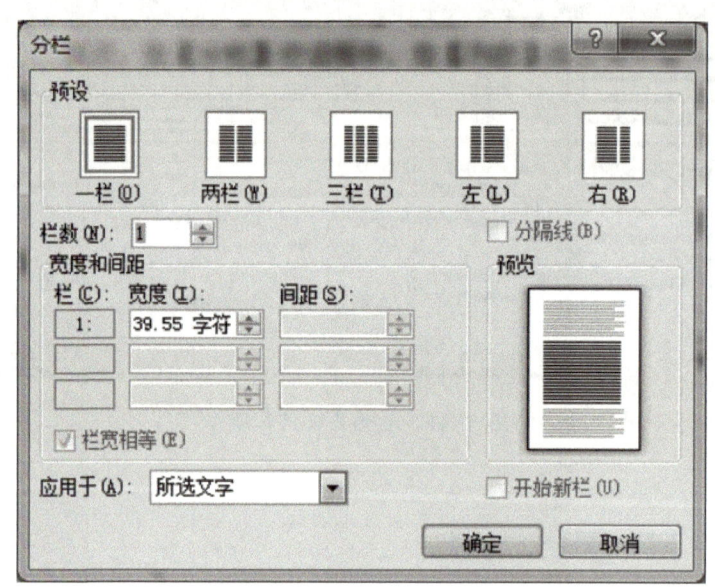

图 3-42 "分栏"对话框

②在"分栏"对话框中，在"栏数"编辑框中输入或选择分栏数；如果勾选"分隔线"复选框，则可以在两栏之间划出一条直线分隔线；如果勾选"栏宽相等"复选框，则每个栏的宽度均相等。若取消勾选"栏宽相等"复选框，则可以分别为每一栏设置栏宽，在"宽度"和"间距"编辑框中设置每一栏的宽度数值和两栏之间的距离数值。

③在"应用于"编辑框中，可以选择当前的分栏设置是应用于全部文档，还是仅仅作用于当前节。

④设置完毕，单击"确定"按钮。

提示：有的时候，分栏后各栏的文本行数不一致，最后一栏可能比较短，这样的版面会显得很不美观。若要解决这个问题，只需在最后一栏的最后一个字符后面，插入一个连续的分节符即可。

 项目任务

任务 1：设置文档的基本格式。

任务 2：替换文档中不恰当的内容。

 **拓展知识**

了解应用文的格式

一、应用文通用基本格式

（1）标题在第一行居中排，可以直接以文种做标题。考场文章一般将文章观点作为标题，然后添加副标题。

（2）称呼要顶格排，根据对象不同使用"亲爱的 ××""敬爱的 ××""尊敬的 ××""×× 叔叔""×× 阿姨""×× 爷爷""×× 奶奶"等称呼。

（3）正文是文章主体部分，内容包括开头、中间、结尾三个部分。开头部分一般为问候语或交代原因、背景、目的，然后引出中心话题；中间部分阐述中心话题；结尾部分要有结束语或祝颂语，放在正文结尾另起一行空两格排。如"我的演讲到此结束，谢谢大家！""祝身体健康、学习进步！""此致　敬礼"（"此致"空两格排，"敬礼"顶格排）等。

（4）落款包括署名、日期，署名在上，日期在下，放在正文左下方，上下对齐排。

二、应用文种类

（1）演讲稿：标题、称呼、正文（开头问候语、引出中心话题、结尾结束语）、落款。

（2）慰问信（贺信）：标题、称呼、正文、落款。

①标题：正标题为文章观点，副标题一般为"致 ×× 的一封慰问信"。

②正文：开头部分为问候语，表达慰问关切之情；中间部分肯定成绩、颂扬精神；结尾部分表达祝愿、希望。

（3）倡议书：标题、称呼、正文、落款。

①标题：一般为"关于 ×× 的倡议书"。

②正文：开头部分写倡议的原因、背景和目的，中间部分写倡议的事项，结尾部分提出希望、号召。

（4）请假条：标题、称呼、正文、落款。

正文：开头部分写请假原因；中间部分写请假时间；结尾部分表达希望和诚恳态度，如"恳请老师批准""望老师批准"。

留言、请托条：正文开头部分写留言或请托缘由、留言或请托事项，请托条结尾要表达谢意。

（5）辞职信：标题、称呼、正文、落款。

正文：开头部分写辞职的缘由，中间部分表达辞职的决心及事项，结尾部分表达谢意和祝福。

（6）通知：标题、称呼、正文、落款。

正文：开头部分写通知缘由；中间部分写通知具体事项；结尾部分写要求或希望，如"务必按时提交""望准时参加"。

（7）观后感、读后感：标题、正文。

正文：开头部分写读了什么（可包括书名、作者、内容梗概等），并用简洁的语言写出自己总的感受；中间部分是重点，在引述有关内容或语句进行分析的基础上，联系自己学习、生活等方面的实际谈感想；结尾部分总结全文，总谈感想、体会，结束全文。

（8）表扬信：标题、称呼、正文、落款。

正文：开头部分写表扬缘由（叙述事迹经过、肯定精神品格），结尾部分表达学习之意。

（9）申请书：标题、称呼、正文、落款。

正文：开头部分表明申请意愿；中间部分写清申请原因；结尾部分再次表达申请意愿并表示诚意和敬意，如"恳请组织批准我的申请"。

（10）介绍信：标题、称呼、正文、落款。

正文：开头部分写介绍缘由；中间部分写介绍事项；结尾部分表达希望，如"望予以接洽""请予以安排"。

（11）启事类：标题、正文、落款。

①征文启事：正文开头部分写征文目的；中间部分写稿件或征文要求，如内容、字数、文体等要求，以及截稿日期、报送时间和地点等；结尾部分表达希望，如"望广大同学踊跃投稿"。

②寻物（人）启事和招领启事：两种启事在物品说明的详细程度方面不同。

寻物（人）启事要将物品（人）丢失的时间、地点以及物品（人）的详细特征告知，写清联系方式，在结尾处表示致谢或酬劳话语，如"必有重谢""面谢"。

（12）借条、领条、收条、欠条：标题、正文、落款。

正文写清钱物具体数量，正文结束后隔行空两格写"此据"，钱物数字要大写。落款写"经手人"。

第三节 图文混排

 一、页面布局

1. 边框设置

对于 Word 文档，还可以为页面设置普通线型的边框，或者设置各种艺术型样式的边框，以增强页面的艺术效果。

（1）单击"页面布局"功能区名称，在"页面设置"组块中单击"页面边框"按钮，打开"边框和底纹"对话框。

（2）在"边框和底纹"对话框"页面边框"选项卡，除了可以像设置文字、段落的边框一样为页面边框选择普通线型的样式、颜色和宽度外，还可以在"艺术型"列表中选择专门的页面边框样式，并能设置页面边框的宽度，如图 3-43 所示。

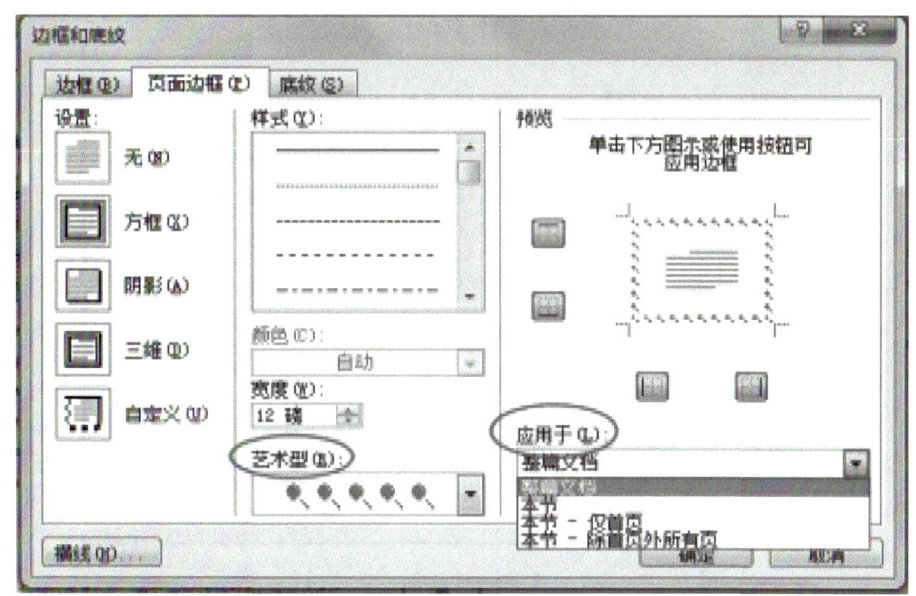

图 3-43　"边框和底纹"对话框"页面边框"选项卡设置

（3）利用"应用于"列表（见图 3-43）设置页面边框的应用范围。

2. 页边距设置

页边距是指页面四周的空白区域。页边距包括页面的上边距、下边距、左边距和右边距。页边距的设置可以影响文档的布局和视觉效果，使页面看起来更加整洁、美观，同时也便于阅读和排版。

（1）利用系统预置的页边距。

选择"页面布局"功能区→"页面设置"组块，单击"页边距"按钮，打开下拉列表，从中选择一种预置的页边距。

（2）自定义页边距。

①选择"页面布局"功能区→"页面设置"组块，单击"页边距"按钮，打开下拉列表，从中选择"自定义边距"命令，弹出"页面设置"对话框，如图 3-44 所示。

②在"页面设置"对话框"页边距"选项卡中，可以自定义页边距值。除此之外，在"页码范围"栏下，还可以设置"普通""对称页边距""书籍折页"等选项。

a. 选择"对称页边距"选项，可使左侧页的页边距与右侧页的页边距镜像对称，内侧页边距等宽，外侧页边距也等宽。

b. 选择"书籍折页"选项，可以创建小册子，也可以创建菜单、请柬、活动计划或其他类型的、居中折页的文档。

3. 纸张设置

在文档的页面设置中，纸张方向可分为"纵向"和"横向"。只需在"页面布局"功能区→"页面设置"组块中，单击"纸张方向"按钮展开下拉列表，然后从中选择"纵向"或"横向"即可。也可以在

图 3-44 所示的"页面设置"对话框"页边距"选项卡"纸张方向"栏下直接选择纸张方向。

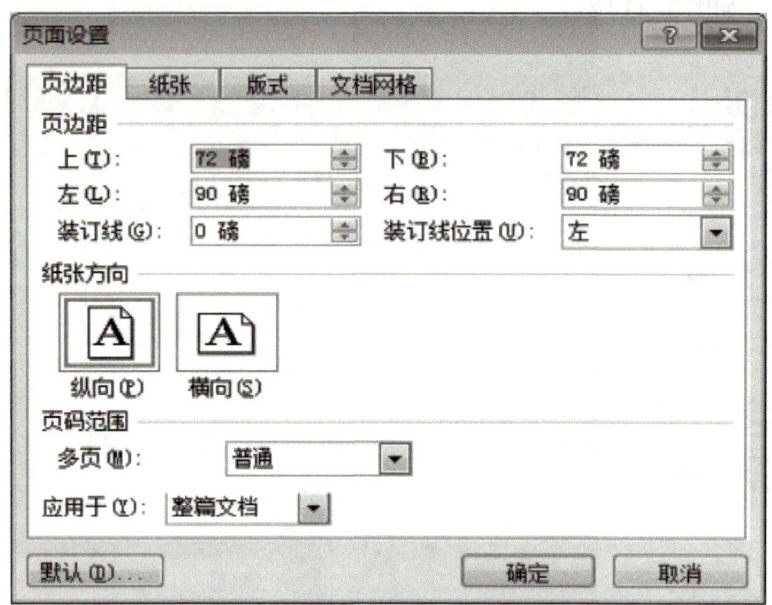

图 3-44 "页面设置"对话框"页边距"选项卡

4. 打印预览

在文档设置完成后，可以通过使用"打印预览"功能查看文档的最终打印效果，以便及时地调整页边距、分栏等设置。

（1）单击"文件"选项卡名称，在"文件"菜单中指向"打印"选项，并在打开的下一级菜单中单击"打印预览"命令。

（2）在"打印预览"窗口中，不仅可以查看 Word 文档的打印效果，而且可以在"打印预览"功能区中重新设置页边距、纸张方向、纸张大小等选项，还可以使用水平标尺和垂直标尺调整页边距，使打印出的效果更适合实际要求。

（3）单击"打印预览"窗口中的"关闭打印预览"按钮，可以返回到 Word 文档编辑状态。

5. 打印文档

在文档完成排版并经"打印预览"查看满意后，就可将文档打印输出。

（1）启动打印面板。

单击"文件"选项卡名称，在"文件"菜单中指向"打印"选项，单击"打印"命令，右侧即出现"打印"面板，如图 3-45 所示。

（2）设置打印页面。

在"打印"面板中，可以对打印操作提出要求。主要包括以下设置。

在"设置"栏下，可以设置打印是"全部""当前页"还是指定页。例如，输入"1，3-5，9"表示打印第 1、3、4、5 和 9 页。

在"页数"栏下，如果选择"双面打印"，打印机会先打印出所有的奇数页，然后提示用户取出打印好的纸张，翻页后再装入打印机。等用户单击鼠标确认后，会继续打印出全部偶数页。

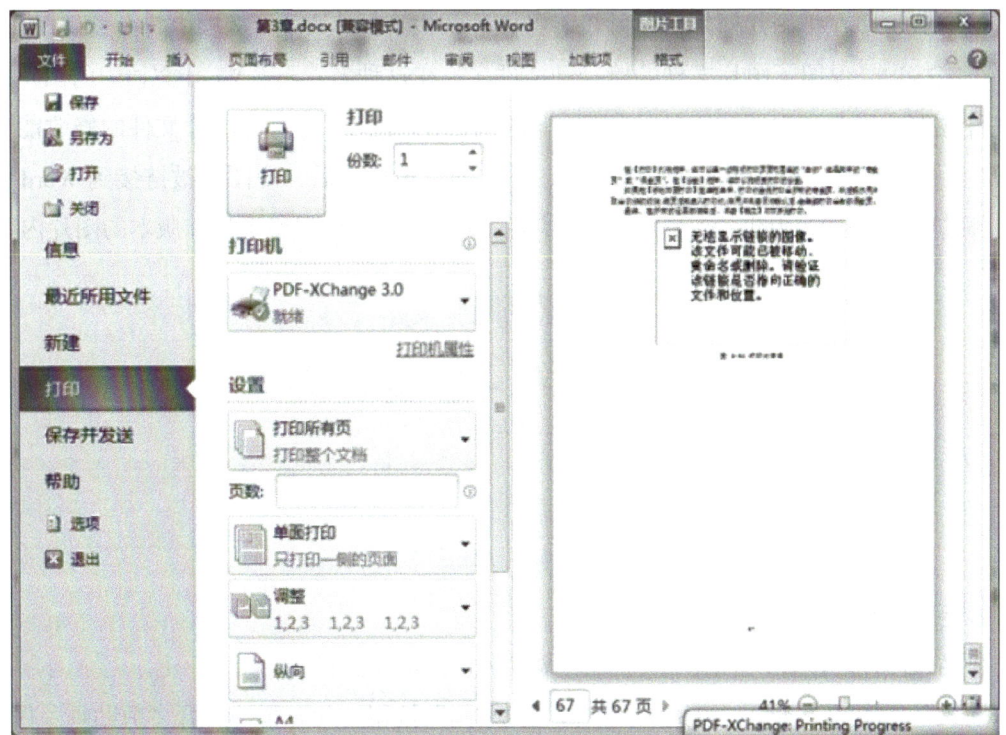

图 3-45　启动打印面板

（3）配置打印机信息。

单击"打印机属性"，能够启动打印机配置状态，可以对打印机本身的属性进行设置。

在所有的设置都完成后，单击"确定"按钮即可开始打印。

二、插入图片及其设置

Word 文档中的图片可以有多种来源，包括插入剪贴画、本地的图像文件，或从网页上复制图片。

1. 插入图片和剪贴画

（1）从其他软件中复制图片。

①在网页或其他软件中，右键单击要插入的图片，然后单击快捷菜单中的"复制"命令；或者单击选中要插入的图片，同时按"Ctrl+C"键。

②切换到 Word 文档中，在插入图片的位置单击鼠标右键，然后单击快捷菜单中的"粘贴"命令；或者同时按"Ctrl+V"键。

（2）插入来自文件的图片。

①单击要插入图片的位置，把插入点放在文档内的适当位置。

②在"插入"功能区"插图"组块（见图 3-46）中，单击"图片"按钮，打开"插入图片"对话框。

③在"插入图片"对话框中找到要插入的图片，双击该图片，图片将以默认的方式被嵌入文档中。

把图片文件插入文档中有 3 种方式，且在"插入图片"对话框中可以选择。第一种是嵌入方式，即在把图片插入后，图片的内容被直接嵌入 Word 文档中，位于 Word 文档内的图片内容与源图片文件无关。

第二种是链接方式，即在把图片插入后，并没有把图片的内容插入 Word 文档中，而是仅仅在 Word 文档中建立了一个链接项，保留了图片文件的路径和文件名。在这种方式下，Word 文档中的图片内容仍由原始的图片文件控制。因此，源图片文件的位置、名称不能改变，而且对源图片文件的修改能自动反映到相关的 Word 文档中。第三种是插入和链接方式，即在图片被插入后，源图片被链接到 Word 文档中。但当源图片文件的位置被移动或图片被重命名时，立即在 Word 文档中保留下当前版本的图片内容。

图 3-46　"插入"功能区"插图"组

（3）插入剪贴画。

①单击要插入图片的位置，把插入点放在计划插入图片的位置处。

②在"插入"功能区"插图"组块中，单击"剪贴画"按钮，此时系统打开"剪贴画"任务窗格。

③在"剪贴画"任务窗格的"搜索文字"文本框中，键入描述所需剪贴画的单词或词组，执行搜索后，将以列表方式显示出多个可用的剪贴画。

④双击列表中的某个剪贴画，此剪贴画即被插入当前文档中。

在默认情况下，Word 的剪贴画不会全部显示出来，而需要使用相关的关键字进行搜索。用户可以在"我的收藏集""Office 收藏集""Web 收藏集"中进行搜索。其中，"Web 收藏集"中提供了数量巨大的剪贴画。

2. 调整图片的大小

（1）手动调整图片的大小。

①单击鼠标左键选定要调整的图片。此时，在图片四周的边框线中心和顶角上出现了 8 个控制点（也叫操作手柄），并在 Word 的功能区出现"图片工具 – 格式"功能区。

②拖动角控制点可以按比例缩放图片，拖动边控制点可以增大或缩小图片的高度或宽度。

（2）精确调整图片的高度和宽度。

在选定图片后，会在 Word 的功能区出现"图片工具 – 格式"功能区。在"图片工具 – 格式"功能区"大小"组块中，能够精确地设置图片的高度和宽度。

（3）裁剪图片。

对图片进行裁剪操作，能够截取图片中最需要的部分。

①以鼠标左键单击选中需要被裁剪的图片，此时出现"图片工具 – 格式"功能区，而且在图片周边出现了操作手柄。

②在"图片工具 – 格式"功能区单击"大小"组块中的"裁剪"按钮，此时鼠标指针变成剪刀形状。

③以鼠标指向图片周边的操作手柄，然后拖动鼠标，对图片进行相应方向的裁剪。

④如果对裁剪结果满意，则再次单击"裁剪"按钮，退出裁剪状态。

提示：如果对图片的裁剪结果不满意，则可以在"图片工具－格式"功能区单击"调整"组块中的"重设图片"按钮，恢复原始图片。

3. 调整图片的位置和环绕方式

默认的插入图片操作是直接将图片嵌入插入点之处，图片处于文本层，与普通文本相当，会随着插入点的移动而移动。如果为图片设置文字环绕方式，则可自由地移动图片的位置。

（1）调整图片在页面中的位置。

Word 内置了多种图片位置，可以通过选择这些内置的位置来确定图片在文档中的准确位置。一旦确定了位置，则无论文字和段落位置如何改变，图片位置都不会发生变化。

①单击鼠标左键选定要设置位置的图片，此时系统出现"图形工具－格式"功能区。

②在"图片工具－格式"功能区，单击"排列"组块中的"位置"按钮，并在"位置"列表中选择合适的位置选项。

如果对内置的位置样式不满意，则可单击"位置"列表中的"其他布局选项"命令，打开"高级版式"对话框。在"高级版式"对话框"图片位置"选项卡中，自行设定图片的水平位置和垂直位置。

（2）设置文字对图片的环绕方式。

①单击需要设置文字环绕的图片，启动"图片工具－格式"功能区。

②在"图片工具－格式"功能区，单击"排列"组块中的"文字环绕"按钮，并在打开的"文字环绕"列表中选择合适的文字环绕方式。

各种文字环绕方式的效果如图 3-47 所示。

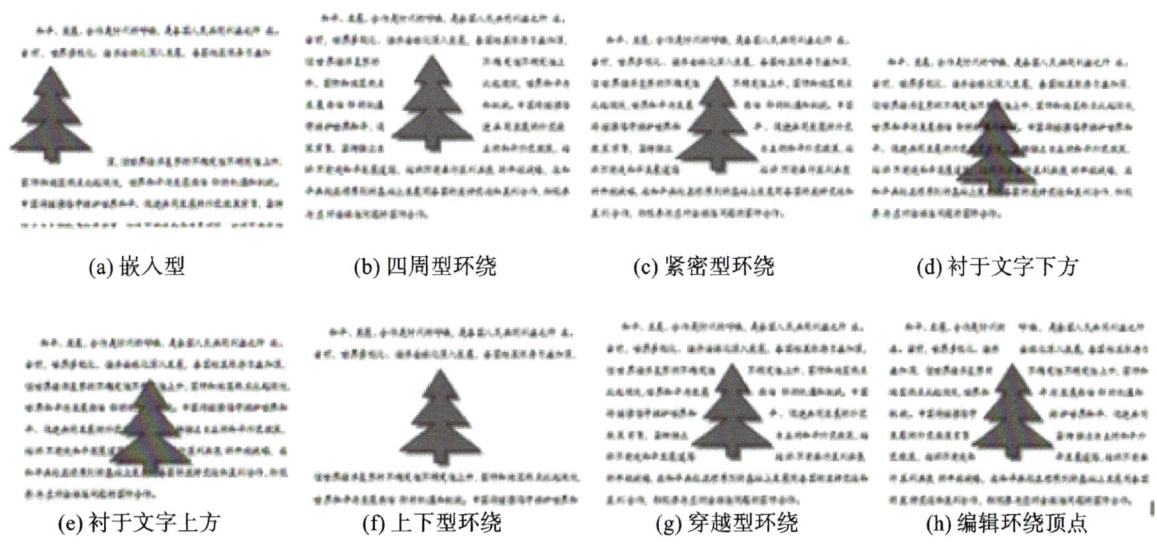

(a) 嵌入型　　　　(b) 四周型环绕　　　　(c) 紧密型环绕　　　　(d) 衬于文字下方

(e) 衬于文字上方　　　(f) 上下型环绕　　　(g) 穿越型环绕　　　(h) 编辑环绕顶点

图 3-47　文字环绕方式效果图

4. 应用样式设置图片外观

Word 为用户提供了多种内置的图片样式，包括透视、映像、边框、形状、投影等，同时还允许用户

使用"图片边框"、"图片版式"和"图片效果"等工具进一步对图片进行调整，以达到理想的视觉效果。

①选中需要应用图片样式的图片，打开"图片工具–格式"功能区。

②鼠标指向"图片工具–格式"功能区"图片样式"组块中的某个图片样式，文档中的图片就会呈现出应用该样式后的效果，如果感觉合适，则直接单击该样式即可。

"图片样式"组提供了"图片边框"工具用以改变形状轮廓线、宽度和颜色，提供了"图片效果"工具用以改变视觉效果。

5. 设置图片实例

（1）实例要求。

插入图3-48（a）所示的图片，利用"图片样式"组块中的"图片边框""图片效果"等工具，达到图3-48（b）所示的效果。

(a)   (b)

图 3-48　设置图片实例图

（2）实例分析。

本实例的关键在于改变图片的形状，并为图片设置映像的效果。

（3）操作步骤。

①单击"文件"选项卡名称→"新建"命令，创建一个空白文件。

②选择"插入"功能区→"插图"组块，单击"图片"按钮，将图3-48（a）所示的图片插入文档中。

③选中已经插入的图片，打开"图片工具–格式"功能区，从"图片样式"组块选择"图片样式"列表（见图3-49（a））中的"椭圆形"效果。

④选择"图片工具–格式"功能区→"图片样式"组块，单击"图片效果"按钮，在列表中将鼠标指向"映像"选项，从列表中选择"半映像，接触"，如图3-49（b）所示。

⑤保存文档即可。

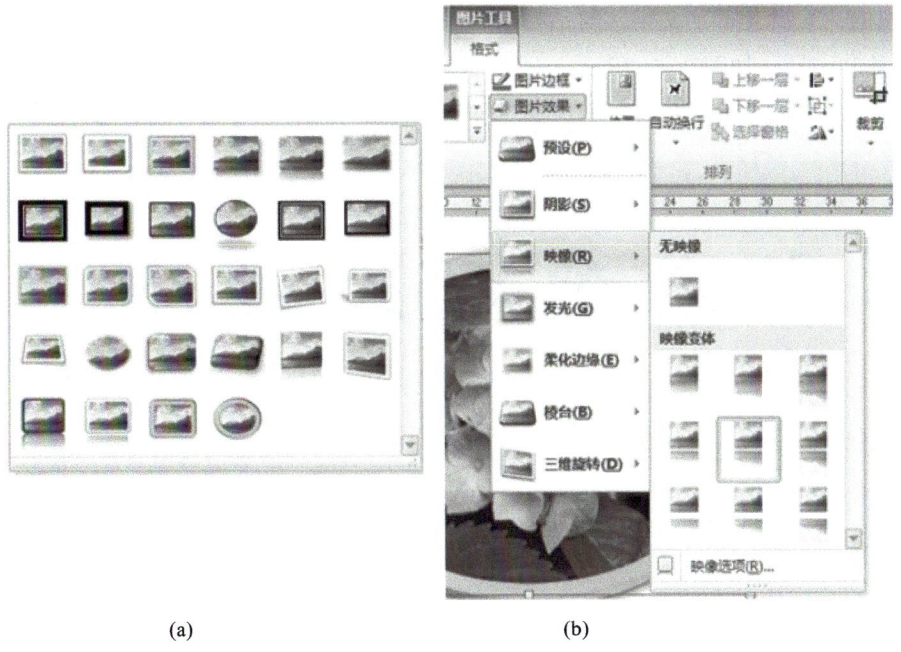

(a)   (b)

图 3-49 "图片样式"与"图片效果"设置

三、艺术字设置

艺术字结合了文本和图形的特点，具有图形的某些属性，如旋转、立体、弯曲等属性。艺术字库是一个文字样式库，可以将艺术字添加到文档中以制作出装饰性效果，如带阴影的文字或镜像（反射）文字。用户还可以像更改形状的样式一样更改艺术字的外观。

1. 创建艺术字

（1）将插入点定位于准备插入艺术字的位置。

（2）在"插入"功能区单击"文本"组块中的"艺术字"按钮，并在打开的艺术字样式列表中选择合适的艺术字样式，如图 3-50 所示。

图 3-50 选择艺术字样式

（3）在弹出的"编辑艺术字文字"对话框中，单击"文本"框，并输入艺术字文本，然后分别设置艺术字文体的字体和字号，如图 3-51 所示。

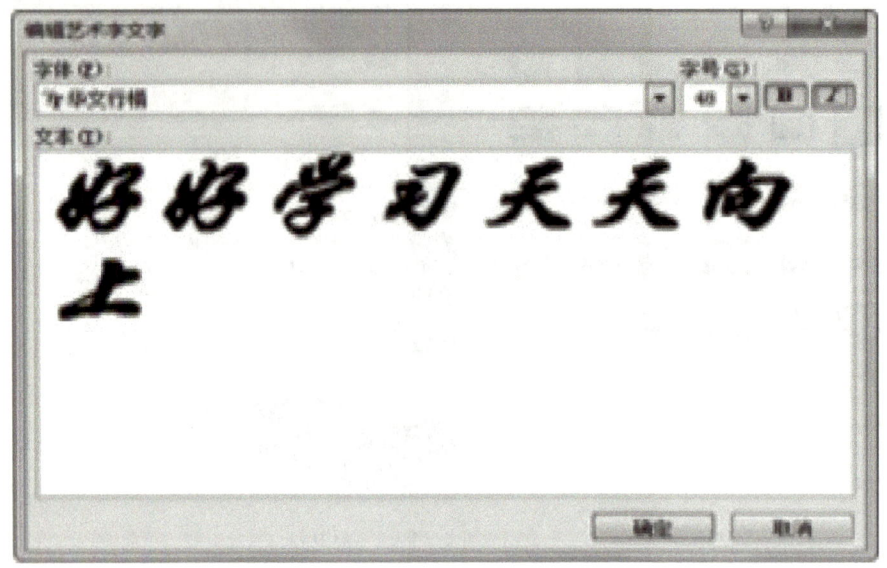

图 3-51 "编辑艺术字文字"对话框设置

（4）单击"确定"按钮，完成插入艺术字操作。

艺术字具有和图形相同的特点，可以设置文字环绕方式、位置和大小等。

2. 设置艺术字格式

在创建艺术字后，既可以对艺术字中的文字内容进行修改，也可以像处理图片、形状那样设置各种效果。

在选定已有的艺术字对象后，在 Word 的功能区中会出现"艺术字工具 – 格式"功能区，如图 3-52 所示。利用该功能区可以轻松地完成对艺术字的编辑和设置。

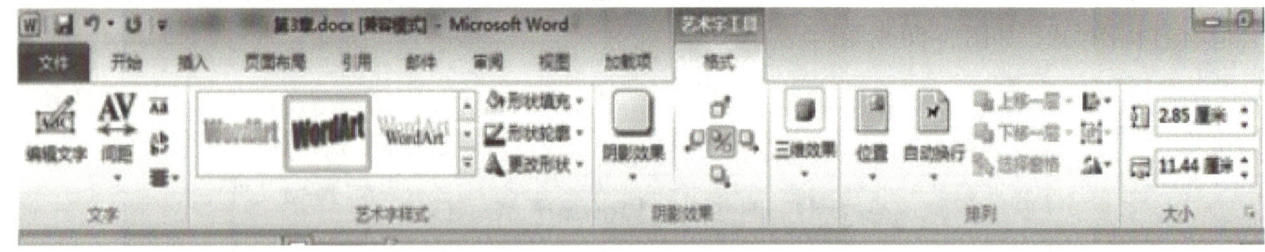

图 3-52 "艺术字工具 – 格式"功能区

（1）编辑文字。

①选定艺术字，系统出现"艺术字工具 – 格式"功能区。

②在该功能区"文字"组块内，单击"编辑文字"按钮，在弹出的"编辑艺术字文字"对话框中可以更改文字的内容以及设置文字的字体、字号等。

③利用"文字"组工具还可以改变艺术字文字的间距、排列方式和对齐方式。

（2）更改文字的样式。

①选定艺术字，系统出现"艺术字工具 – 格式"功能区。

②在该功能区"艺术字样式"组块中，单击样式库列表右侧的下拉按钮，展开样式列表，从中选择自己喜欢的样式即可。

在"艺术字样式"组块中，除了样式库列表外，还提供了 3 个工具按钮。其中，"形状填充"工具用于设定艺术字的内部颜色。在更改文字的填充颜色时，还可以对文字添加纹理、图片，并可以利用"渐变"实现颜色和底纹的逐渐过渡，即从一种颜色过渡到另一种颜色，或者从一种底纹过渡到同一颜色的另一种底纹。"形状轮廓"工具用于设定艺术字中每个字符周围的外部边框。在更改文字的轮廓时，还可以调整线条的颜色、粗细和样式。"更改形状"工具用于改变艺术字对象的整体形状，增加艺术字的文字深度或突出效果。

图 3–53 为设置"八边形"的艺术字的效果。

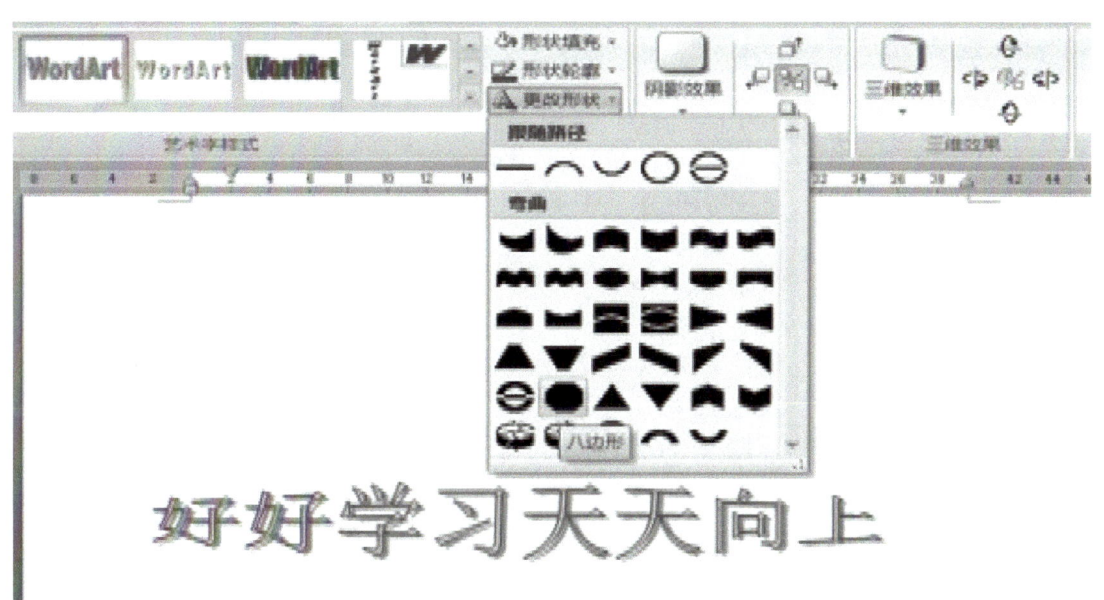

图 3–53　应用"更改形状"工具后的效果

（3）设置艺术字的效果。

艺术字效果工具分为"阴影效果"工具和"三维效果"工具两类。

①"阴影效果"工具。

"阴影效果"工具可以为艺术字设置包括投影、透视在内的多种阴影效果。在"阴影效果"列表中，根据阴影方向和阴影位置的不同，每一种阴影效果都有多种样式可供选择。当鼠标指向任意一种阴影效果时，文档中的艺术字将实时地显示出实际的应用效果。

如果希望设置艺术字的阴影颜色，则可以在"阴影效果"列表中指向"阴影颜色"选项，并在打开的阴影颜色列表中选择合适的颜色。

②"三维效果"工具。

"三维效果"工具可以为艺术字设置三维的颜色、深度、方向、照明和表面效果等属性，从而更好地实现艺术字的三维效果。在"三维效果"列表中，样式被分为"平行""透视""在透视图中旋转"三类，用户可从中直接选择喜欢的三维效果。

此外，还可以使用"三维效果"列表中的命令对三维投影的颜色、深度、方向、照明位置和表面效果进行选择或配置。

3. 插入形状

形状的主要特征涉及外观、轮廓和填充。Word 还可以向形状中添加文本，使之成为特殊的文本框。人们可以在文档中添加一个形状或者合并多个形状，以便生成一个图形或一个更为复杂的形状。Word 提供的形状样式包括"线条""基本形状""箭头""流程图""标注""星与旗帜"等类型。在添加了形状后，还可以在其中添加文字、项目符号、编号和快速样式。

（1）在"插入"功能区"插图"组块中，单击"形状"按钮。此时，会展开"形状"列表，如图 3-54 所示。

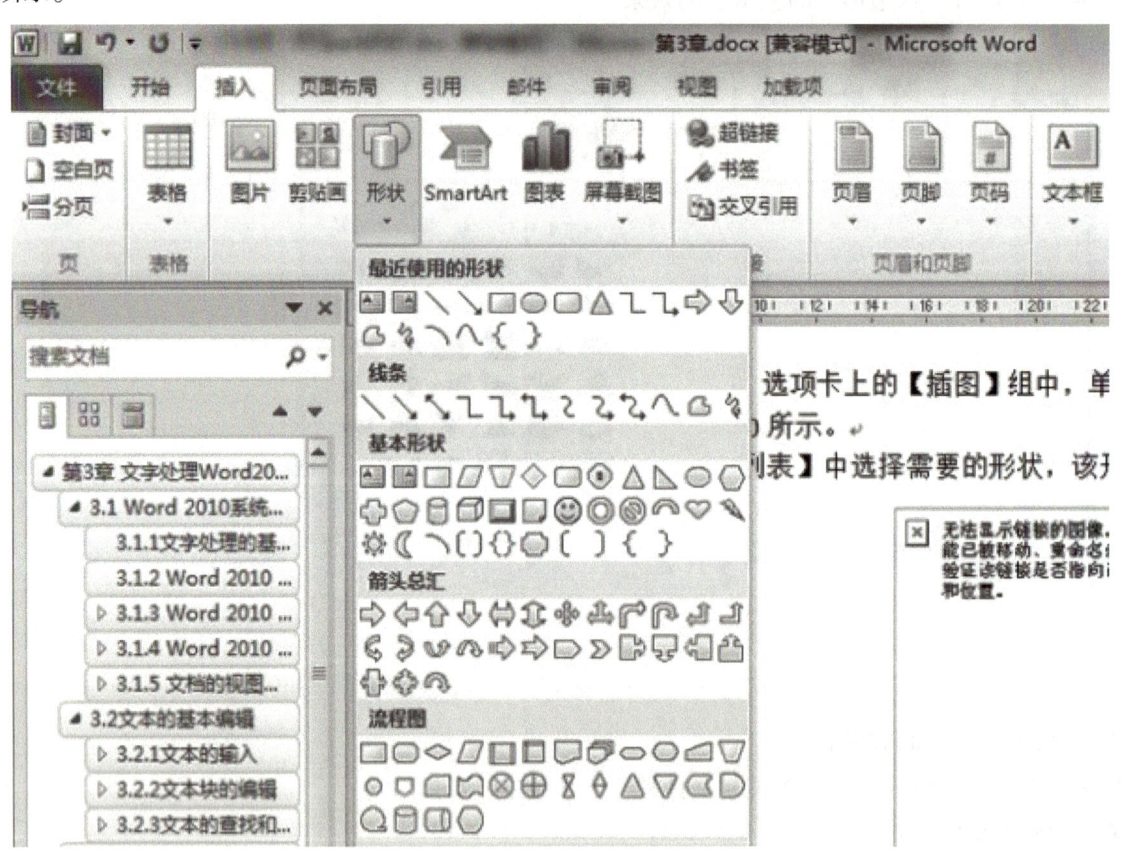

图 3-54 "形状"列表

（2）在"形状"列表中选择需要的形状，该形状即被插入文档中。

4. 组合形状

在 Word 中，有时需要把多个相关的形状组合成一个图形对象，然后即可对这个组合后的图形对象进行统一的操作，如移动、修改大小等。

（1）按住"Shift"键，逐个单击相关的形状，即可选中所有的相关形状。

（2）单击鼠标右键，在打开的快捷菜单中指向"组合"选项，并在下一级菜单中选择"组合"命令。

如果希望能对组合对象中的某个形状进行单独操作，就需要解除对形状的组合。可以先右键单击组合对象，然后在打开的快捷菜单中指向"组合"选项，并在下一级菜单中选择"取消组合"命令。

5. 形状的样式

对于已经添加到文档中的形状，可直接利用"形状样式"设置样式。

（1）选中需要设置形状样式的图形，启用图 3-55 所示的"绘图工具 - 格式"功能区。

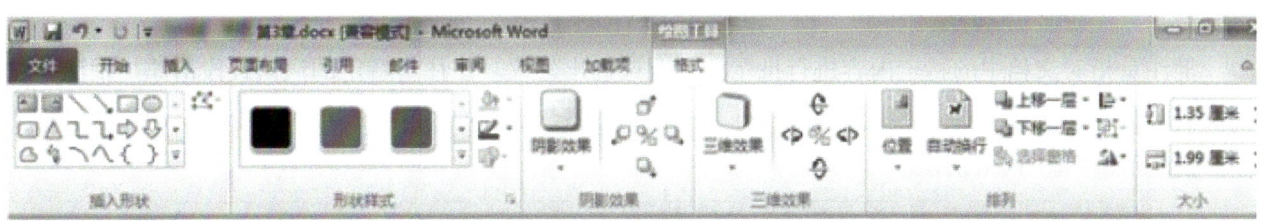

图 3-55 "绘图工具 - 格式"功能区

（2）利用"绘图工具 - 格式"功能区"形状样式"组块的样式列表，选用一种内置的样式。

与艺术字样式设置一样，可以单击"形状填充"工具改变图形的填充形式，单击"形状轮廓"工具改变图形的边框，单击"更改形状"工具改变图形的形状。

6. 添加文字

使用 Word 提供的图形样式不仅可以绘制各种图形，还可以向自选图形中添加文字，从而将自选图形作为特殊的文本框使用。并不是所有的自选图形都可以添加文字，只有"基本形状""箭头总汇""流程图""标注""星与旗帜"等类型的自选图形才可以添加文字，而"线条"类型的图形中不能添加文字。

（1）右键单击准备添加文字的图形，然后在随之打开的快捷菜单中选择"添加文字"命令。此时，插入点被放在图形内部，即进入了文字编辑状态。

（2）在图形内部直接输入文字，然后对文字进行字体、字号、颜色等格式设置。

四、插入文本框

文本框是指一种可移动、可调大小的文字或图形容器。使用文本框，可以将文本很方便地放置到页面的指定位置。还可以在一个页面上放置数个文字框，组成类似于报刊版面的多个信息块，或使当前文字的排列方向与其他文字不同。

（1）插入预置文本框。

Word 有多种内置样式的文本框供用户选择使用。在文档窗口中，所插入的文本框都默认处于选中状态，可直接在其中输入用户的文本内容。

①在"插入"功能区，单击"文本"组块中的"文本框"按钮，打开下拉列表。

②在打开的内置文本框下拉列表中，选择一种合适的文本框。

（2）绘制文本框。

①在"插入"功能区"文本"组块中，单击"文本框"按钮，打开下拉列表。

②在打开的内置文本框下拉列表中单击"绘制文本框"或"绘制竖排文本框"命令。

③在工作区中拖动鼠标，就能绘制出一个矩形区域，这个矩形区域就是文本框。此时，本文本框处

于输入状态，可以直接在其中输入文本。

 五、添加批注、脚注、尾注

1. 批注的概念

批注是指对文档中的特定内容进行批示、强调或提出建议。往往对特定的词语或段落添加批注，且批示内容显示在文档的右侧。批注是文档处理中常用的概念。例如，教师直接对学生提交的作业进行批注。批注示例如图 3-56 所示。

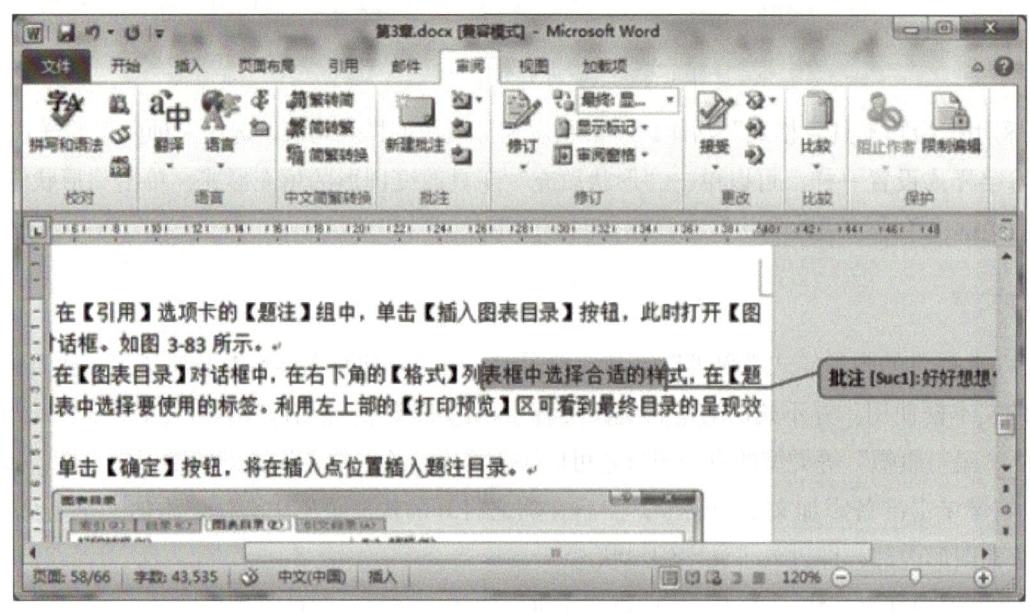

图 3-56　批注示例

2. 新建批注

如果需要对某些文字或段落插入批注，可进行如下操作。

（1）选定需要添加批注的文字或段落。

（2）在"审阅"功能区"批注"组块中单击"新建批注"按钮，即直接在正文的右侧创建一个批注框。

（3）直接在批注框中输入文本内容。

3. 删除批注

如果需要删除某个批注，只需右键单击该批注框，在弹出的快捷菜单中直接单击"删除批注"命令。

4. 脚注和尾注

（1）脚注和尾注的概念。

脚注和尾注用于为文档中的特定文本提供解释、说明以及相关的参考资料。

脚注与所注释的文字处于同一页面中，位于页面底端，通常用于对文档的内容进行立即注释、说明。

尾注出现在节或文档的结尾处，常用于说明本文档所引用文献的来源等。

在一个文档中可以同时包括脚注和尾注。Word 系统会根据脚注、尾注所对应的主文字的位置，自动对脚注和尾注进行编号。在添加、删除或移动脚注和尾注时，Word 系统能对脚注和尾注所引用的标记重新自动编号。

（2）插入脚注 / 尾注。

①在页面视图模式下，把插入点放在需要添加注释的正文中。

②在"引用"功能区"脚注"组块中，单击"插入脚注"或"插入尾注"按钮。系统随即自动在正文的插入点处插入自动编号，并立即在当前页面底部或文档尾部设置"注释插入点"。

③在系统提供的"注释插入点"位置输入注释内容，并可设置其格式。

另外，也可单击"引用"功能区"脚注"组块的对话框启动器，然后在打开的"脚注和尾注"对话框（见图 3–57）中进行更为精细的多项设置。

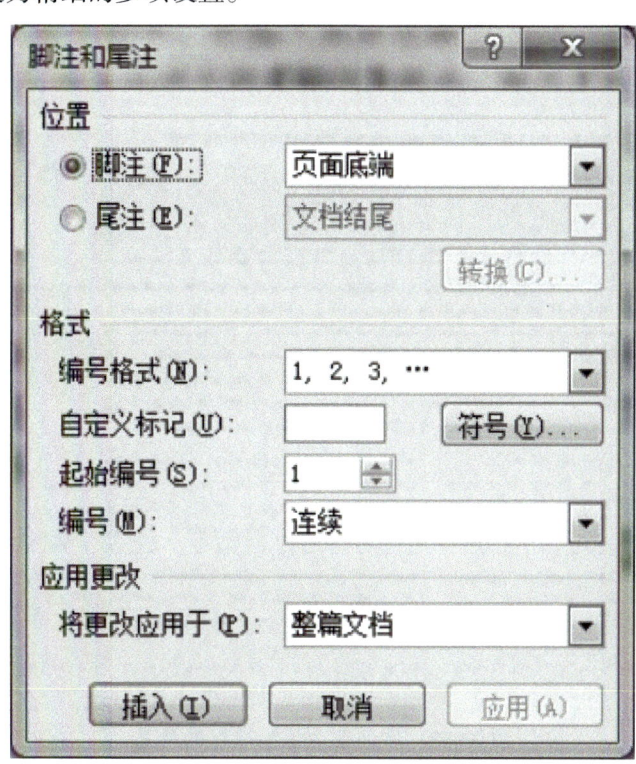

图 3–57　"脚注和尾注"对话框

在添加脚注后，脚注号码自动顺序排列。当正文的编辑导致被注释的词组被移到下页时，脚注会自动跟随移动到下页，并重新编号。

（3）查阅脚注的注释文本。

双击文档中的脚注标记，即可跳转到脚注区该脚注的注释文本中。把鼠标指向脚注标记并停留片刻，会弹出浮动窗口并显示脚注的内容。

（4）脚注与尾注的删除。

直接从文档正文中删除注释号码，即可立即删除脚注或尾注。

如果删除了一个自动编号的注释引用标记，Word 会自动对其他的注释重新编号。

（5）转换脚注和尾注的类型。

①选中要更改的"脚注"或"尾注"。

②在"引用"功能区，单击"脚注"组块的对话框启动器，启动"脚注和尾注"对话框。

③在"脚注和尾注"对话框中，单击"转换"按钮，在弹出的"转换"注释对话框中可以进行脚注和尾注的互换。利用"脚注和尾注"对话框，还能重新设置各级脚注、尾注编号的格式和序号。

 六、设置边框和底纹

1. 边框和底纹

在 Word 中，可以对文字、段落和页面添加边框和底纹，以达到修饰文本的目的。边框是指围在文本四周的线条，而底纹是指填充选定区域的背景。

文档被设置了边框和底纹后的显示效果如图 3-58 所示。

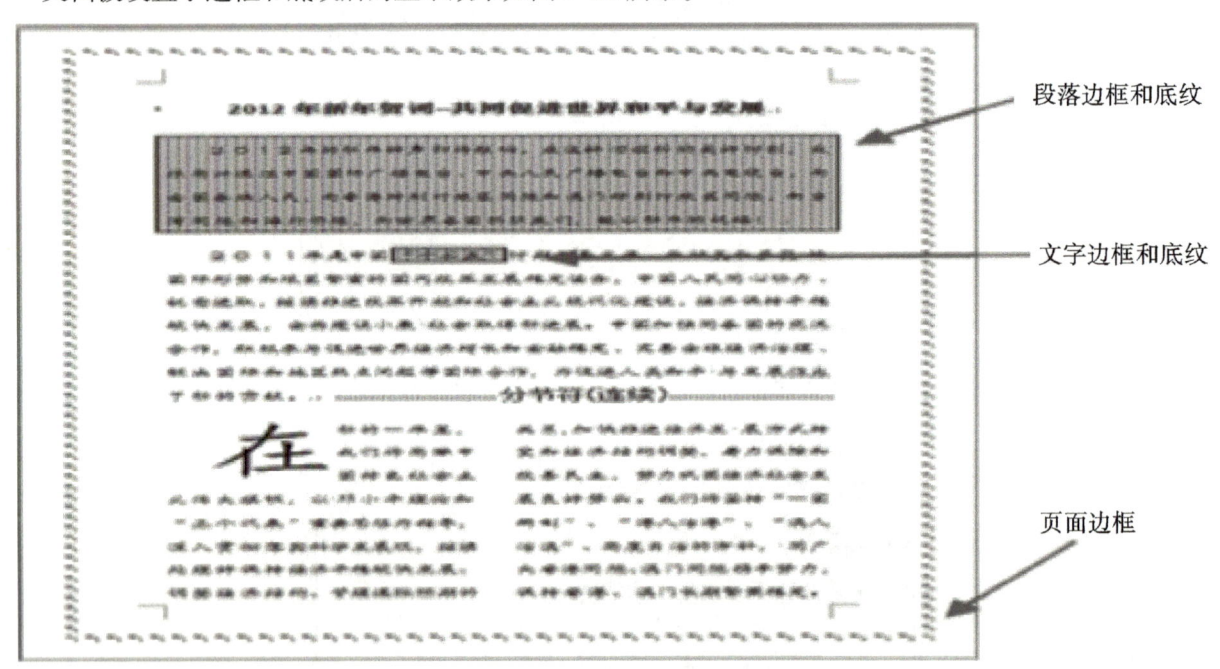

图 3-58 添加了边框和底纹的效果

（1）对文字或段落添加边框。

①选择要添加边框的文字或把插入点放到要添加边框的段落当中。

②在"页面布局"功能区"页面背景"组块中，单击"页面边框"按钮，打开"边框和底纹"对话框。

③在"边框和底纹"对话框"边框"选项卡，从"设置"栏中选择一种边框形式，并设置边框的样式、颜色和宽度。

④在"应用于"列表框中选择是应用于"文字"还是应用于"段落"，如图 3-59 所示。此时，在"预览"栏中可以看到最终的设置效果。

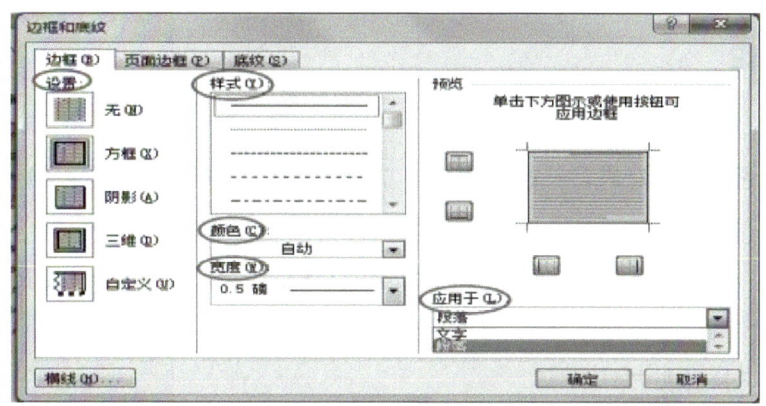

图 3-59 "边框和底纹"对话框"边框"选项卡设置

提示：如果在"设置"栏中选择"无"，则撤销原来的边框。

（2）对文字或段落添加底纹。

既可以为文档中的文字或段落设置纯色底纹，也可以设置图案底纹，使文档更加美观。

①选中需要设置底纹的文字或段落。

②在"开始"功能区"段落"组块中，单击"边框"按钮右侧的下拉按钮，在下拉列表内单击"边框和底纹"选项，或在"页面布局"功能区"页面设置"组块中单击"页面边框"按钮，打开"边框和底纹"对话框，然后选择"底纹"选项卡。

③在"边框和底纹"对话框"底纹"选项卡，从"填充"的列表框中可选择底纹的填充颜色；如果要设置图案底纹，则需要在"图案"栏中分别选择图案样式和图案颜色。

④在"应用于"列表框中选择应用范围，如图 3-60 所示，并单击"确定"按钮。

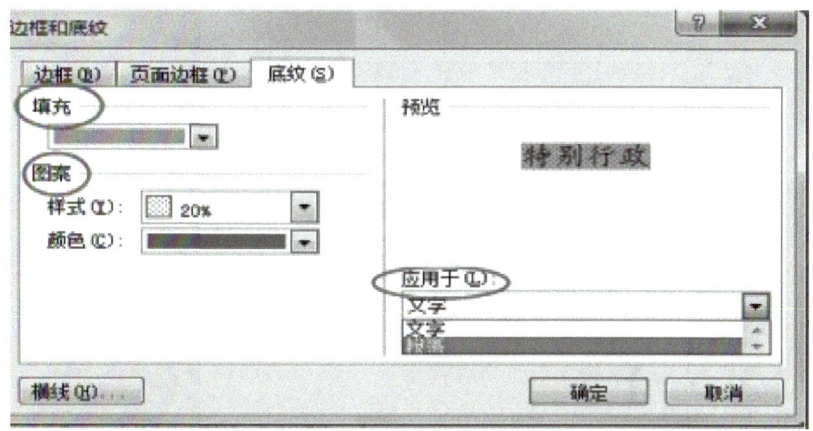

图 3-60 "边框和底纹"对话框"底纹"选项卡设置

 项目任务

任务 1：设置文稿、海报 / 设计板报（手抄报）、宣传册。

任务 2：批量制作荣誉证书。

任务 3：制作与众不同的个人简历。

拓展知识

1. 中文版式设置

Word 提供了符合中国版式的一些工具，如"拼音指南""带圈字符""纵横混排""合并字符""双行合一"等工具。

中文版式的"拼音指南"工具和"带圈字符"工具，位于"开始"功能区"字体"组块（见图 3-61），而"纵横混排""合并字符""双行合一"等工具位于"开始"功能区"段落"组块的"中文版式"（ 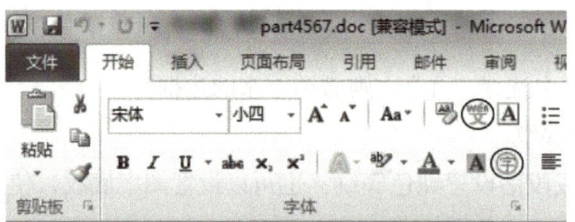 ）下拉列表中。

图 3-61 "拼音指南"工具和"带圈字符"工具所在位置

（1）"拼音指南"工具。

有时，特别是在编排儿童画册或小学课本时，文档中需要输入附带汉语拼音的文本。可利用 Word 提供的"拼音指南"工具来完成此项工作。

①选定要标注拼音的文字。

②选择"开始"功能区→"字体"组块，单击"拼音指南"按钮，出现如图 3-62 所示的"拼音指南"对话框。

图 3-62 "拼音指南"对话框

③"基准文字"框中显示被选定的文字，"拼音文字"框中显示出每个文字对应的拼音。

④在"对齐方式"列表框中选择拼音字母的对齐方式，一般选择居中效果较好；在"字体"和"字号"列表框中分别设置拼音的字体和字号。利用"偏移量"可设置拼音与文字的距离。

⑤单击"确定"按钮完成设置。

完成设置后在文档中显示的效果就如"预览"框中所示。

如果要修改拼音，只需再次进入"拼音指南"状态，直接修改即可。

（2）"带圈字符"工具。

有时为了某种需要，需要为字符添加一个圆圈或者边框以示强调。

①选择需要加圈的字符。

②选择"开始"功能区→"字体"组块，单击"带圈字符"按钮，在弹出的"带圈字符"对话框中选择圈的样式和圈号的形状。

也可直接在"带圈字符"对话框的"字符"框中输入需要带圈的字符，或在其中的列表框中选择某个字符，但每次最多只能设置一个中文字符或两个英文字符。

（3）混合文字版式。

混合文字版式包括纵横混排、合并字符和双行合一等内容。

纵横混排是指改变部分文本的排列方向，由原来的纵向变为横向、原来的横向变为纵向。纵横混排适用于少量文字。

合并字符是指将选定的多个汉字或字母组合为一个字符。最多能合并 6 个汉字。

双行合一是指直接把一个语句排成两行，但放在一行的空间之中。

要设置混合文字版式，只需先选择需要混合的字符，然后选择"开始"功能区→"段落"组块，单击"中文版式"按钮，单击"纵横混排"/"合并字符"/"双行合一"命令，并在相应的对话框中完成设置即可。

提示：在"纵横混排"对话框中不要勾选"适应行宽"复选框。除非字号较大，否则横排的汉字就缩为一行，变得不可辨认。

第四节　制作表格

 一、创建表格

可以使用工具按钮、对话框方式创建表格，也可以借助系统预置的样式快速建立表格，还可以手动绘制表格。

1. 利用"表格"按钮插入表格

（1）在要创建表格的位置单击，把插入点放于此处。

（2）在"插入"功能区"表格"组块中，单击"表格"按钮。此时，展开下拉列表，如图 3-63 所示。

（3）在"插入表格"的示意框中，拖动鼠标指针，选定所需的行、列数，再释放鼠标。在文档中的插入点之处，立即出现一个空白表格。

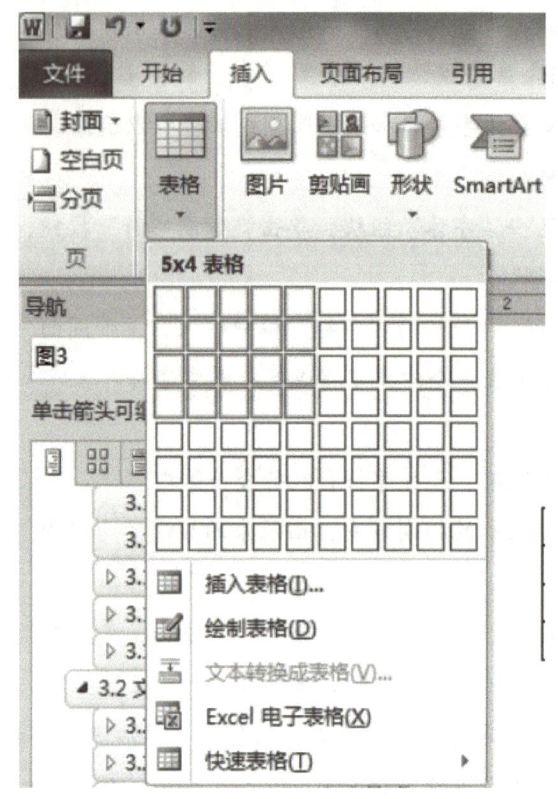

图 3-63 "表格"下拉列表

2. 利用对话框插入表格

（1）把插入点移到要创建表格的位置。

（2）在"插入"功能区"表格"组，单击"表格"按钮，展开下拉列表。

（3）在下拉列表中单击"插入表格"命令，弹出"插入表格"对话框。

（4）在"插入表格"对话框中，选择需要的"列数"和"行数"。

（5）单击"确定"按钮。

3. 利用样式建立快速表格

（1）单击需要创建表格的位置，把插入点移过来。

（2）在"插入"功能区"表格"组，单击"表格"按钮，展开下拉列表。

（3）在下拉列表中用鼠标指向"快速表格"命令，弹出"内置"列表。"内置"列表中有多种表格样式，直接单击其中之一，立即在文档中插入了带有此格式的表格，如图 3-64 所示。

4. 绘制表格

（1）单击要创建表格的位置。

（2）在"插入"功能区"表格"组，单击"表格"按钮。此时，弹出下拉列表。

（3）在下拉列表中单击"绘制表格"命令，此时鼠标指针将会变为笔形。

（4）从表格的一角沿斜方向拖动至其对角，以确定整张表格的外框。

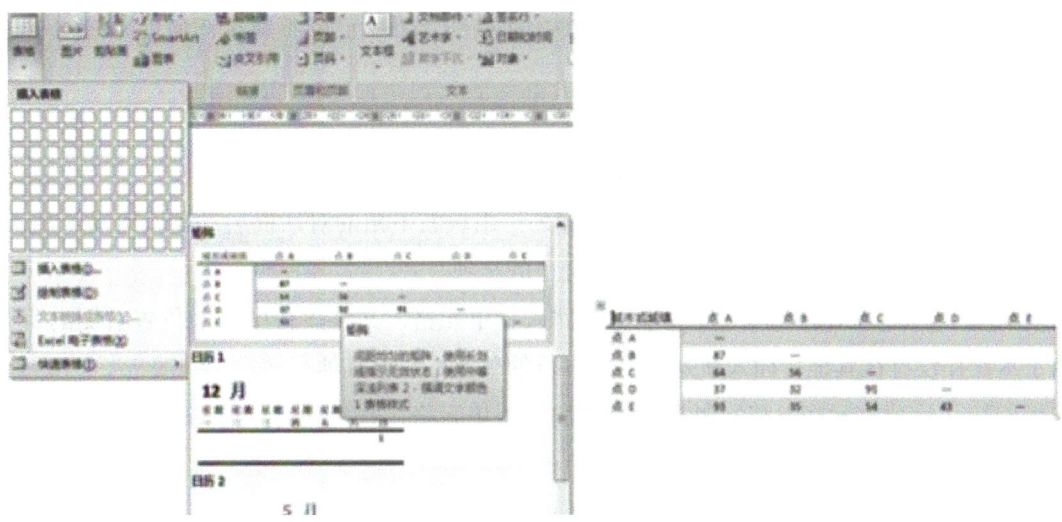

图 3-64　"快速表格"命令和插入的表格

（5）在外框中直接拖动鼠标，绘制出表格内部的横线、竖线或斜线。

提示：在"表格工具 – 设计"功能区中有"绘图边框"组。"绘图边框"组中的按钮是专门为绘制表格服务的。

在表格的行、列不规则，而且单元格较少的情况下，使用"绘制表格"命令绘制表格比较方便。

利用"表格工具 – 设计"功能区"绘图边框"组中的"擦除"按钮可以删除局部的表格线。

5. 向表格中输入内容

新创建的表格是一个空白表格。在向单元格内输入文字时，要先单击单元格内部，将插入点放到单元格中，然后就能直接键入文本了。

向表格中输入文字时，若输入的内容较多，单元格的高度会自动加大，并将超出的内容自动转到下一行。如果要将插入点移到一个单元格，可按"Tab"键；如果要将插入点移至上一个单元格，可按"Shift+Tab"组合键。

 ## 二、编辑、美化表格

1. 编辑单元格元素

（1）插入行与列。

①将插入点放到需要插入行的任意单元格中。

②在"表格工具 – 布局"功能区"行和列"组，单击"在上方插入"或"在下方插入"按钮，将在插入点所在行的上方或下方插入一行空行。

如果事先选择了 N 行单元格，执行上述操作会在选定行的上方或下方插入 N 行空行。

插入列的操作方法与插入行的操作基本相同。

把插入点放在表格的最末一个单元格内（即最后一行最右侧的单元格内），按"Tab"键会立即在表格末尾添加一行，而且插入点会位于新行的行首单元格内。

把插入点放在任意一行的行尾（该行中最右侧的表格线之外，已经不属于任何单元格），按"Enter"键会立即在当前行之后插入一个空行。

（2）插入单元格。

①将插入点放到要插入单元格位置处的右侧或上方单元格内。

②在"表格工具 – 布局"功能区，单击"行和列"组块右下角的对话框启动器，启动"插入单元格"对话框。然后，在"插入单元格"对话框中选择合适的选项。

a. 如果勾选"活动单元格右移"复选框，则插入新单元格，并将该行中当前位置右侧的所有单元格右移。由于本操作没有在其他行插入新列，因此本行的单元格数比其他行多。

b. 如果勾选"活动单元格下移"复选框，则插入新单元格，并将现有单元格下移一行，表格底部会添加一行新行。

c. 如果勾选"整行插入"复选框，则会在当前单元格的上方插入新的一行。

d. 如果勾选"整列插入"复选框，则会在当前单元格的左侧插入新的一列。

（3）删除操作。

①将插入点放在被删除行 / 列内的任意一个单元格中。

②在"表格工具 – 布局"功能区"行和列"组单击"删除"按钮，在展开的下拉列表中单击"删除行" / "删除列"命令，即可删除当前行 / 列。

如果已经选择了多行或多列，上述操作将删除所选定的全部行或列。

如果将插入点放在要删除的单元格内，而且在单击"删除"按钮后选择"删除单元格"命令，则可直接把当前单元格删除。此时，需要由用户决定以什么方式处理右侧或者下方的单元格。处理方式包括"右侧单元格左移""下方单元格上移""删除整行""删除整列"四种。

（4）删除整个表格。

①将插入点放到被删除表格的任意单元格中。

②在"表格工具 – 布局"功能区"行和列"组单击"删除"按钮，在弹出的下拉列表中单击"删除表格"命令。此时，整个表格被删除。

提示：选择整行、整列或单元格后，单击"Delete"键，会清除所选单元格的内容，而不会删除行、列或单元格本身。

2. 调整行高和列宽

（1）使用鼠标改变列宽或行高。

将鼠标指针指向需要改变列宽或行高的边线上，指针会变成左右或上下箭头，此时按住左键拖动鼠标，就能改变列宽或行高。

如果在按住"Shift"键时水平拖动鼠标，则仅能改变当前列的宽度，当前列右侧各列的宽度不变。

（2）利用标尺改变列宽或行高。

①将鼠标指针指向"标尺"的边框线标记，指针变成左右或上下箭头。

②直接拖动鼠标就能改变列宽或行高。

（3）利用功能区改变列宽或行高。

①将插入点放在单元格中，或先选择 N 行 / N 列。

②在"表格工具－布局"功能区"单元格大小"组块的"高度"/"宽度"框中设定精确的行高/列宽。

如果已经选中了多行/多列，在"表格工具－布局"功能区"单元格大小"组块单击"分布行"/"分布列"按钮，则在被选中的区域内会均匀分布行高/列宽。

（4）利用对话框调整列宽或行高。

①将插入点移到要改变列宽或行高的单元格中。

②在"表格工具－布局"功能区"单元格大小"组块中，单击对话框启动器，将会弹出"表格属性"对话框。

③在"表格属性"对话框选择"列"/"行"选项卡，给出列宽或行高的具体数值。

利用"表格属性"对话框，还可以进行表格和单元格的高级设置，如设置表格的宽度和对齐方式、单元格内部文本的垂直对齐方式等。

3. 单元格的合并与拆分

（1）合并单元格。

在 Word 中，可以将同一行或同一列中的两个或更多个单元格合并为一个单元格。例如，人们常常在第一行水平方向上合并多个单元格，以创建横跨多个列的表格标题。

①选择要合并的多个单元格。

②在"表格工具－布局"功能区"合并"组块中单击"合并单元格"按钮。

此外，人们还可以通过擦除表格线实现合并单元格的目的。先单击表格内部的任意单元格，然后在"表格工具－设计"功能区"绘图边框"组块中选择"擦除"按钮。此时，鼠标指针变成橡皮擦形状。在表格线上拖动鼠标就能将表格线擦除，从而实现两个单元格的合并。

（2）拆分单元格。

①在单个单元格内单击，或选择多个要拆分的单元格。

②在"表格工具－布局"功能区"合并"组块内找到"拆分单元格"按钮。

③单击"拆分单元格"按钮，立即弹出"拆分单元格"对话框。在"拆分单元格"对话框中直接输入列数或行数。

（3）拆分表格。

拆分表格的功能用于将一个表格变成为两个表格。

①单击即将成为第二个表格首行的任意单元格，使插入点位于此单元格内。

②在"表格工具－布局"功能区"合并"组块中找到"拆分表格"按钮，然后单击此按钮。此后，当前表格将从插入点上方被一分为二。

提示：如果将插入点放在表格的首行，则拆分表格的结果是在表格的上方插入一行空白文本行。

4. 单元格中文字的对齐方式

单元格中的文本不仅要相对于左右边框线水平对齐，还要相对于上下边框线垂直对齐。

（1）利用"对齐方式"组块设置对齐方式。

①选中需要设置对齐方式的单元格或整张表格。

②在"表格工具 – 布局"功能区"对齐方式"组块内分别列出了"靠上两端对齐""靠上居中对齐""靠上右对齐""中部两端对齐""水平居中""中部右对齐""靠下两端对齐""靠下居中对齐""靠下右对齐"9 种对齐方式。可根据设置的需要，直接选择其中之一即可。

（2）利用"表格属性"对话框设置对齐方式。

①在"表格工具 – 布局"功能区"表"组块中单击"属性"按钮，打开"表格属性"对话框。

②在"表格属性"对话框"单元格"选项卡中，设置每个单元格内文本的垂直对齐方式。

另外，也可以在"开始"功能区"段落"组块设置单元格文本的水平对齐方式。

5. 绘制斜线表头

表头位于表格第一行、第一列的第一个单元格中时，通常需要加入斜线和标题内容。

（1）利用绘制表格线技术添加斜线。

①把插入点放在要添加斜线表头的任意单元格中。

②在"表格工具 – 设计"功能区，单击"绘图边框"组的"绘制表格"按钮。此时，鼠标指针变成铅笔的形状。

③将鼠标从第一个单元格的左上角拖动到右下角，此时绘制出一条从左上角到右下角的斜线。

（2）利用 Word 的表头命令添加斜线。

①把插入点放在要添加斜线表头的任意单元格中。

②在"表格工具 – 设计"功能区"表格样式"组块中，单击"边框"按钮右侧的下拉按钮，展开下拉列表，如图 3–65 所示。

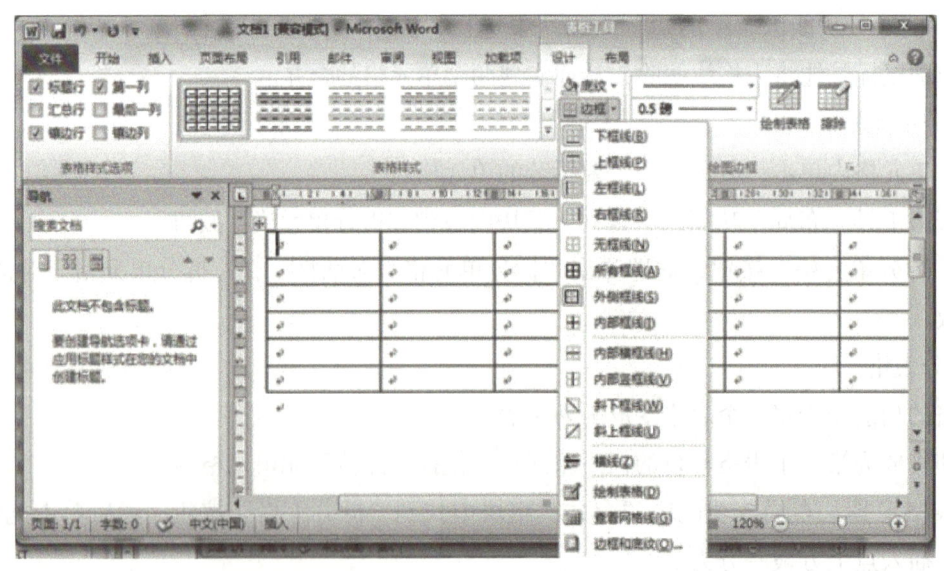

图 3–65　添加斜线操作

③从下拉列表中选择"斜下框线"或"斜上框线"选项，就能在当前单元格中绘制出表头斜线来。加好斜线后，在单元格中输入对应的标题。

6. 重复表标题

表格较长，需要在多页中跨页显示时，最好设置为标题行重复显示，使每一页都显示表格的标题。

这样使得在每一页开头都能明确地显示出每一列所代表的含义。

（1）选中表格的标题行。

（2）在"表格工具 – 布局"功能区"数据"组块中单击"重复标题行"按钮，即可实现跨页表格的标题行重复显示。

另外，在选中标题行后，也可以单击鼠标右键，在弹出的快捷菜单中选择"表格属性"选项，在弹出的"表格属性"对话框"行"选项卡中，勾选"在各页顶端以标题行形式重复出现"复选框。

7. 应用样式设置表格

表格样式是一组事先设置好了边框、底纹、对齐方式及标题等格式的模板。Word 提供了多种适用于不同用途的表格样式。用户可以借助于表格样式快速地格式化表格。

（1）将插入点放到表格的任意单元格内。

（2）在"表格工具 – 设计"功能区，单击"表格样式"组块中表格样式框右下角的下拉按钮，打开表格样式列表，如图 3-66 所示。此时，将鼠标指向表格样式列表中的某一样式，在文档中随即显示出该样式作用于表格后的效果。如果满意，则直接单击此样式即可。

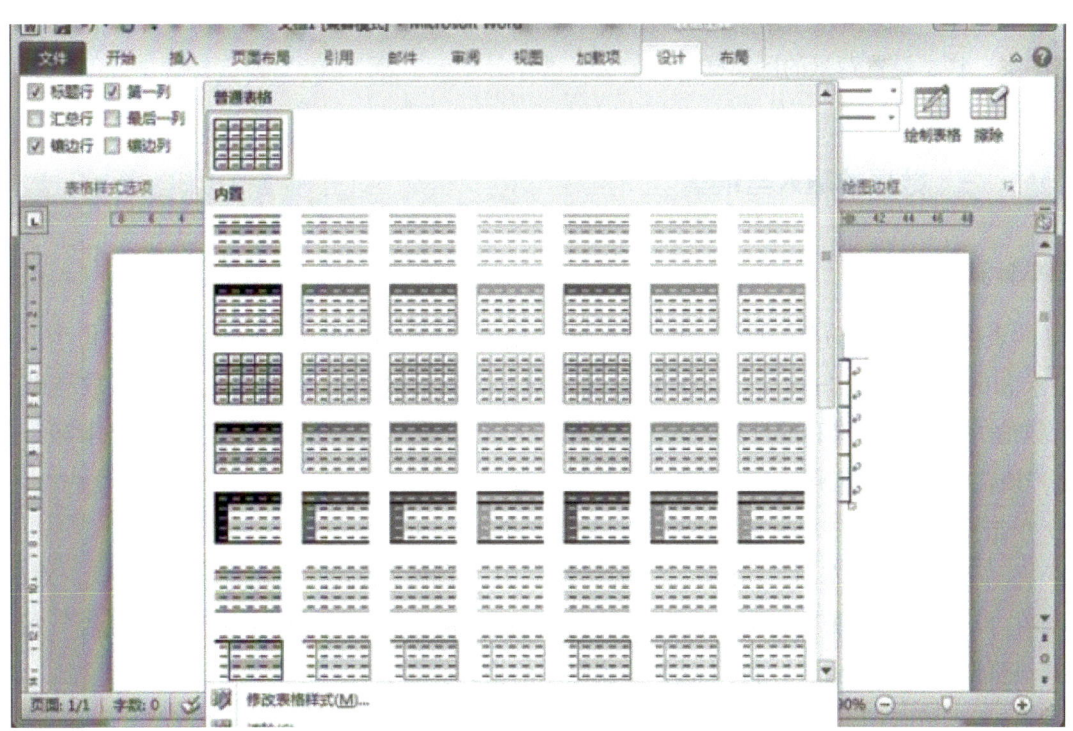

图 3-66　表格样式列表

如果内置的样式不能满足要求，还可以重新设置样式选项，即在"表格工具 – 设计"功能区"表格样式选项"组块中，选择并配置所需要的选项。

8. 设置边框

除了直接利用"表格样式"组来设置表格的外观外，人们还可以手工对整个表格或某些单元格设置特殊的边框。设置 Word 表格边框包括设置边框的样式、边框宽度、边框颜色以及边框的位置。

（1）选中需要设置边框的单元格、行、列或整个表格。

（2）在"表格工具－设计"功能区"绘图边框"组中分别设置"笔样式""笔划粗细""笔颜色"。

（3）在"表格工具－设计"功能区"表格样式"组块中，单击"边框"按钮右侧的下拉按钮，在"边框"列表中直接选用边框的类型。或者借助本功能区"绘图边框"组块的"笔颜色"或线型来设置边框线的类型。

另外，也可以单击"表格工具－设计"功能区"绘图边框"组块的对话框启动器，打开"边框和底纹"对话框，利用此对话框设置表格的边框。

9. 设置底纹

人们可以为指定的单元格或整个表格设置背景颜色（底纹），使表格外观层次分明。

（1）选中需要设置背景颜色的一个或多个单元格。

（2）在"表格工具－设计"功能区"表格样式"组块中单击"底纹"按钮，并在打开的颜色列表中选择需要的颜色。

如果想设置复杂的图案底纹作为背景，则需要借助"边框和底纹"对话框。利用"表格工具－设计"功能区"绘图边框"组块的对话框启动器，启动"边框和底纹"对话框，并利用该对话框"底纹"选项卡中的"图案"栏，设置背景的图案样式。

 ## 三、数据的输入与编辑

1. 简单计算

Word 的表格可以完成简单的计算。Word 系统使用位置计算，如果存放结果的单元格位于一列数值的底端，则求和的计算公式"=SUM（ABOVE）"表示对其上面的数字单元格求和；如果存放结果的单元格位于一行数值的右端，则求和的计算公式"=SUM（LEFT）"表示对其左侧的数字单元格求和。在实际应用中，用户既需要选择计算函数，又需要选择位置参数。

（1）单击要放置结果的单元格，把插入点置于此单元格内。

（2）在"表格工具－布局"功能区"数据"组块中，单击"公式"按钮，启动"公式"对话框。

（3）在"公式"对话框中，可以根据实际情况更改位置参数，也可以利用"粘贴函数"列表选择可用的函数，还能在"编号格式"列表中选择输出结果的格式。

常见的位置参数有：LEFT——左侧，RIGHT——右侧，ABOVE——上方，BELOW——下方。

在计算完成后，立刻在其他单元格按"F4"键，可以达到复制公式的目的。

2. 排序

在 Word 中，允许对表格中的数字、文字和日期数据进行排序操作。对于表格中的文字，还可以按照笔画或拼音作为排序根据。

（1）案例要求。

对表 3-1 所示的学生成绩表，按照外语成绩降序排列，外语成绩相同的按照学生姓名的拼音排序。

表 3-1　学生成绩表

编号	姓名	数学	外语	计算机
001	李文	89	88	78
003	赵强	90	90	90
004	刘亮	78	86	86
120	张飞	87	88	78

（2）操作步骤。

①将插入点放到任意单元格中。

②在"表格工具 - 布局"功能区单击"数据"组块中的"排序"按钮，将弹出"排序"对话框。

③在"排序"对话框中，在"列表"栏勾选"有标题行"单选框，如图 3-67 所示。如果勾选"无标题行"单选框，则表格中的标题也会参与排序。

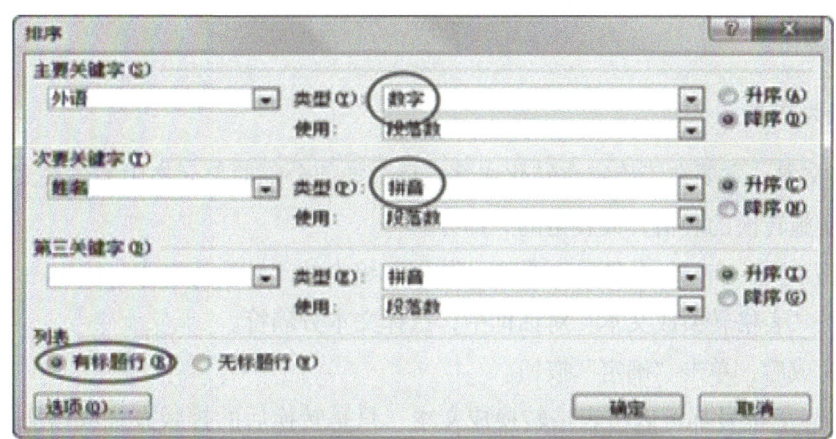

图 3-67　"排序"对话框设置

④在"主要关键字"栏，单击下拉按钮并选择"外语"，单击"类型"下拉按钮，选择"数字"，设置排序顺序为"降序"。

⑤同理，选择"次要关键字"为"姓名"、"类型"为"拼音"，顺序选择"升序"。

⑥单击"确定"按钮，完成对表格内容的排序。

 四、编辑、美化表格

1. 将文本转换为表格

在 Word 文档中，将文本转换成表格的关键在于使用分隔符号将文本合理地分隔。Word 能够识别的分隔符包括段落标记、制表符和逗号（西文符号）。对于只有段落标记的多个文本段落，Word 只能将其

转换成单列多行的表格。

（1）选中需要转换成表格的所有文字。

（2）在"插入"功能区"表格"组中单击"表格"按钮。在打开的"表格"列表中选择"文本转换成表格"命令。此时，打开"将文字转换成表格"对话框，如图 3-68 所示。

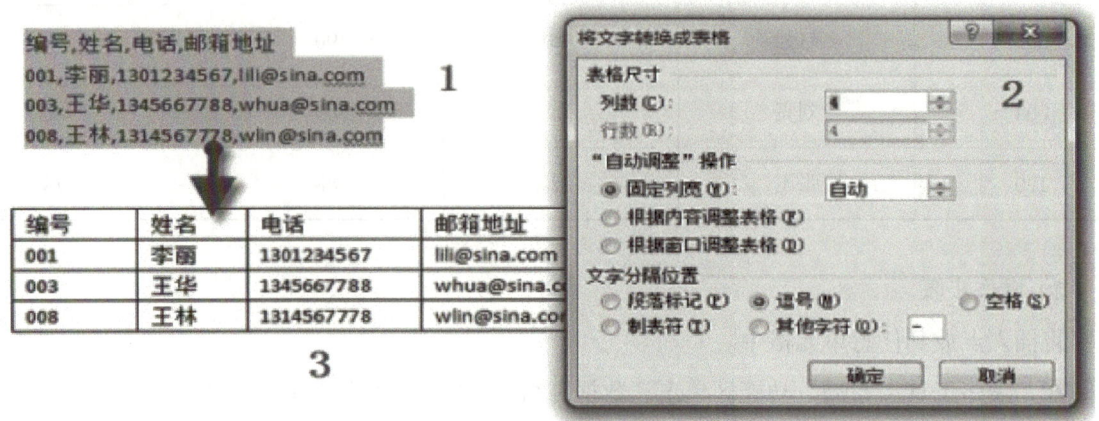

图 3-68　将文本转换为表格操作

（3）在"将文字转换成表格"对话框中，先确认转换生成表格的列数，再选中文本中使用的分隔符，最后单击"确定"按钮。

2. 将表格转换为文本

将表格转换为文本，主要在于确定在转化成文本后，如何分隔原单元格中的各块文本。

（1）选定要实施转换的表格，或表格的一部分。

（2）在"表格工具 – 布局"功能区，单击"数据"组中的"转换为文本"按钮。

（3）在弹出的"表格转换成文本"对话框中，选择文本分隔符。

（4）在设置完成后，单击"确定"按钮。

选择任何一种标记符号都可以将表格转换成文本，只是转换后的排版方式或添加的标记符号有所不同。在把表格转化为文本的过程中，人们通常选择以制表位作为文本分隔符。

 项目任务

> 任务 1：创建本班级的课程表。
>
> 任务 2：创建个人简历表格。

 **拓展知识**

请根据图 3-69，制作自己的个人简历。

—— 个人简历 ——

姓 名	凌×	应 聘	新媒体运营	
手 机	186••••5678	邮 箱	12345678@qq.com	
出 生	1998年1月	籍 贯	浙江杭州	
性 别	男	民 族	汉	

教育背景

起止时间	2016年9月—2020年6月	毕业学校	杭州××大学
所学专业	新闻传播	最高学历	本科
主修课程	马克思主义新闻思想、中外新闻史、新闻学原理、传播学原理、媒介伦理与法规、新闻采访与写作、新闻编辑、新闻评论、新闻摄影、音视频节目制作、新媒体导论、媒介经营与管理等。		
证书技能	**专业证书：**英语六级证书、计算机二级证书、编辑记者证 **获奖荣誉：**荣获"优秀共青团员"称号、获大学一级奖学金 **职业技能：**具备独立策划、撰写、编辑能力，以及较好的文笔和文字功底，能够根据推广目标制定各类自媒体营销计划并推动执行		

实践经历

起止时间	2019年10月—2020年5月	所在单位	杭州××科技有限公司 / 新媒体实习生
岗位描述	1、负责微信公众号、新媒体内容原创内容编辑，内容采集、整理及发布； 2、提高文章关注度和粉丝活跃度，提高自媒体账号信息传播量与在目标群体中的知名度； 3、配合公司营销和品牌宣传推广撰写相应软文，并通过自媒体发布。		
起止时间	2016年9月—2019年10月	所在单位	在校期间 / 学生
岗位描述	1、担任文学院秘书协会宣传部部长，主要负责社团活动的对外宣传和宣传海报的设计制作； 2、参加市区爱心募捐等社会实践活动，并曾多次从事家教、勤工助学工作。		

自我评价

本人性格乐观稳重，待人热情、真诚、随和；工作认真负责，积极主动，能吃苦耐劳，上进心强、勤于学习，能不断提高自身的能力与综合素质；具有较强的独立学习和工作的能力，具有良好的职业操守及团队合作精神，具有较强的沟通、理解和分析能力。

图 3-69　"个人简历"样图

第五节 公式编辑

 一、公式编辑器介绍

Word 公式编辑器是一种用于创建和编辑数学公式的工具。它可以在 Word 文档中插入各种数学符号、运算符号、分数、上下标、根式、矩阵等。

 二、公式编辑器的基本操作

（1）插入新公式，如图 3-70 所示。

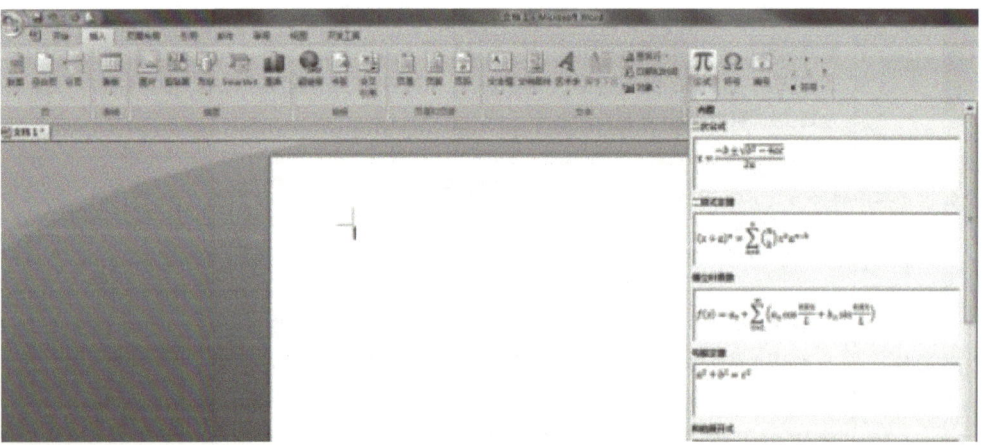

图 3-70 插入新公式

（2）在"公式编辑器"窗格（见图 3-71）中编辑新公式。

图 3-71 "公式编辑器"窗格

（3）插入符号，如图 3-72 所示。

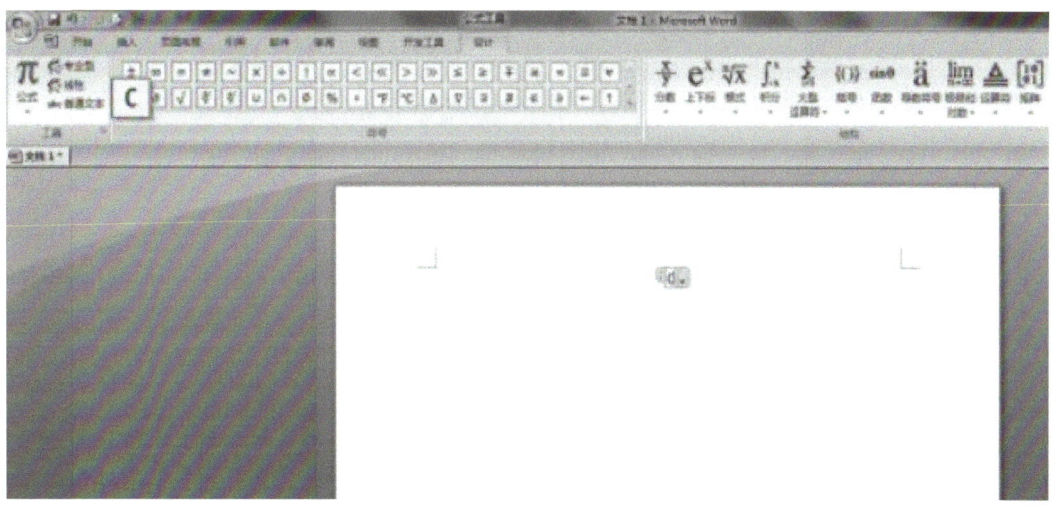

图 3-72　插入符号

（4）选择分数，如图 3-73 所示。

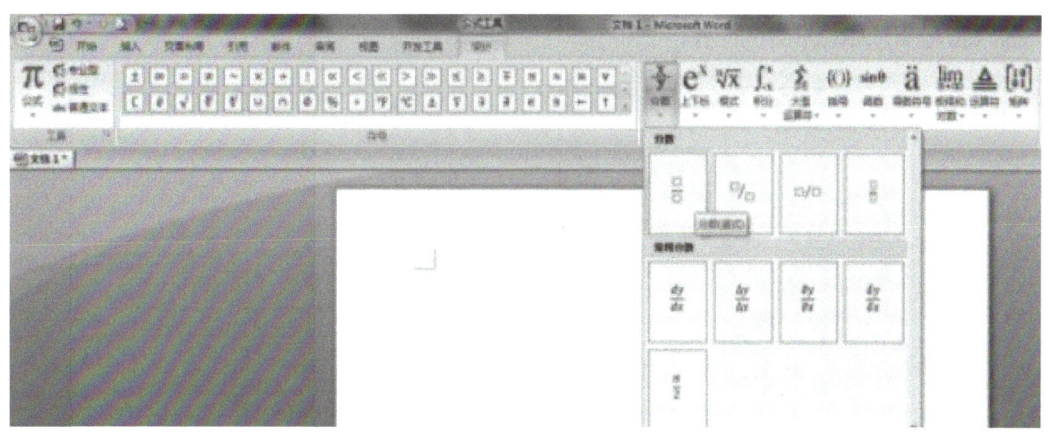

图 3-73　选择分数

（5）选择插入位置，如图 3-74 所示。

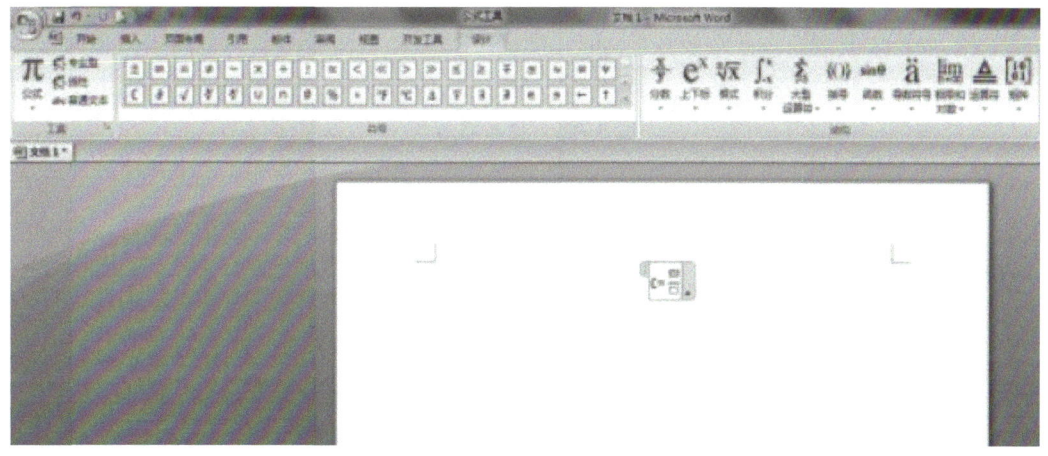

图 3-74　选择插入位置

（6）插入符号 X，如图 3-75 所示。

图 3-75　插入符号 X

（7）插入符号 Y，如图 3-76 所示。

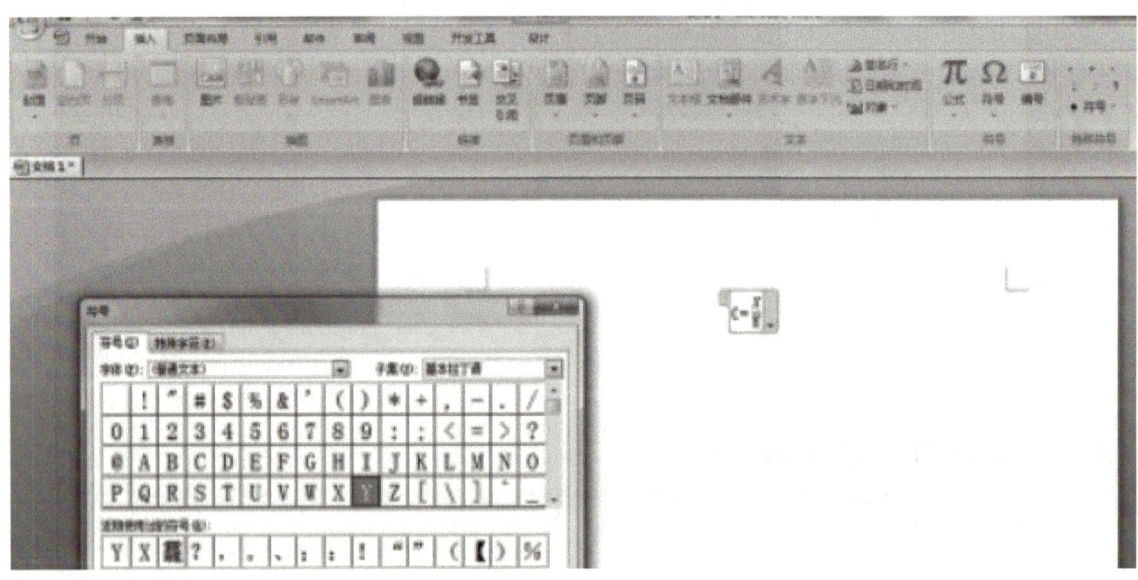

图 3-76　插入符号 Y

 项目任务

任务：编辑物理和数学公式。

 **拓展知识**

SmartArt 图形的应用

SmartArt 图形是多个简单图形的有机组合，适用于表达具有某种结构化的信息和观点。

1. SmartArt 图形的类型

SmartArt 图形有 7 种类型，如表 3-2 所示。

表 3-2　SmartArt 图形类型及其用途

SmartArt 类型	用途
列表型	显示无序信息
流程型	在流程或时间线中显示步骤
循环型	显示连续的流程
层次结构型	创建组织结构图
关系型	对连接进行图解
矩阵型	显示各部分如何与整体关联
棱锥图型	显示与顶部或底部最大一部分之间的比例关系
图片型	表明图片与文字之间的关系

2.SmartArt 图形的应用实例

（1）实例要求。

利用 SmartArt 图形创建如表 3-77 所示的某公司的组织结构图。

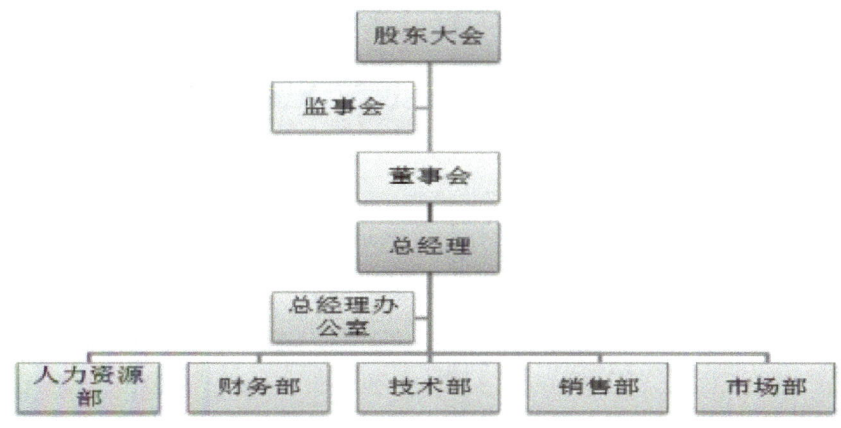

图 3-77　SmartArt 图形实例图

（2）实例分析。

该公司的组织结构图是一个显示分层信息，而且具有上下级关系，还包含了侧面的悬挂布局的图形。因此，需要在创建了 SmartArt 基础图形后，继续添加和删除部分文本块，并进行样式和颜色的修饰。

（3）操作步骤。

①选择"插入"功能区→"插图"组，单击"SmartArt"按钮，打开"选择 SmartArt 图形"对话框，如图 3-78 所示。

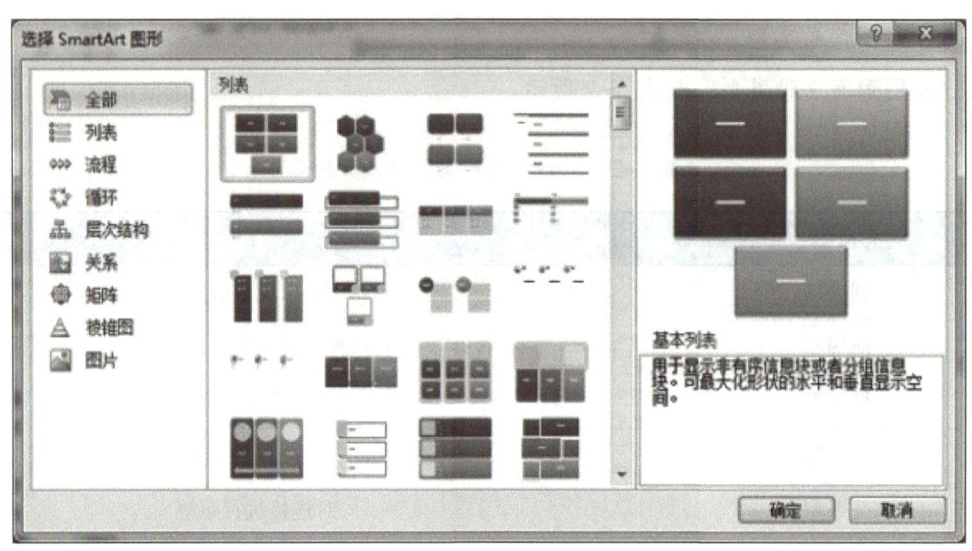

图 3-78 "选择 SmartArt 图形"对话框

②在"选择 SmartArt 图形"对话框中，选择"层次结构"中的"组织结构图"。

③在文档中出现组织结构图的基础图形，如图 3-79 所示。

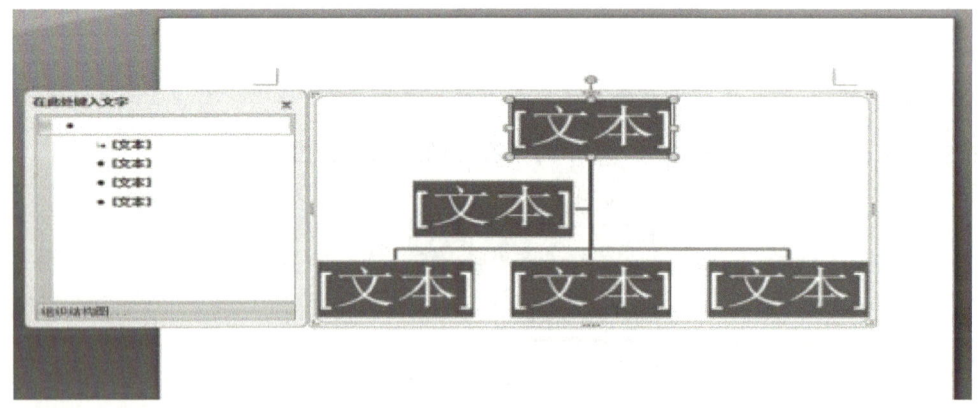

图 3-79 文档中的 SmartArt 基础图形

此时，在 Word 主窗口顶部出现"SmartArt 工具 - 设计"功能区，如图 3-80 所示。

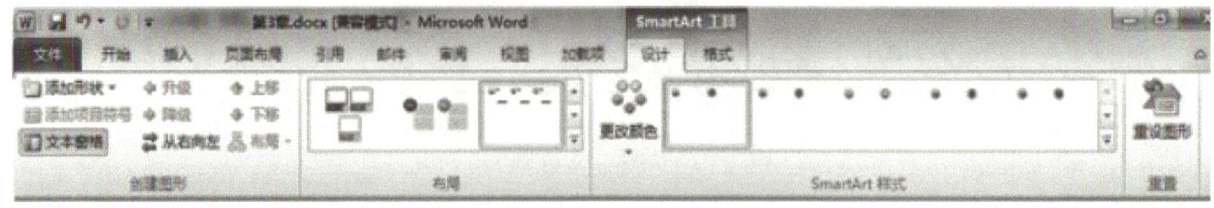

图 3-80 "SmartArt 工具 - 设计"功能区

④单击顶层的文本块，输入文字"股东大会"。然后，单击其助手文本块，输入"监事会"。单击其下级文本块，输入"董事会"。逐一单击选中其他两个下级文本块，并按"Delete"键将其删除。

⑤选定"董事会"文本块，在"SmartArt 工具－设计"功能区"创建图形"组块中单击"添加形状"按钮右侧的下拉按钮，在下拉列表中选择"在下方添加形状"命令（见图 3-81），即在"董事会"文本块下方添加了一个文本块。然后，在新文本块中输入文字"总经理"。

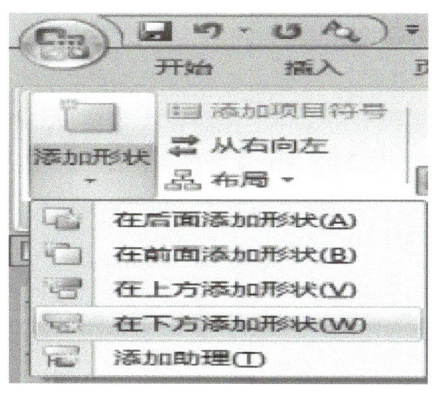

图 3-81　"添加形状"列表

⑥选定"总经理"文本块，在"SmartArt 工具－设计"功能区"创建图形"组块中单击"添加形状"按钮右侧的下拉按钮，在下拉列表中选择"添加助理"命令，在新文本块中输入文字"总经理办公室"。

⑦选定"总经理"文本块，在"SmartArt 工具－设计"功能区"创建图形"组块中单击"添加形状"按钮右侧的下拉按钮，在下拉列表中选择"在下方添加形状"命令。重复此操作 5 次。在这 5 个新文本块中分别输入文字"人力资源部""财务部""技术部""销售部""市场部"。结果如图 3-82 所示。

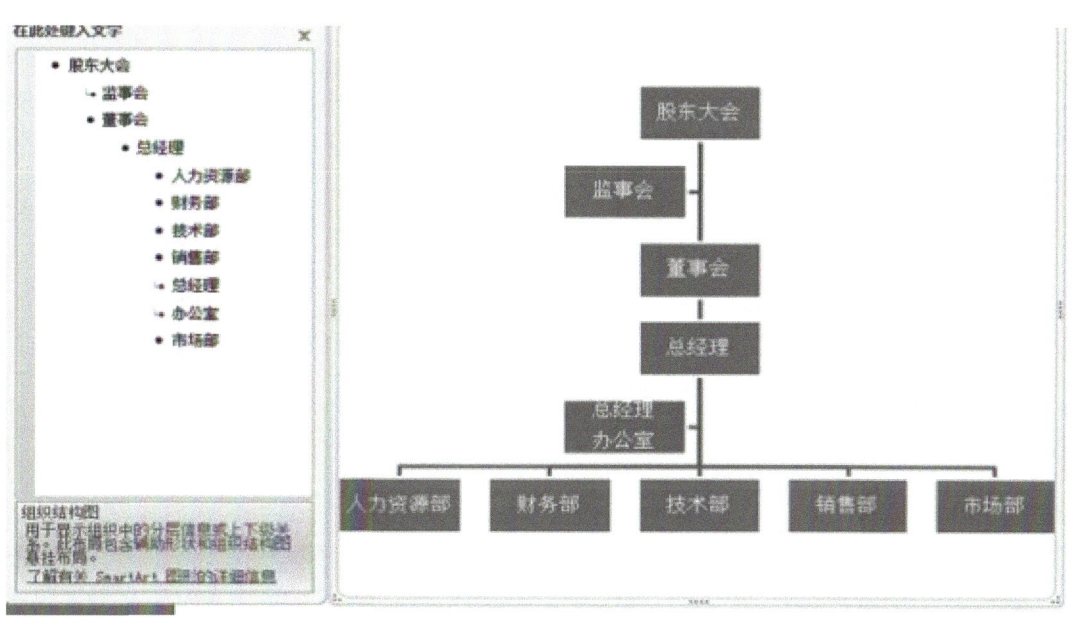

图 3-82　SmartArt 结果图

⑧在"SmartArt 工具 – 设计"功能区"SmartArt 样式"组块中选择"细微效果"样式。

⑨在"SmartArt 工具 – 设计"功能区"SmartArt 样式"组块中选择"更改颜色"命令，在下拉列表中选择恰当的颜色样式。

至此，该公司的组织结构图完成。

第四章

数据处理软件
——让数据提供有价值的信息

第一节　认识数据处理软件

电子表格处理软件集电子表格功能、图表功能和数据库功能于一体，使用户花较少的时间和精力就可以获得较理想的使用效果。

电子表格功能主要体现为电子表格处理软件具有强大的数据计算能力，可以借助公式进行大量数据的重复计算。电子表格处理软件最大的特点是支持公式保存、结果显示，而且单元格内的运算公式在随单元格复制的过程中具有自动调节源单元格地址，以符合结果单元格与源单元格相对位置不变的特性。

图表功能主要体现为电子表格软件能够根据现有的数据制作出不同形状的统计图形，而且统计图形能够自动适应数据的变化，随数据变化而及时变化。

数据库功能主要体现为电子表格处理软件以二维表格的形式存储客观世界中的同类实体，与关系数据库的概念相吻合，而且能够针对数据表进行复杂的排序、筛选和汇总、统计等工作。

 一、数据与数据处理

1. 输入字符串数据

（1）输入普通字符串。

要向单元格中输入字符串，只需首先用鼠标单击该单元格，确定被输入数据的位置，然后直接输入字符串。

在输入字符串的过程中，输入的内容同时显示在编辑栏和单元格内部。

（2）输入类似数值型量的字符串。

对于学号、电话号码（特别是以 0 开始的学号或电话号码）等类似数值量的字符串，为了保证输入单元格的数据符合要求，不会把输入的内容当作数值型数据处理，需要在开始输入前先添加一个前导符号"'"。前导符"'"代表即将输入的内容是字符串，而且左对齐。

（3）字符串的默认格式。

字符串默认为左对齐，也可以利用"开始"功能区"段落"组块设置文字为"居中"对齐。

（4）单元格内数据的换行。

在输入较长的字符串时，如果希望在某处换行，则可以直接在该处按"Alt+Enter"组合键，如图 4-1 所示。

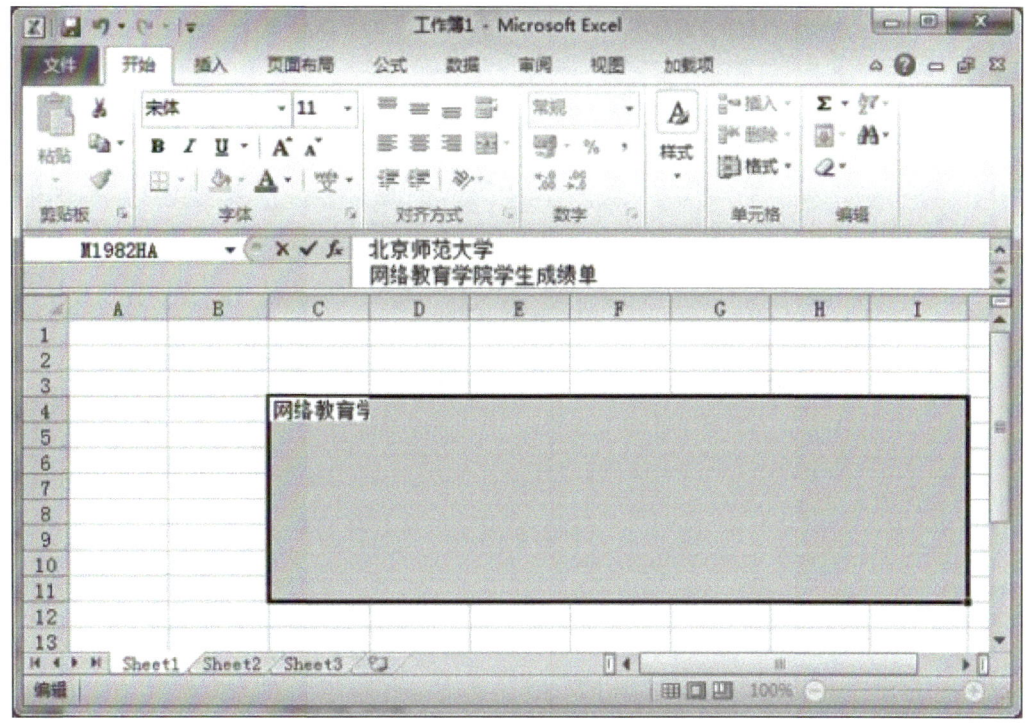

图 4-1　输入字符串过程中换行

2.输入数值

（1）直接输入数值。

选定单元格，直接在英文半角方式下输入一串数码，如 10000、1598 等。注意：在输入数值型量的过程中，小数点必须使用英文半角的圆点。数值型量必须以数码开头，而且要符合数值的书写格式。否则，会被系统理解为字符串。

（2）输入日期。

选定单元格，直接输入符合日期格式的日期即可，如 2011-11-12、2021/10/08。日期格式以数码开头，可以使用半字线或者斜线作为分隔符。

输入日期时需注意以下几点。

①日期中的分隔符必须是英文半角字符。

②日期格式必须符合规范，如 2021-3-8，但 2021-2-30 和 2021-89-2 都不是日期，而是字符串。

③有时，在输入日期后，系统会显示为一个非常庞大的数字。这并不表示输入错误，只是显示格式不对。可以用后面讲到的设置数据格式的方法设置该数据为日期格式。

二、电子表格的通用界面

1.Excel 的主工作界面

利用"开始"按钮→"所有程序"→"Microsoft Office"下的菜单项"Excel"或者桌面上的 Excel 快捷方式，都能启动 Excel 系统。启动后的 Excel 主界面如图 4-2 所示。

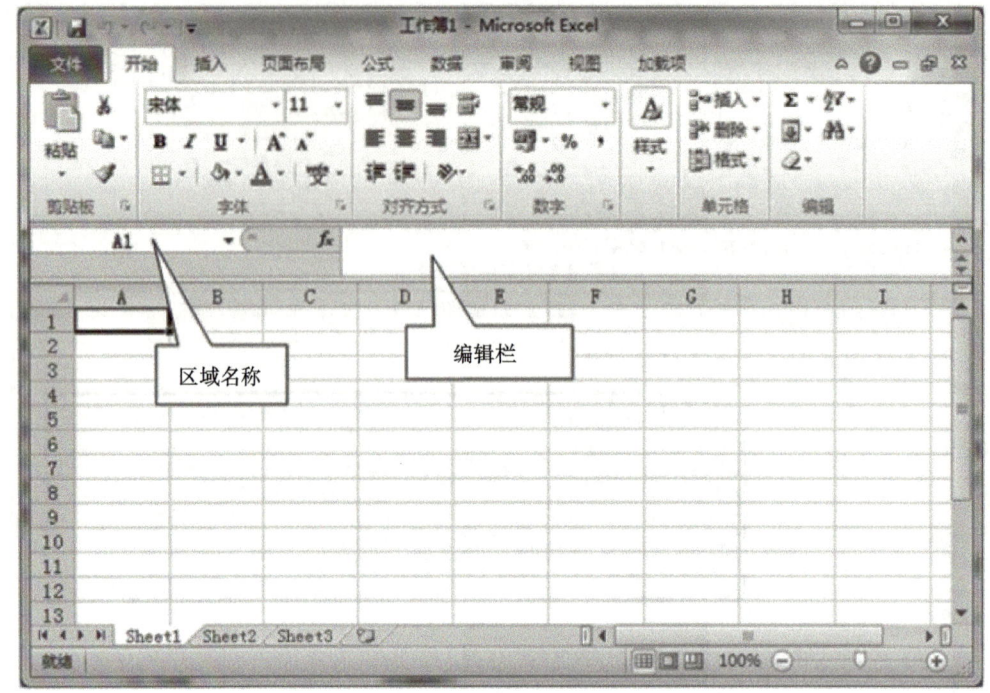

图 4-2 Excel 主界面

与 Word、PowerPoint 一样，Excel 也采用了"选项卡 – 功能区"管理模式，主窗口的顶部是 Excel 的"选项卡 – 功能区"，而中部区域则显示了当前工作表的内容。中部区域中是一个划分了行与列的大型二维表格，顶部的一行用于标记各列的编号，以字母表示；最左侧的一列用于标记各行的编号，以数字标记。

（1）功能区。

Excel 的"选项卡 – 功能区"与 Word 非常相似，单击顶部的某个选项卡，就会立即在功能区弹出相关的工具按钮组来，便于用户进行各种操作。

作为 Excel 的特色，在功能区的底部，有 2 个功能：其一是区域名文本框，用于显示正在处理的单元格名称或者区域名称；其二是编辑栏，用于为用户提供一个数据编辑的区域。

（2）主工作区。

在 Excel 的主工作区中，默认存在三张大大的二维表格，分别命名为"Sheet1""Sheet2""Sheet3"。每张表格共有 16384 列、1048576 行。表格的行号直接使用数码编号；而列号则使用字母表示，以 A 列表示第一列、AA 表示 27 列、IV 表示 256 列、XFD 表示 16384 列。

在一个工作表中，基于给定的列号和行号，能够唯一地确定一个单元格。

（3）区域名文本框。

区域名文本框位于功能区下面、主工作区上面的最左侧，是一个空白的组合框，默认显示当前单元格的标记，如 A1。

利用区域名文本框，可以为特定的区域赋予一个较为容易理解的名字，即为一个区域命名，并可在以后的公式设计中使用这个名称。

（4）编辑栏。

编辑栏位于功能区下面、主工作区上面的右中部，左侧有一个 *fx* 按钮标记，是一个空白的文本框，可以显示大量内容。编辑栏的作用为显示或编辑当前单元格的内容。

主工作区中每个单元格获得的显示空间都很有限，不利于编辑大块的文本，而利用编辑栏，可以对当前单元格的内容进行局部的插入、删除等操作。

拖动编辑栏底部的水平线，能够改变编辑栏的高度，以方便用户编辑大文本块。

（5）Excel 中的鼠标。

当鼠标指向 Excel 主工作区中时，通常显示为一个空心的"十"字，表示目前处于没有执行任何任务的状态。此时可以按住鼠标左键拖动鼠标，被鼠标拖过的位置被选中，形成一个矩形区域。

当单击选中某单元格或区域并将鼠标指向 Excel 主工作区中该单元格或该区域的边框时，鼠标显示为实心的带箭头小"十"字，表示可以拖动该单元格或者该区域，实施该单元格或该区域中内容的移动。

当单击选中某单元格或区域并将鼠标指向该单元格或该区域右下角的小矩形块（称为填充柄）时，鼠标显示为实心的小"十"字，表示现在可以垂直或水平拖动鼠标，实现数据填充。

当鼠标指向单元格内部并且显示为短竖线时，表示目前正在编辑单元格中的数据，可以实施常规的字符删除、修改等操作。

2.Excel 的单元格及其表示

电子表格中的单元格将按照一定的行和列，排列形成一张二维表格，而由若干张二维表格叠放在一起就形成了一个三维结构。

在 Excel 中，使用字母标记列号，而且组合使用字母表，列号依次为 A，B，C，…，Z，AA，AB，AC，…，AZ，BA，BB，BC，…，BZ，CA…；行号则使用数码。因此，要描述当前工作表中的某个单元格，采用的一定是以字母开头、数字结尾的一个标记。例如，AB18 表示第 AB 列第 18 行的那个单元格。

如果要描述其他工作表中的单元格，则需要使用以地址表示的三维结构，即在单元格的"列号行号"标记前加上工作表的名称，而且二者之间以"！"分隔开。例如，Sheet4！AB18 表示工作表 Sheet4 中第 AB 列第 18 行的那个单元格。

 ### 三、工作簿与工作表

Excel 文档被称为工作簿，Excel 中的每一个工作簿都为一个独立文档，且扩展名为 .xls .xlsx。工作簿由多页工作表组成，每页工作表是一个巨大的二维表格，这个二维表格中包括很多个能够存储信息的单元格，这些单元格用列号和行号来标记。这一思路与生活中所用的记事簿相似，每个记事簿中都能包括多页纸张，在每张纸上都被画上了若干竖线和若干横线，从而形成了很多行和很多列。

因此，Excel 工作表的基本结构是一个二维的电子表格，通过表格区最上面的一行标出单元的列坐标标记，利用最左边一列标出单元的行坐标标记。利用行列坐标就能确定出唯一的单元格。由于 Excel 的电子表格非常庞大，计算机的屏幕不可能完整地显示出整张电子表格，因此，对于工作在 Windows 环境下的 Excel 的工作表，默认为以左上角出现在 Windows 窗口中，通过键盘的箭头键或者窗口的滚动条可以改变工作表的当前位置，把当前正在处理的单元格显示在窗口中。

第二节　Excel 的基本操作

 一、工作簿的基本操作

Excel 的每个工作簿默认有 3 张工作表，且分别命名为"Sheet1""Sheet2""Sheet3"。用户可以根据需要修改工作表的名称，或者向工作簿中插入更多的工作表。

 二、工作表的基本操作

1. 更改工作表的名称、标签颜色

右键单击主工作区底部的工作表名称，在弹出的快捷菜单中选择"重命名"选项，如图 4-3 所示，即可修改工作表的名称。

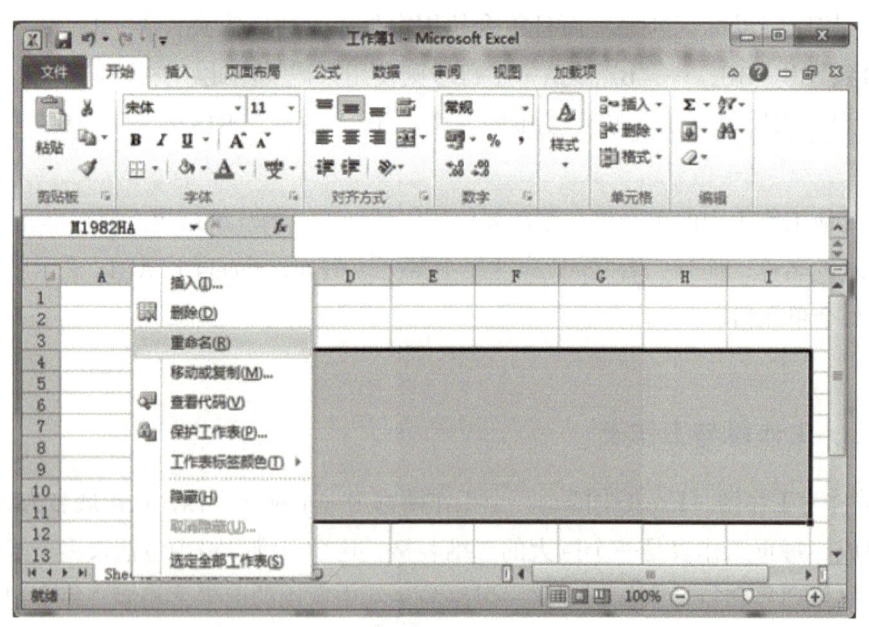

图 4-3　更改工作表的名称操作

右键单击主工作区底部的工作表名称，在弹出的快捷菜单中用鼠标指向"工作表标签颜色"选项，在弹出的列表中即可改变工作表标签的颜色。

2. 新增工作表

右键单击主工作区底部的工作表名称，在弹出的快捷菜单中选择"插入"选项，然后在弹出的"插入"对话框中单击"工作表"→"确定"按钮，即可在工作簿中新增一个工作表。

三、单元格的基本操作

1. 单元格的存储能力

每个单元格都既可以存储数值型量，也可以存储字符型量。

每个单元格存储字符的个数不受显示宽度的影响，最多可以存储 32767 个字符，但在单元格中仅能显示出 1024 个字符。如果单元格右侧的邻居单元格中没有数据，则此单元格中的内容可以延伸显示。

增大单元格的显示宽度可以使更多的内容显示出来，但不能改变单元格的存储能力。

2. 区域的概念

（1）区域的知识。

多个相邻单元格（矩形区域）构成的集合称为区域。区域可以是单行、单列，也可以是一个矩形范围。通常使用矩形的左上角单元格地址和右下角单元格地址的组合表示一个区域，两个地址之间用英文的冒号分隔。当然，也可以用左下角单元格和右上角单元格的地址组合来表示区域。

例如：A2：A100、D8：I8、A2：H92 都是合法的区域名称。

（2）区域的命名。

对于一个区域，可以给予一个名称。需要注意的是，区域的名称必须以字母开头，由多个字符构成，中间不得有空格和标点，不得与列号或单元格重名。例如：人们可以把区域 H2：D88 命名为 "M1982H"，但不能命名为 "M19.82H"。

以鼠标单击区域的左上角单元格，按住鼠标左键然后向右下角拖动鼠标，直到覆盖整个区域时，在区域名文本框中输入一个合法的区域名称（图 4-4 "M1982H" 处），就为此区域建立了一个名称。

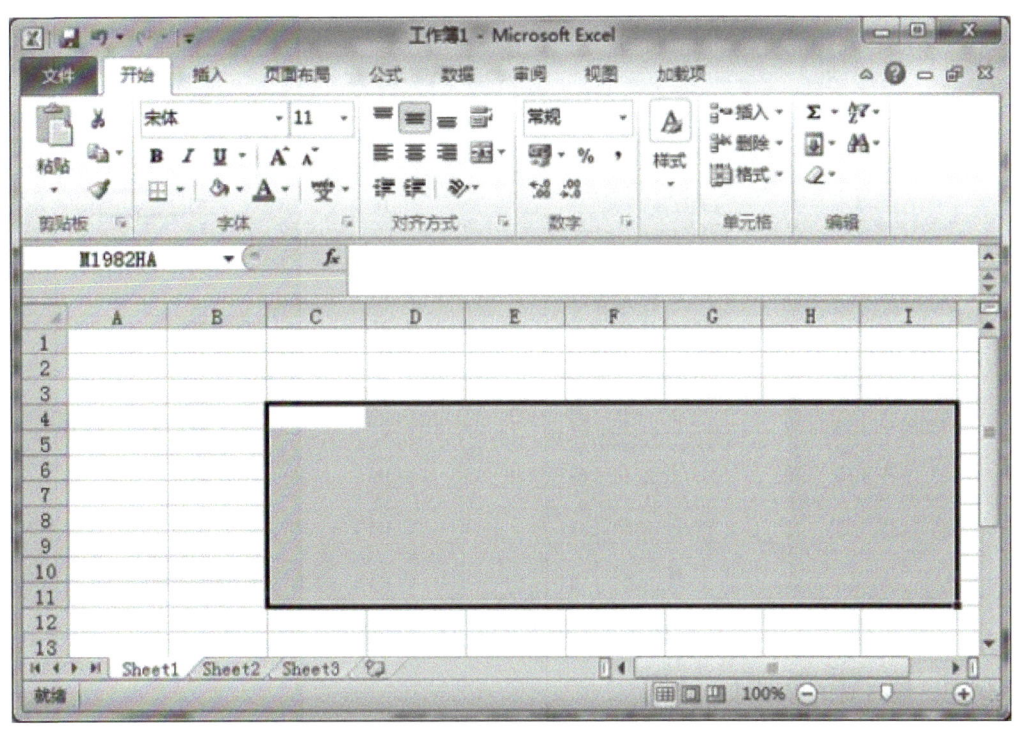

图 4-4　区域及其命名

Excel 每张工作表能容纳的单元格数量较大，使单元格的地址描述占用了更多的标记符号，且位于 A1：XFD1048576 之间的所有标记都不能充当区域名称。为避免区域名称出错，在定义区域名称时建议使用 4 个以上的字母。

 项目任务

> 任务 1：数据类型的转换。
> 任务 2：数据的格式化处理。

第三节 数据处理

对于图 4-5 所示的学生成绩表，要计算每个学生的平均分和总分，在 Excel 中应该如何实现呢？

考号	姓名	性别	生日	系别	语文	数学	外语	政治	总分	平均分
303311	冯峰	女	1991/1/1	物理系	79	16	38	65		
303312	武克勇	男	1992/8/12	化学系	102	25	80	110		
303313	耿琳	女	1991/11/1	生物系	93	21	34	60		
303314	张艺	男	1991/8/21	物理系	92	23	57	95		
303315	刘念	女	1992/3/21	教育系	87	14	59	100		
303316	岳洋	男	1993/1/9	物理系	99	32	65	83		
303317	隋军	女	1992/3/21	物理系	92	26	48	73		
303318	张智娟	女	1992/3/21	化学系	95	26	64	115		
303319	赵媛	女	1991/11/1	教育系	63	31	53	64		
303320	张志鹏	男	1992/3/21	化学系	99	29	49	83		
303321	贾海峰	女	1992/8/12	教育系	88	13	33	55		
303322	于泽惠	男	1992/3/21	化学系	78	15	61	86		
303323	马颖	男	1991/11/1	化学系	76	12	67	93		
303324	田梦雪	女	1992/8/12	教育系	84	18	70	61		

图 4-5　待计算的学生成绩表

在本案例中，最直观的思路如下。

（1）构思计算公式。

①在 K2 单元格中输入公式"=G2+H2+I2+J2"，在 L2 中输入公式"=K2/4"。

②把 K2：L2 的公式复制到其他区域中，让计算机按照这种思路自动计算其他同学的总分和平均分。

（2）使用带函数的计算公式。

利用上述方法书写公式，无疑是可行的。然而，如果学生上课门数很多，则这个公式就要写得非常长，而且容易出现错误。此时，可以考虑使用函数和区域来完成此功能。

在 K2 单元格中输入公式"=SUM（G2：J2）"，在 L2 中输入公式"=AVERAGE（G2：J2）"。

这里的"SUM"与"AVERAGE"都是函数名称，分别表示对区域 G2：J2 求和与求平均值。

 一、数据的整合——排序、筛选、分类汇总

1. 常见的运算符

（1）基本概念。

在 Excel 中，常见的算术运算符有以下几个：+（加），−（减），*（乘），/（除），%（求余数）。

另外，表示两个字符串的连接，可以使用运算符 &。

（2）示例。

=H12+H35/68：表示三个数值型的单元格做算术。

=A5 & A19：表示把两个字符串型单元格 A5 和 A19 中的内容连接起来。

2. 常见函数及其使用

（1）常规统计函数。

常规统计函数如表 4-1 所示。

表 4-1　常规统计函数

函数名	用途
SUM(区域)	针对区域或者某些单元格求和
AVERAGE(区域)	针对区域或者某些单元格求平均值
COUNT（区域）	统计数值型量的个数
COUNTA（区域）	统计字符型量的个数
MAX（区域）	求区域中所有数据的最大值
MIN（区域）	求区域中所有数据的最小值

（2）条件统计函数。

条件统计函数如表 4-2 所示。

表 4-2　条件统计函数

函数名	用途
COUNTIF（条件区域，统计条件）	按照条件在条件区域中分析数据，统计符合条件的数据的个数
SUMIF（条件区域，条件，数据区域）	统计符合条件的记录在某一分量上的和
AVERAGEIF(条件区域，条件，数据区域）	统计符合条件的记录在某一分量上的平均值

例如，对于图 4-5 所示的学生成绩表：

=COUNTIF（C2：C200，"女"）：表示统计在区域 C2：C200 中女生的个数。

=COUNTIF（K2：K200，">=300"）：表示统计总分在 300 以上的人数。

=SUMIF（C2：C200，"女"，M2：M200）：表示统计女生获得奖励的总额。

=SUMIF（K2：K200，">=300"，M2：M200）：表示统计总分在 300 分以上的学生获得奖励的总额。

（3）字符串函数。

字符串函数如表 4-3 所示。

表 4-3　字符串函数

函数名	用途
TEXT(单元格，"格式符")	按照指定格式把数据转换为字符串
UPPER(单元格）	把单元格中的数据变成大写字母
LEFT(单元格，长度）	从左侧开始，截取指定长度的数据
RIGHT(单元格，长度）	从右侧开始，截取指定长度的数据

例如，针对图 4-5 所示的学生成绩表：

=TEXT（A2，"000000000000"）：表示把 A2 中的数据转化为 12 位数码格式，不足 12 位时以 0 补齐。对于一个数据表，按照某个字段的值进行排序，是非常常见的操作。

3. 排序的思路

在排序过程中，为了解决多个主要关键字相同的记录的顺序问题，人们还经常设置次要关键字、第三关键字。

如果两个记录的主要关键字相同，系统就会按照次要关键字、第三关键字排列二者的先后顺序。

4. 排序操作方法

（1）选定整个数据表。

（2）在"数据"功能区中找到"排序和筛选"组块，单击"排序"按钮，打开"排序"对话框。如图 4-6 所示，根据需要，在"排序"对话框中设置主要关键字、次要关键字。当然，也可以只设置主要关键字。

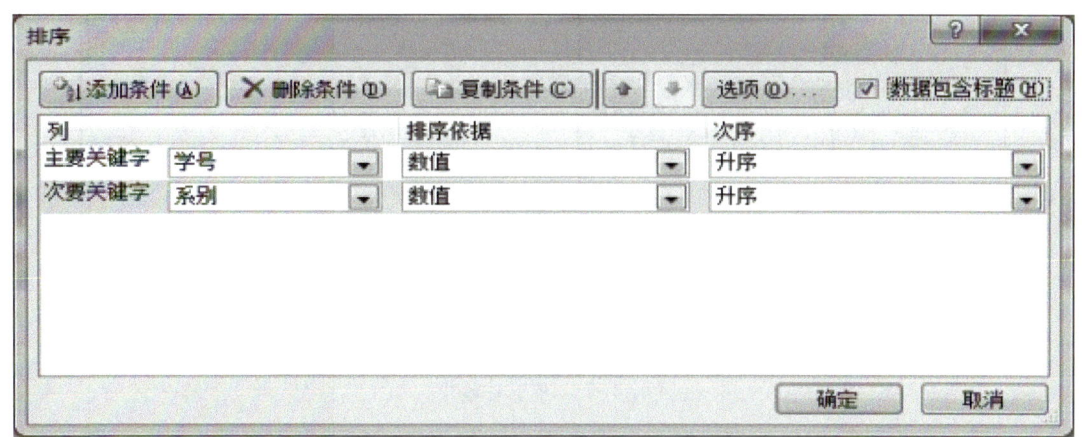

图4-6　设置排序关键字

（3）单击"确定"按钮，系统开始排序，并得到排序结果。

（4）注意事项。

①在排序过程中，如果事先选择的区域中包括了"字段名行"（即标题行），则应该勾选"排序"对话框右上角的"数据包含标题"复选框。不然，字段名行也和记录一起排序，就严重破坏了数据的整体完整性。

②排序是针对整个数据表的排序，在排序中切记不要只选择关键字列。比如，要对图4-5所示的学生成绩表按照"学号"排序，应该先选定A1：L100，然后再启动排序功能，绝对不能仅仅选中"学号"列。不正确的操作可能会导致数据全体混乱。

③如果在执行"排序"功能前，插入点已经在数据表内，那么在选择"排序"命令后，Excel会自动扩展数据表区域。在绝大多数情况下，Excel自动扩展形成的区域都是正确的。

5. 案例——对学生成绩表排序

（1）案例要求。

对于图4-5所示的学生成绩表，按照系别进行升序排序、对于属于同一系的学生再按照考号降序排列。

（2）基本思路。

本例属于数据排序题目，主要关键字是"系别"，升序排列；次要关键字是"考号"，降序排序。在设置好各类关键字后，直接执行"排序"命令即可。

（3）操作过程。

①用鼠标单击学生成绩表中的任意一个单元格，保证插入点位于数据表内部。

②选择"数据"功能区→"排序和筛选"组，单击"排序"按钮，启动"排序"对话框。

③在"排序"对话框中，单击"主要关键字"的下拉按钮，选中"系别"字段，在"次序"下拉列表框中选择"升序"，如图4-7所示。

④单击顶部的"添加条件"按钮，在"主要关键字"下面添加一行"次要关键字"，为次要关键字选择字段"考号"，"次序"方式为"降序"。

⑤单击"确定"按钮，开始执行排序操作。

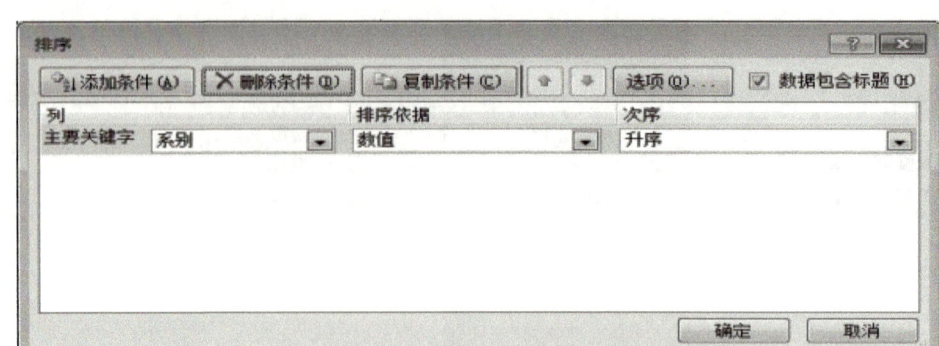

图 4-7 排序对话框

6. 筛选功能的含义

随着 Excel 管理能力的提升，数据表中可能包含很多记录。有时，人们需要挑选出某些特定的记录，这就是 Excel 的数据筛选功能。

7. 筛选功能的基本方法

Excel 的数据筛选分为自动筛选和高级筛选两种。自动筛选比较简单，适用于筛选条件较为简单的操作；而高级筛选比较复杂，适用于筛选条件比较烦琐的操作。

自动筛选是一种基于界面操作的筛选方式，它的筛选过程比较直观。

当插入点光标放置于数据表内部时，单击"数据"功能区"排序和筛选"组块中的"筛选"按钮，就会启动"自动筛选"功能，在数据表的每个字段的右侧出现筛选按钮。

当单击某个字段名后边的筛选按钮时，会弹出一个下拉式菜单。在下拉式菜单中列出可以直接选择的数值；还可以选择"数字筛选"选项，利用不等式（见图 4-8）来限定筛选条件。

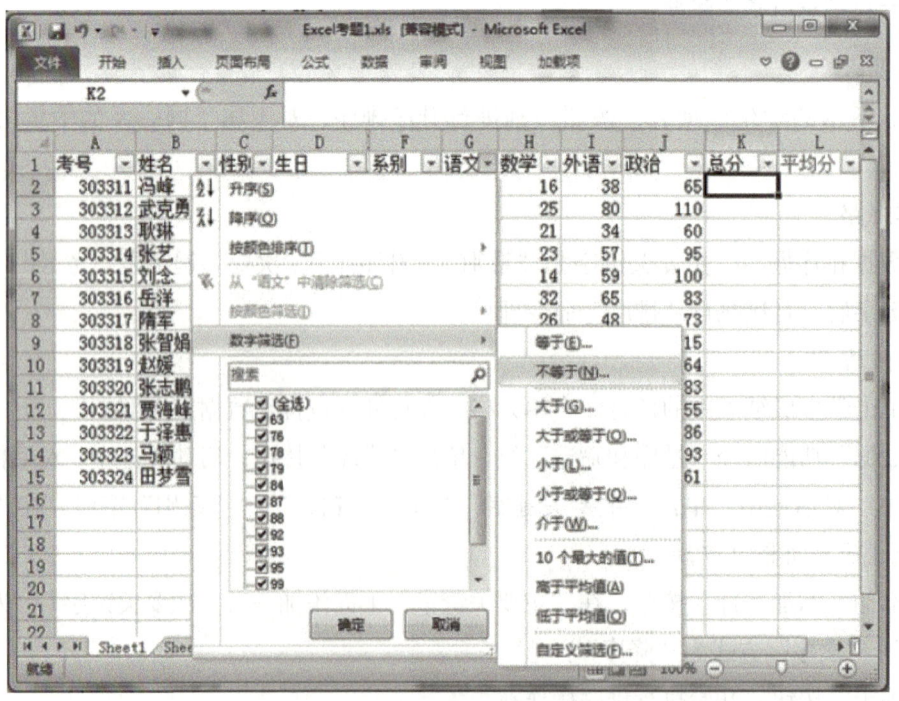

图 4-8 "筛选"下拉式菜单

8. 分类汇总的含义

在数据处理中，经常需要按照某个标准分组，然后对各组内的成员进行求和、求个数、求均值，甚至计算方差等计算。这就需要使用分类汇总技术。

所谓分类汇总，就是按照某个字段分组，然后对每组的记录针对某个字段执行求和或者求个数、求均值等计算。例如，在学生成绩表中，经常需要求取每个系中学生的人数，就是按照系别分类，然后求取个数。如果需要了解每个系获取奖励的均值，则需要按照系别分类，针对奖励求均值。

9. 分类汇总操作方法

（1）要求。

分类汇总的基本思路是对记录分组后再计算，因此能够按照某一字段对数据实施分组是完成分类汇总的关键。为此，在实施分类汇总前，必须保证记录按照分类关键字有序。如果在执行分类汇总前，记录是无序的，那么就必须先执行一个按照分类字段排序的命令，然后才能执行分类汇总命令。

（2）执行分类汇总的方法。

①选取整个数据表区域。

②检查数据表中的记录是否已经按照分类字段排序；如果数据表中的记录还处于无序状态，则先执行排序命令。

③在"数据"功能区"分级显示"组块，单击"分类汇总"按钮，弹出"分类汇总"对话框，如图4-9所示。

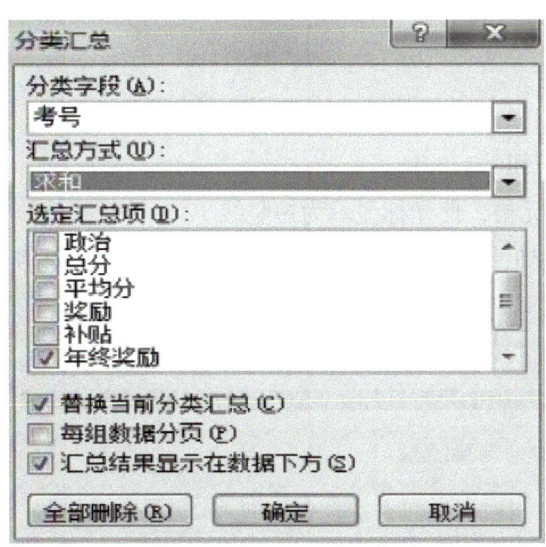

图 4-9　对数据表执行分类汇总

④按照提示，设置"分类字段""汇总方式"，并选择要汇总的字段名。

⑤单击"确定"按钮，确认执行分类汇总操作。

（3）删除分类汇总结果。

如果已经不需要分类汇总结果，就可以直接删除分类汇总结果。

①在"数据"功能区"分级显示"组块，单击"分类汇总"按钮，弹出"分类汇总"对话框。

②在"分布汇总"对话框中单击"全部删除"按钮，即可删除分类汇总结果。

 二、公式与函数

1. 公式输入方法

（1）直接输入。

①单击需要输入公式的单元格（往往选择一个具有代表性的单元格），使光标显示为短竖线。

②切换到英文输入状态，直接输入一个以"="开头的公式。在此过程中，可以借助 Excel 的提示，直接选择函数名称。

③以"Enter"键确认输入，系统将自动计算，在单元格中显示出计算结果。

在此过程中，可以借助编辑栏。在凡是需要输入单元格名称（或者区域名称）的地方，都可以使用鼠标单击（或拖动），然后可以继续输入运算符号或函数名称。最后，按"Enter"键确认输入的公式。

（2）借助"公式"功能区。

①单击需要输入公式的单元格，使光标显示为短竖线。

②切换到"公式"功能区，如图 4-10 所示，直接从"公式"功能区中选择某个公式，快速地实现公式的输入。

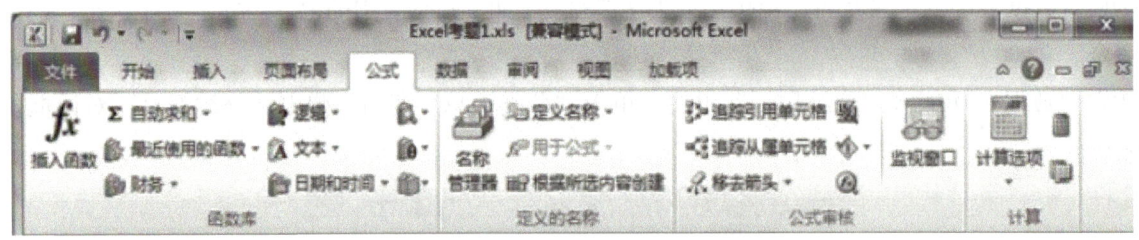

图 4-10 "公式"功能区

（3）借助编辑栏的函数按钮。

①单击需要输入公式的单元格，使光标显示为短竖线。

②单击编辑栏左侧的 *fx* 按钮，打开"插入函数"对话框，如图 4-11 所示。

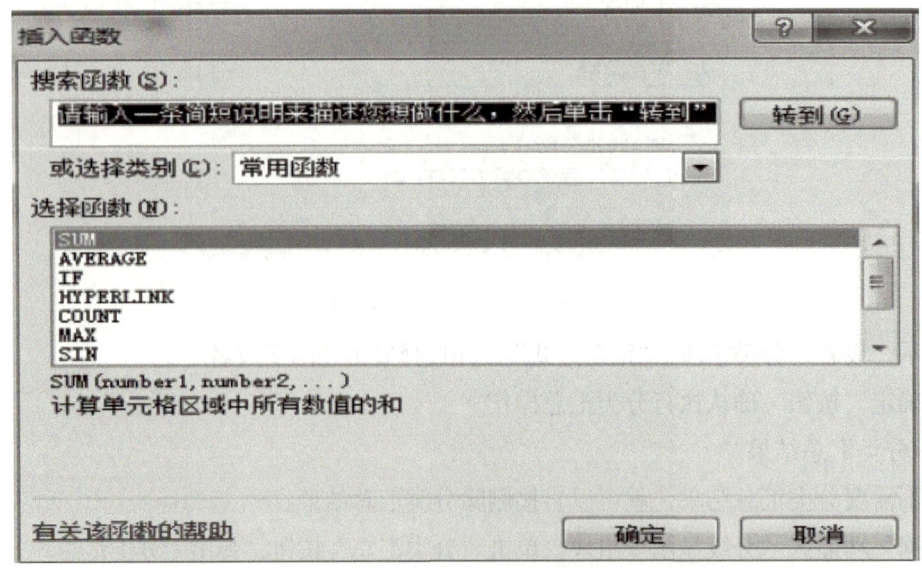

图 4-11 "插入函数"对话框

③从"插入函数"对话框中选择合适的函数，并选择对应的参数。

（4）重要提示。

对于经常用到的区域，可以定义一个名称，然后在公式中以区域名称作为函数的参数，降低公式的复杂性。

2. 复制公式

（1）以复制的方法复制公式。

①以鼠标右键单击已经正确输入公式的单元格，在弹出的快捷菜单中选择"复制"命令。

②以鼠标拖动选择目标区域，然后右键单击鼠标，在弹出的快捷菜单中选择"粘贴"命令。

或者，单击选定含有公式的单元格，按"Ctrl+C"组合键；然后，鼠标拖动选定目标区域，按"Ctrl+V"组合键。

在公式复制过程中，系统默认为"复制公式、显示计算结果"，即把公式复制到目标单元格中，在目标单元格保存公式，但显示出公式的运算结果。

有时，人们要求采取"值复制"模式，即在复制带有公式的单元格时，在目标单元格仅仅保留运算结果。如果按照"值复制"模式复制公式，在目标单元格中不再保存公式，因此，不会再参与后续的自动计算。

借助于"开始"功能区"剪贴板"组块中"粘贴"按钮→"选择性粘贴"选项，可以启用单元格的"值复制"模式。

（2）以填充的方法复制公式。

①将鼠标指向含有公式的单元格右下角的填充柄，此时鼠标指针变成实心的小"十"字。

②向下或向右拖动鼠标，凡是被鼠标指针覆盖的区域都被公式填充，相当于初始单元格中的公式被复制到这些单元格中。

项目任务

任务 1：分析成绩表。

任务 2：分析月消费。

拓展知识

1. 数据排序案例

（1）案例要求。

已知 Excel 工作簿"E0301 素材 .xlsx"，其中的工作表"职工表"是某中学全体教师的收入情况，如图 4-12 所示。

①按照实发总额降序排列，若两人实发总额相同，则按照姓名升序排列。

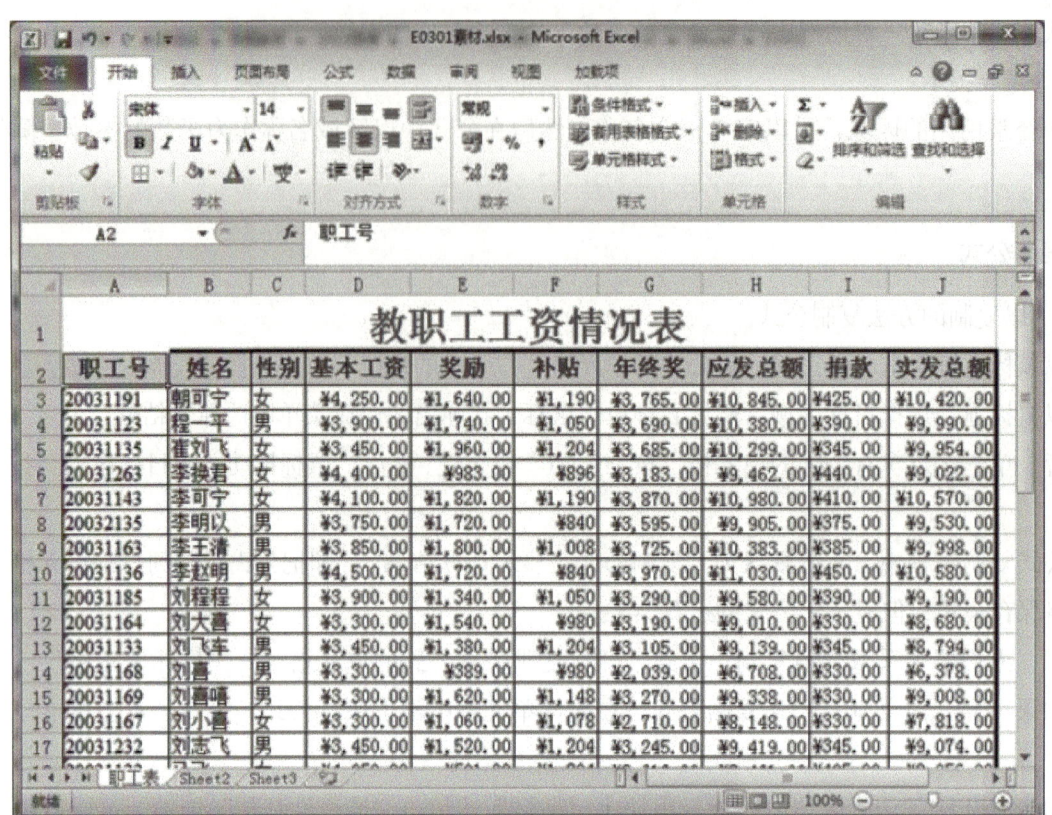

图 4-12 数据排序之前的原始状态

②建立职工表的副本"按照性别排序",使教师按照性别排序,性别相同的教师按照姓名升序排列。

③建立职工表的副本"按照基本工资排序",使教师按照基本工资降序排序,相同基本工资的教师按照职工号升序排列。

（2）操作思路。

要对数据表排序,需要选好数据表区域,然后执行排序操作,排序所主要依据的字段为主要关键字,对主要关键字相同的记录通常可以附加次要关键字,以便更准确地排序。

（3）具体过程。

①以鼠标拖动选择区域 A2：J34。

②选择"数据"功能区"排序和筛选"组块中的"排序"按钮,打开"排序"对话框。

③在"排序"对话框中,设置"主要关键字"为"实发总额",排序次序为"降序"。

④在"排序"对话框顶部单击"添加条件"按钮,添加一行"次要关键字",设置"次要关键字"为"姓名",排序次序为"升序",然后单击"确定"按钮,完成排序功能。

⑤右键单击工作表"Sheet2"的名称,在弹出的快捷菜单中选择"重命名"命令,修改为新名称"按照性别排序"。

⑥在工作表"职工表"中,按"Ctrl+A"组合键进行全选,按"Ctrl+C"组合键进行复制。

⑦切换到工作表"按照性别排序",按"Ctrl+V"组合键粘贴。

⑧单击"数据"功能区"排序和筛选"组块中的"排序"按钮,打开"排序"对话框。在"排序"

对话框中，选择排序"主要关键字"为"性别"，排序方式为"升序"；选择"次要关键字"为"姓名"，排序次序为"升序"，然后单击"确定"按钮。

⑨同理，创建新的数据表"按照基本工资排序"，并按照基本工资降序排列。

（4）最终效果。

排序之后的最终效果如图4-13所示。

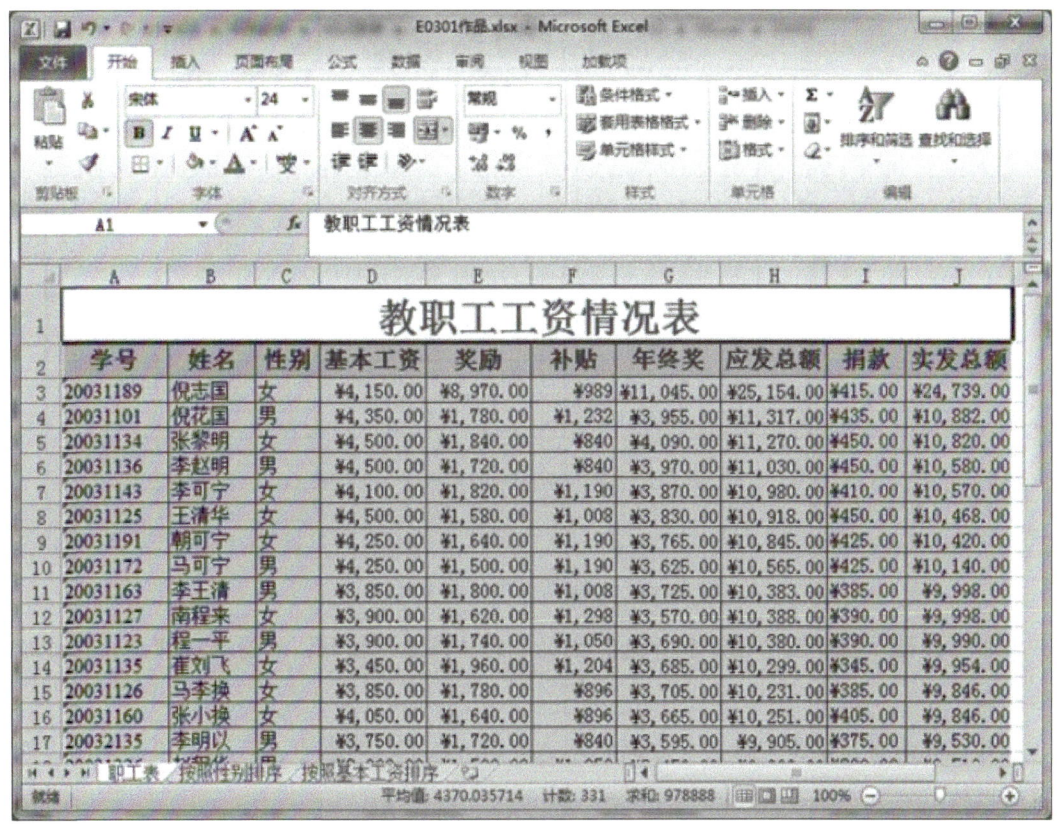

图4-13　数据排序之后的最终结果

2. 数据筛选案例

（1）案例要求。

已知Excel工作簿"E0302素材.xlsx"，其中的工作表"职工表"中是某中学每位教师的收入情况信息，如图4-14所示。

①选择出所有的女教师，把女教师的信息复制到Sheet2中，并把工作表名称修改为"女教师表"。

②把所有应发总额在10000元以上的男教师筛选出来，把筛选结果复制到工作表"优秀男教师"之中。

（2）操作思路。

要对数据表进行筛选，需要选好数据表区域，然后进入筛选状态。在筛选状态下单击"筛选"按钮，设置筛选条件，把所需的记录筛选出来。

（3）具体过程。

①以鼠标拖动选择区域A2：J34。

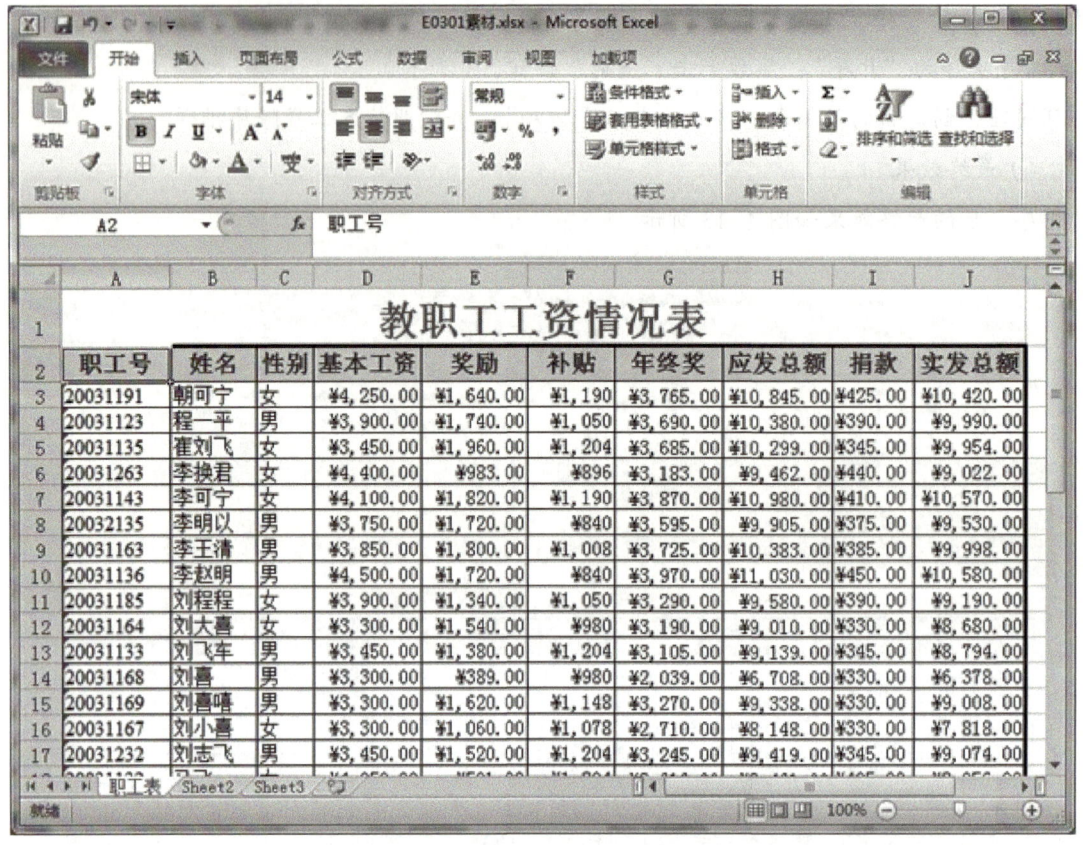

图 4-14　数据筛选之前的原始状态

②单击"数据"功能区"排序和筛选"组块中的"筛选"按钮，启动筛选状态，在标题行中出现了筛选按钮。

③在筛选状态下，单击"性别"右侧的筛选按钮。在下拉列表中，只选中"女"复选框，完成第一个筛选操作。

④在工作表"职工表"中，按"Ctrl+A"组合键进行全选，按"Ctrl+C"组合键进行复制。

⑤切换到工作表"Sheet2"，按"Ctrl+V"组合键粘贴。

⑥右键单击工作表"Sheet2"的名称，选择"重命名"命令，修改为新名称"女教师"。

⑦回到"职工表"，在"数据"功能区"排序和筛选"组块中单击"筛选"按钮，取消筛选状态，显示出所有记录。

⑧单击"数据"功能区"排序和筛选"组块中的"筛选"按钮，启动筛选状态。在筛选状态下，单击"性别"右侧的筛选按钮。在下拉列表中，只选中"男"复选框，完成初次筛选；然后单击"应发总额"右侧的筛选按钮，在下拉列表中，选择"数字筛选"选项，设置类型为"大于或等于"，数值为"10000"，以便完成最终筛选。

⑨在工作表"职工表"中，按"Ctrl+A"组合键进行全选，按"Ctrl+C"组合键进行复制。然后，切换到工作表"Sheet3"，按"Ctrl+V"组合键粘贴。最后，修改工作表名称为"优秀男教师"。

（4）最终效果。

数据筛选之后的最终效果如图 4-15 所示。

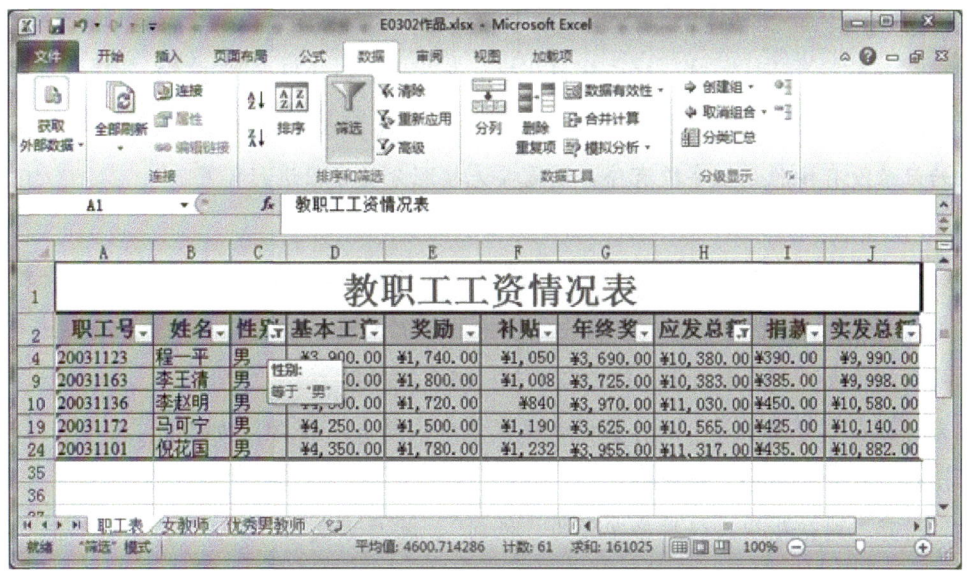

图 4-15 数据筛选之后的最终结果

3. 数据分类汇总案例

（1）案例要求。

已知 Excel 工作簿"E0303 素材 .xlsx"，其中的工作表"职工表"中是某中学全体教师的收入情况，如图 4-16 所示。

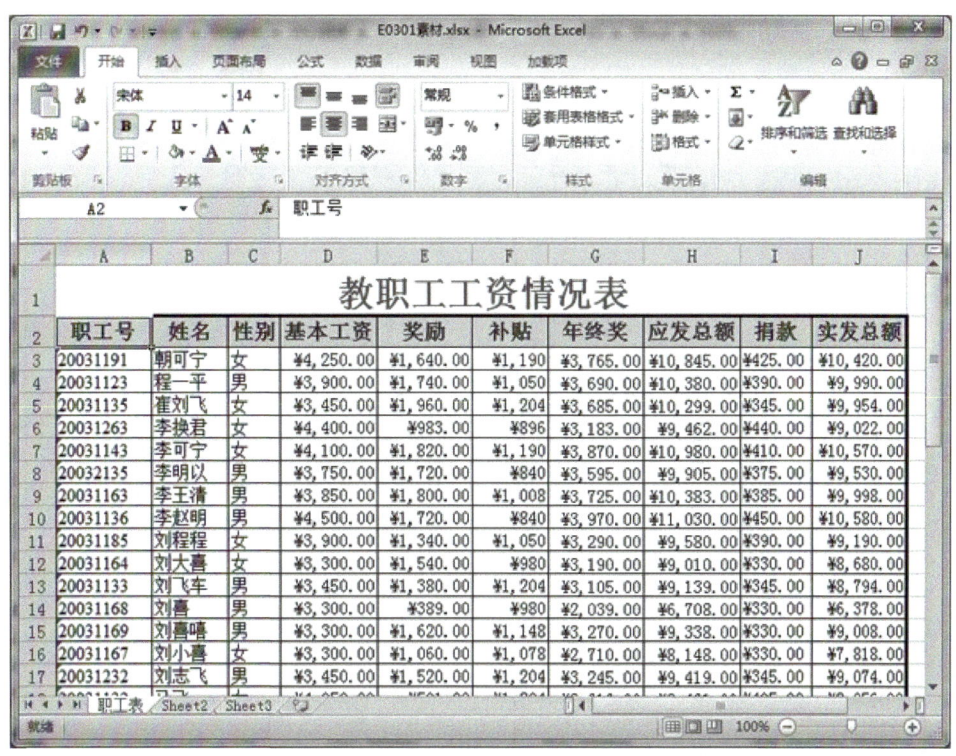

图 4-16 数据分类汇总之前的原始数据

现在需要对比不同单位的职工的平均应发工资和实发工资，然后利用分类汇总功能对不同性别的职工的人数进行统计，并把计算结果存放到新工作表"男女教师"和"按单位计算平均工资"中。

（2）操作思路。

在职工表中加入"单位"列，然后复制"职工表"数据到"男女教师"和"按单位计算平均工资"工作表中，分别按照"性别""单位"进行分类汇总（汇总方式分别为求个数和求均值）。

若原始记录没有按照分组字段有序，则需要先按照分类字段进行排序。

（3）具体过程。

①右键单击工作表"Sheet2"的名称，选择"重命名"命令，修改为新名称"男女教师"。

②在工作表"职工表"中，按"Ctrl+A"组合键进行全选，按"Ctrl+C"组合键进行复制。

③切换到工作表"男女教师"，按"Ctrl+V"组合键粘贴。

④把光标放在"男女教师"工作表的数据记录中，单击"数据"功能区"排序和筛选"组块中的"排序"按钮，打开"排序"对话框。

⑤在"排序"对话框中选择排序字段为"性别"，排序方式为"升序"，然后单击"确定"按钮。

⑥把光标放在"男女教师"工作表的数据记录中，单击"数据"功能区"分级显示"组块中的"分类汇总"按钮，打开"分类汇总"对话框。

⑦在"分类汇总"对话框中设置分类字段为"性别"，汇总方式为"计数"，汇总字段为"姓名"，最后单击"确定"按钮。

⑧以同样的方式在"按单位计算平均工资"中计算出每个单位的平均工资。

（4）最终效果。

数据分类汇总之后的最终效果如图4-17所示。

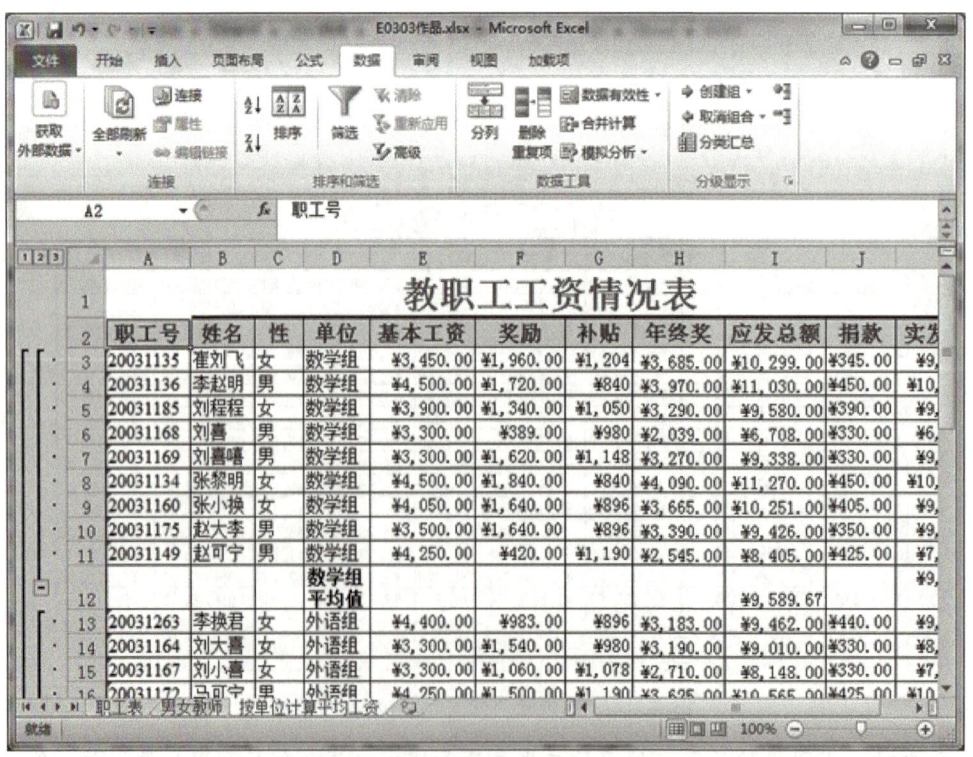

图4-17　数据分类汇总之后的最终结果

第四节 数据分析

依据数据表中的数据，绘制统计图形，是 Excel 的重大应用。要向 Excel 插入统计图形，需要先选择统计图形所依据的数据区域。

Excel 图形要求提供数据的区域从整体上看是一个矩形区域。其中，矩形区域的顶行和最左列显示图形的说明信息，其他部分是实际的数据区域，控制统计图形的形状。

为了便于绘制较为复杂的图形，Excel 允许把两个区域组合起来作为统计图形所依托的数据区域。

 ## 一、可视化数据分析——图表

1. 插入图表的主要过程

（1）选择图表所依据的数据区域。

（2）插入新的图表。

"插入"功能区"图表"组块以多个按钮排列的方式给出了多种图表类型。单击其中的某个按钮，选择一种图表的类型，即自动地把图表插入当前工作表中。

（3）重新设置新图表的属性。

图表插入完毕，单击选中新插入的图表。此时，在顶部新增了"布局"和"设计"两个功能区，而且功能区变成了图表设计状态，如图 4-18 所示。

图 4-18 图表的功能区

利用功能区中的相关按钮，可以更改图表的类型、布局方式、样式，甚至改变图表的存放位置。

2. 编辑图表状态

（1）改变图表类型。

在"图表工具－设计"功能区"类型"组块最左侧的是"更改图标类型"按钮，单击此按钮，会打开"更改图表类型"对话框，可以从中直接选择一种新的图表类型。

（2）重新设置数据源。

在"图表工具 – 设计"功能区，可以利用"数据"组块中的"选择数据"按钮改变图表所依托的数据源，单击此按钮，将弹出"选择数据源"对话框，如图4-19所示。利用此对话框中的"切换行 / 列"按钮，可以交换图例和水平轴的信息，确定以哪些数据作为图表的 X 轴。

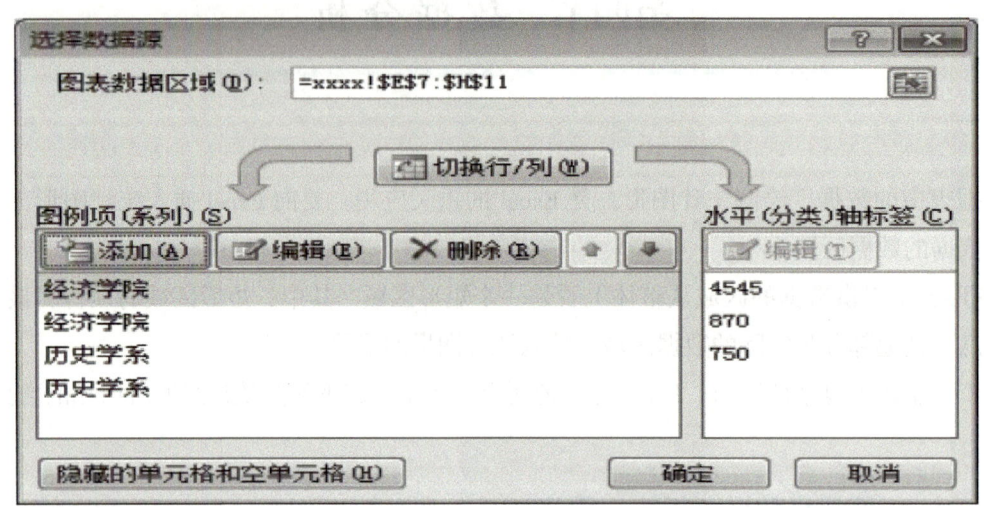

图4-19 "选择数据源"对话框

（3）改变图表的布局形态。

在"图表工具 – 设计"功能区，可以利用"图表布局"组块内的按钮改变图表的布局形态，包括是否显示图表标题、是否显示水平轴和垂直轴的提示信息等。

以鼠标单击选中某一方式后，就可直接在图表上单击新增的栏目，对"标题""水平轴""垂直轴"的提示信息进行修改。

（4）图表的存放位置。

在"图表工具 – 设计"功能区最右侧的是"位置"组块。单击"位置"组块中的"移动图表"按钮，打开"移动图表"对话框，可以选择当前图表是嵌入当前工作表中，还是为此图表独立地设置一个 Chart 表，如图4-20所示。

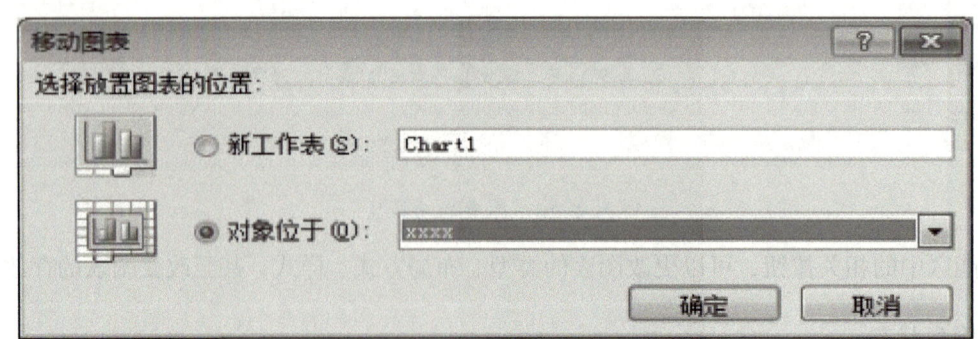

图4-20 "图表"的存放位置设置

（5）图表布局。

单击顶部的"图表工具 – 布局"功能区名称，可以打开"图表工具 – 布局"功能区，如图4-21所示。在此功能区中，可以实现设置图表标题、设置图表的网格线、设置图例的位置等重要功能。

图 4-21 "图表工具 - 布局"功能区

 二、图表的类型与组成

不同的分析方法，会选用不同的图表类型。一般来说，数据对比可视化分析，常用到的图表类型有柱形图、条形图等；数据趋势可视化分析，常用到的图表类型有折线图、面积图等；数据占比可视化分析，常用到的图表类型有饼图、圆环图等；数据分布可视化分析，常用到的图表类型有散点图、气泡图、直方图等。

不同的图表，结构各有不同。下面对 16 种图表做介绍。

（1）柱形图。

柱形图是最常见的图表类型之一，它的适用场合是二维数据集（每个数据点包括两个值，即 X 和 Y），但只有一个维度需要比较的情况。例如，图 4-22 所示的柱形图就表示了一组二维数据，"年份"和"销售额"就是它的两个维度，但只需要比较"销售额"这一个维度。

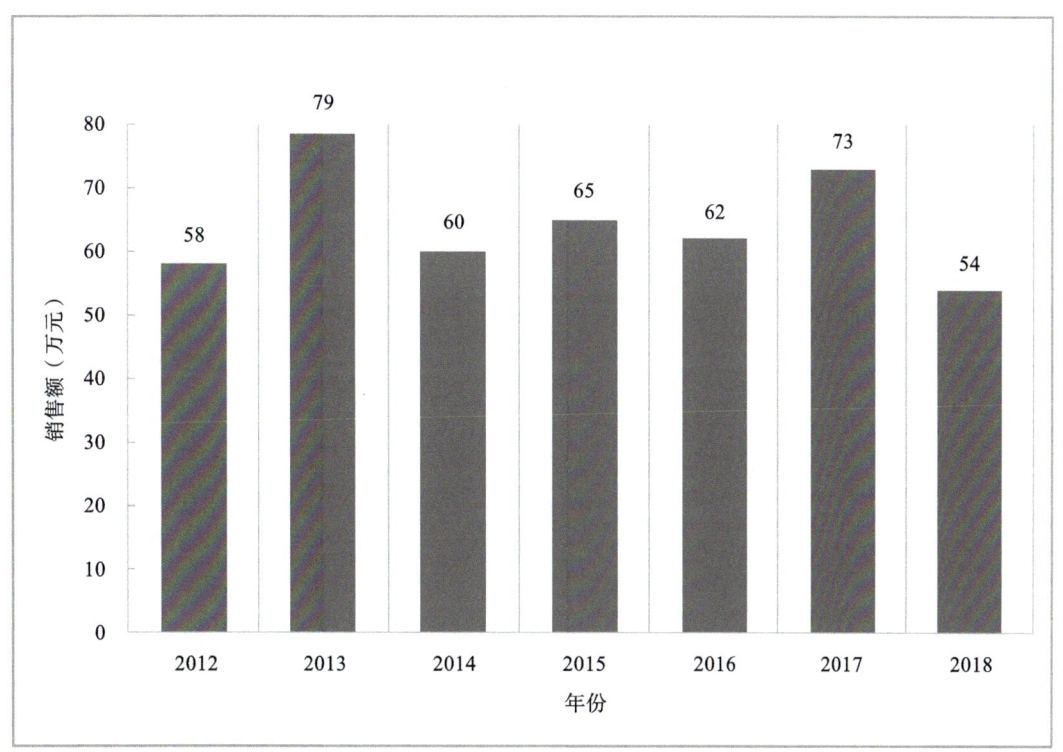

图 4-22 年份 - 销售额柱形图

柱形图通常沿水平轴组织类别，而沿垂直轴组织数值，利用柱子的高度反映数据的差异。柱形图辨识效果非常好，非常容易解读。它的局限在于只适用中小规模的数据集。

通常来说，柱形图用于显示一段时间内数据的变化，即柱形图的 X 轴是时间，用户习惯性认为存在时间趋势（但表现趋势并不是柱形图的重点）。遇到 X 轴不是时间的情况，如需要用柱形图来描述各项之间的比较情况，建议用颜色区分每根柱子，改变用户对时间趋势的关注。图 4-23 展示了 7 个不同类别的数据。

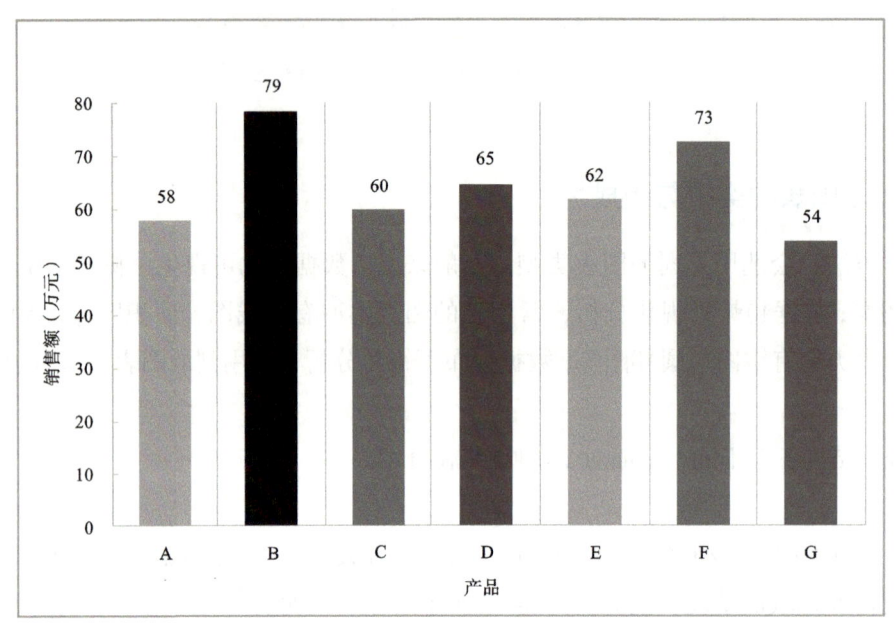

图 4-23　产品 - 销售额柱形图

（2）折线图。

折线图也是常见的图表类型，是指将同一数据系列的数据点在图上用直线连接起来，以相等的间隔显示数据的变化趋势，如图 4-24 所示。折线图适用于二维的大数据集，尤其是那些趋势比单个数据点更重要的场合。

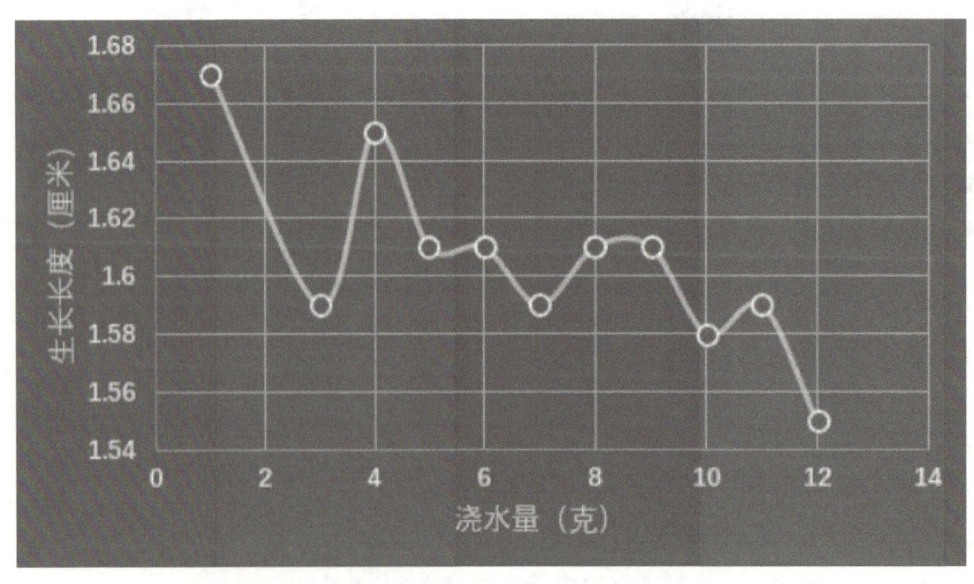

图 4-24　浇水量 - 生长长度折线图

折线图可以显示随时间而变化的连续数据，强调的是数据的时间性和变动性，因此非常适用于显示在相等时间间隔下数据的变化趋势。在折线图中，类别数据沿水平轴均匀分布，所有的值数据沿垂直轴均匀分布。

折线图也适用于多个二维数据集的比较，如图 4-25 所示为两种产品在同一时间内的销售情况比较。

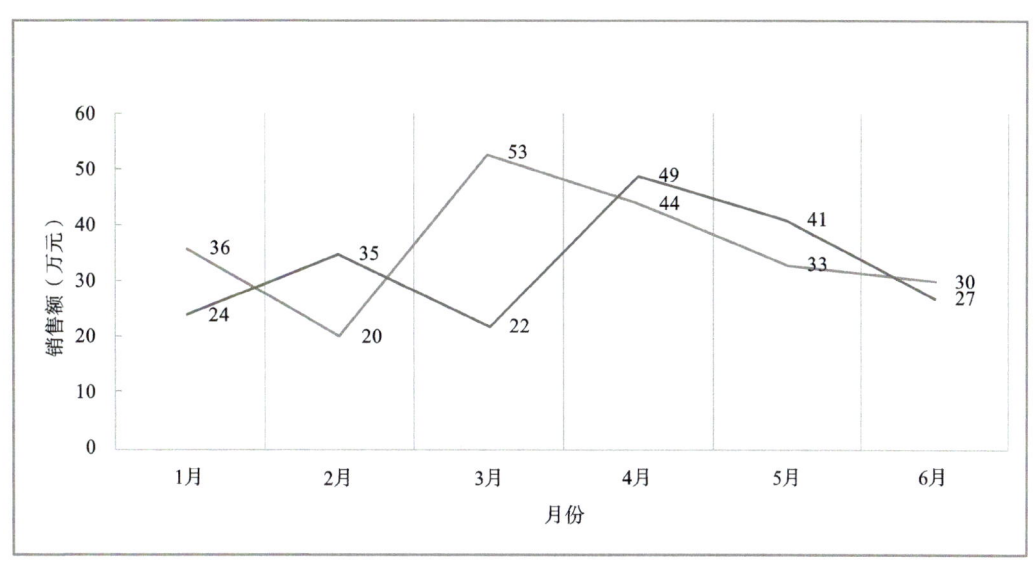

图 4-25　两种产品月销售额折线图

不管是用于表现一组数据的变化趋势，还是用于表现多组数据的变化趋势，在折线图中数据的顺序都非常重要。通常，数据之间有时间变化关系才会使用折线图。

（3）饼图。

虽然饼图也是常用的图表类型，但在实际应用中应尽量避免使用饼图，因为肉眼对面积的大小不敏感。例如，对一组数据用饼图来显示，效果如图 4-26 所示。

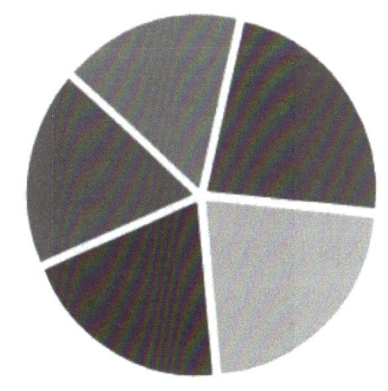

图 4-26　饼图

一般情况下，总是应用柱形图替代饼图。但有一个例外，就是要反映某个部分占整体的比例，如要了解各产品的销售比例，可以使用饼图，如图 4-27 所示。

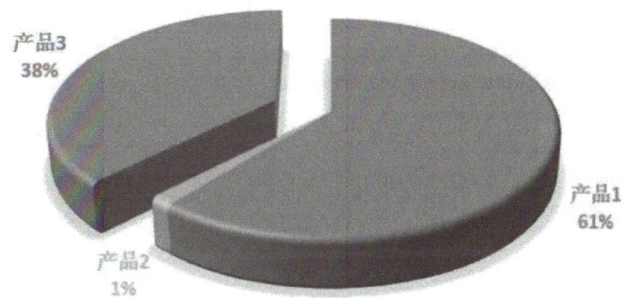

图 4-27　产品销售比例饼图

在这种情况下，饼图会先将某个数据系列中的单独数据转为数据系列总和的百分比，然后按照百分

比绘制在一个圆形上，数据点之间用不同的图案填充。但饼图只能显示一个数据系列，如果有几个数据系列同时被选中，则将只显示其中的一个系列。

圆环图是饼图的衍生子类型，使用环形的一部分来表现一个数据在整体数据中的大小比例。圆环图也用来显示单独的数据点相对于整个数据系列的关系或比例。同时，圆环图还可以含有多个数据系列，如图4-28所示。圆环图中的每个环代表一个数据系列。

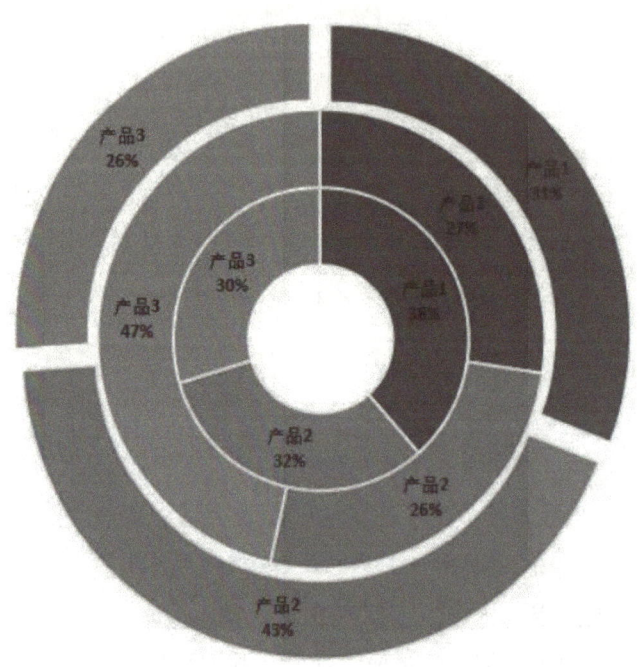

图 4-28　产品销售比例圆环图

（4）条形图。

条形图用于显示各项目之间数据的差异，它与柱形图具有相同的表现目的，不同的是：柱形图是在水平方向上依次展示数据，条形图是在垂直方向上依次展示数据，如图4-29所示。

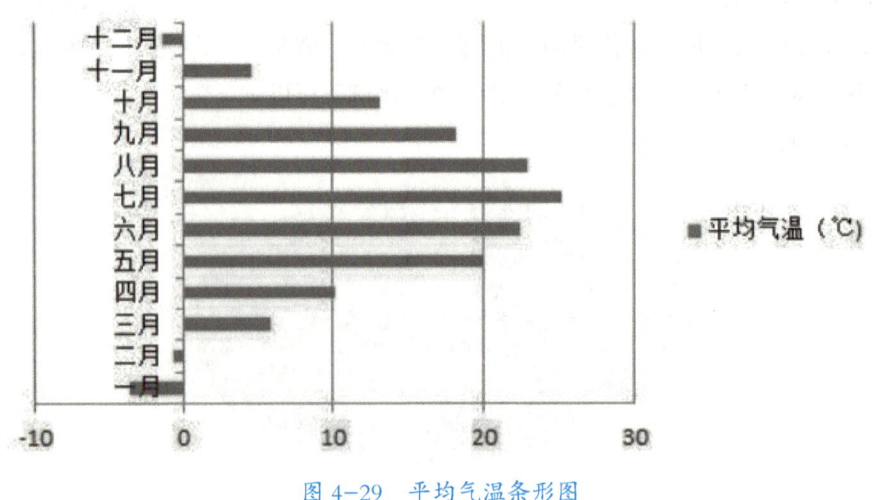

图 4-29　平均气温条形图

条形图描述了各项目之间的差别情况，分类项垂直表示，数值水平表示。这样可以突出数值的比较，而淡化数值随时间的变化。

条形图常应用于分类标签过长的图表的绘制，以免出现柱形图中省略长分类标签的情况，如图 4-30 所示。

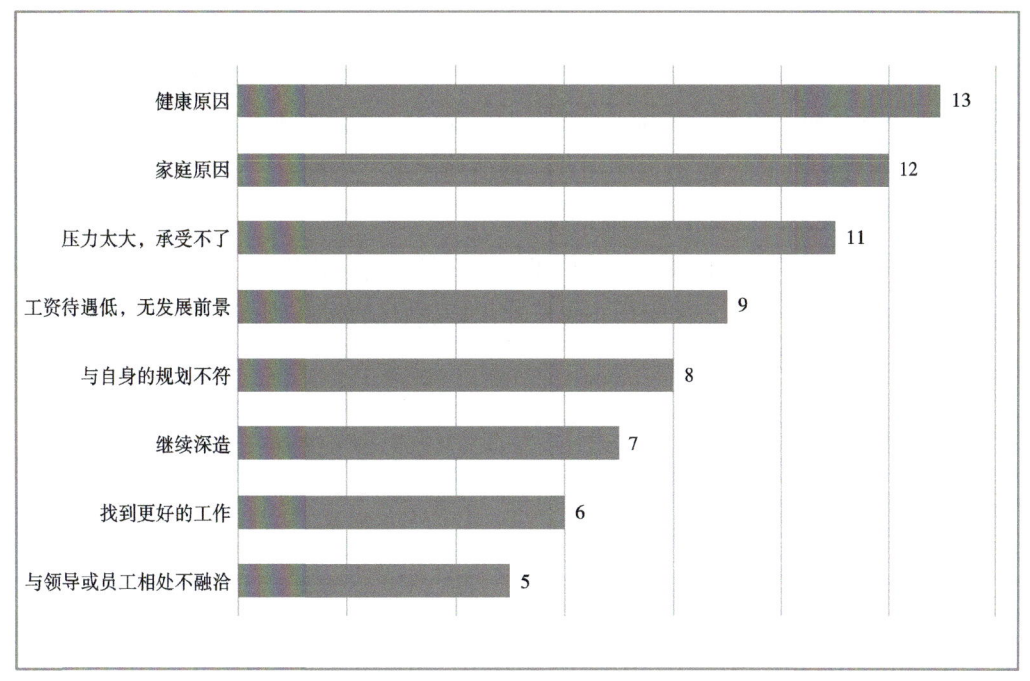

图 4-30 离职原因条形图

（5）面积图。

与折线图类似，面积图也可以显示多组数据系列，只是将连线与分类轴之间用图案填充，主要用于表现数据的趋势。二者不同的是：折线图只能单纯地反映每个样本的变化趋势，如某产品每个月的变化趋势；而面积图除了可以反映每个样本的变化趋势外，还可以显示总体数据的变化趋势，即面积，如图 4-31 所示。

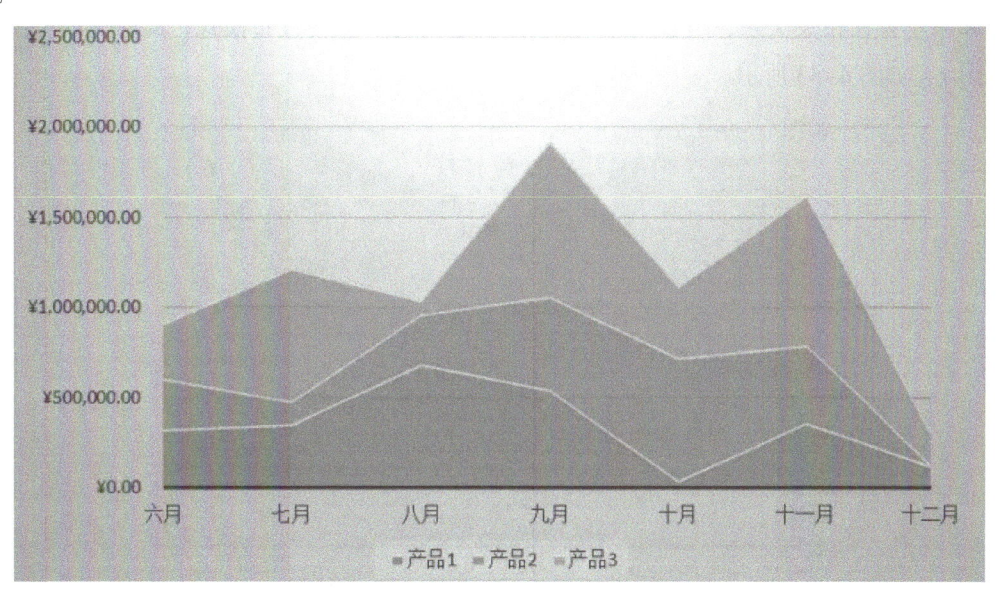

图 4-31 面积图

面积图可用于显示随时间变化的变化量，常用于引起人们对总值趋势的关注。通过显示所绘制值的

总和，面积图还可以显示部分与整体的关系。面积图强调的是数据的变动量，而不是时间的变动率。

（6）XY散点图。

XY散点图主要用来显示单个或多个数据系列中各数值之间的相互关系，或者将两组数据绘制为XY坐标的一个系列。

XY散点图有两个数值轴，沿横坐标轴（X轴）方向显示一组数值数据，沿纵坐标轴（Y轴）方向显示另一组数值数据。一般情况下，XY散点图用这些数值构成多个坐标点，通过观察坐标点的分布，即可判断变量间是否存在关联关系，以及相关关系的强度。

XY散点图适用于三维数据集，但其中只有两维需要比较（为了识别第三维，可以为每个点加上文字标示，或者采用不同颜色）。XY散点图常用于显示和比较成对的数据，如科学数据、统计数据和工程数据，如图4-32所示。

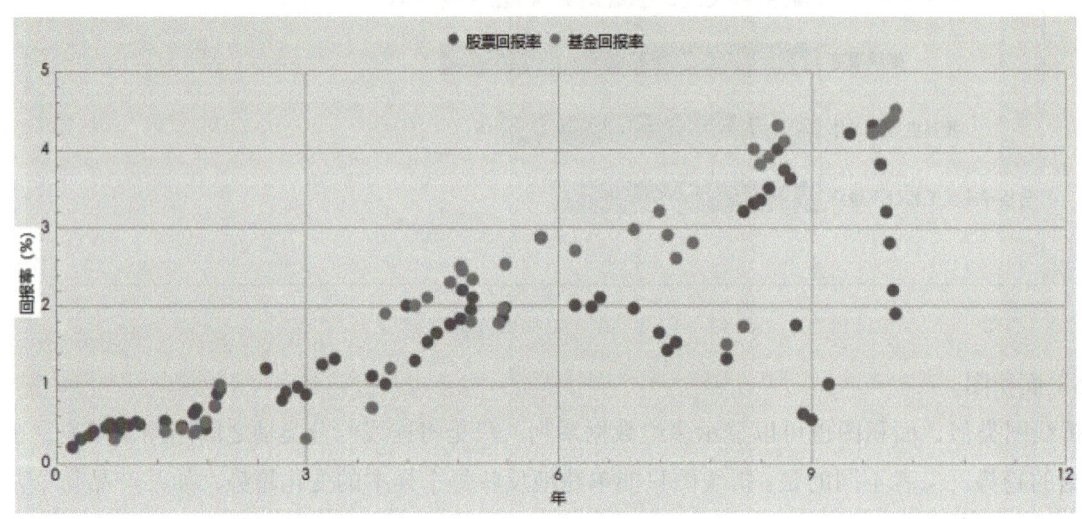

图 4-32　XY散点图

此外，如果不存在相关关系，可以使用XY散点图总结特征点的分布模式，此时XY散点图又称为矩阵图（象限图），如图4-33所示。

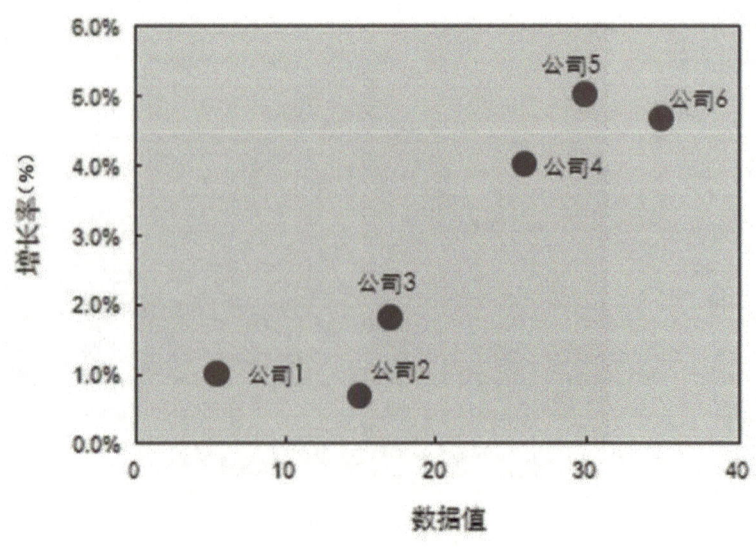

图 4-33　矩阵图

气泡图是 *XY* 散点图的一种变体，它可以反映 3 个变量（*X*、*Y*、*Z*）的关系。3 个变量的关系反映到气泡图中就是气泡的面积大小。这样就解决了在二维图中比较难以表达三维关系的问题。

（7）股价图。

股价图经常用来描绘股票价格走势，如图 4-34 所示。不过，股价图也可用于表示科学数据。例如，可以使用股价图来显示每天或每年温度的波动。

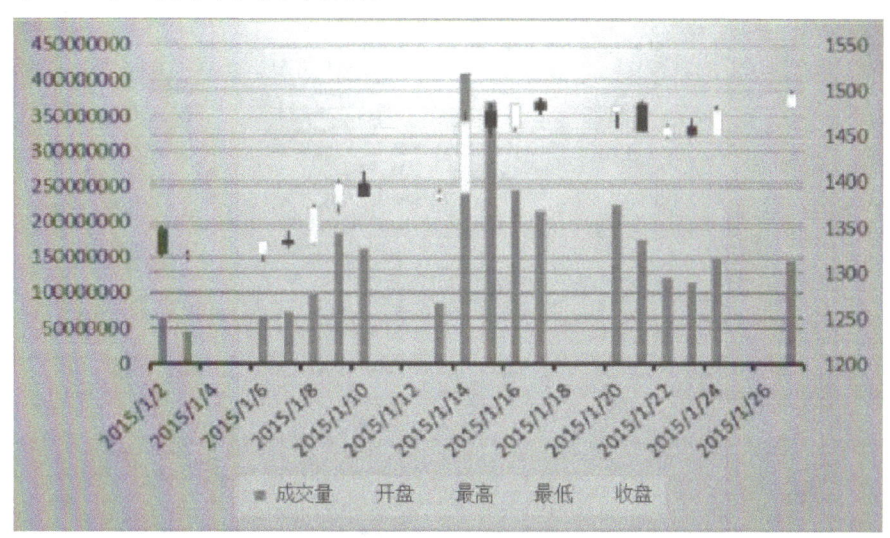

图 4-34　股价图

股价图数据在工作表中的组织方式非常重要，必须按正确的顺序组织数据才能创建股价图。例如，若要创建一个简单的盘高 – 盘低 – 收盘股价图，应根据按盘高、盘低和收盘次序输入的列标题来排列数据。

（8）曲面图。

曲面图显示的是连接一组数据点的三维曲面。当需要寻找两组数据之间的最优组合时，可以使用曲面图进行分析，如图 4-35 所示。

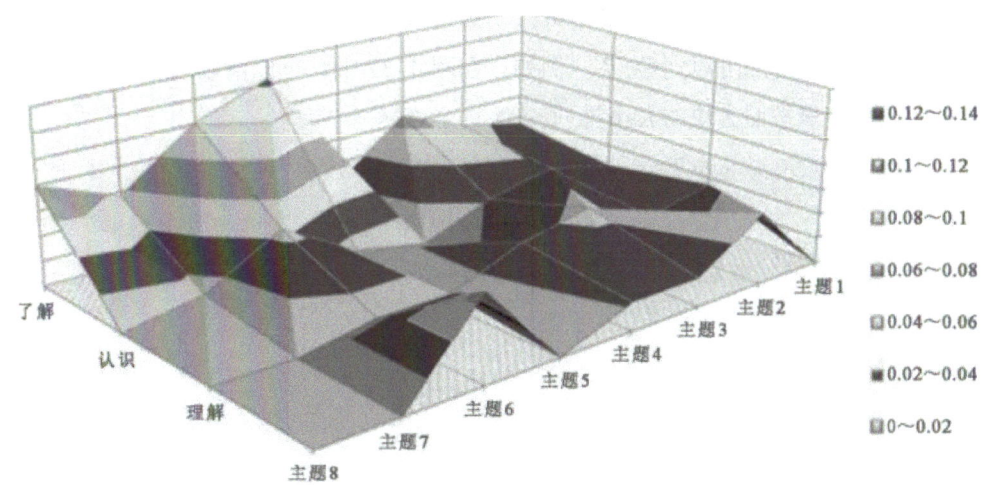

图 4-35　曲面图

曲面图好像一张地质图，曲面图中的不同颜色和图案表明具有相同范围值的区域。与其他图表类型不同，曲面图中的颜色不用于区别数据系列，而用于区别值。

（9）雷达图。

雷达图，又称为戴布拉图、蜘蛛网图。它用于显示独立数据系列之间及某个特定系列与其他系列的整体关系。每个分类都拥有自己的数值坐标轴，这些坐标轴由中心点向外辐射，并由折线将同一系列中的值连接起来，如图4-36所示。

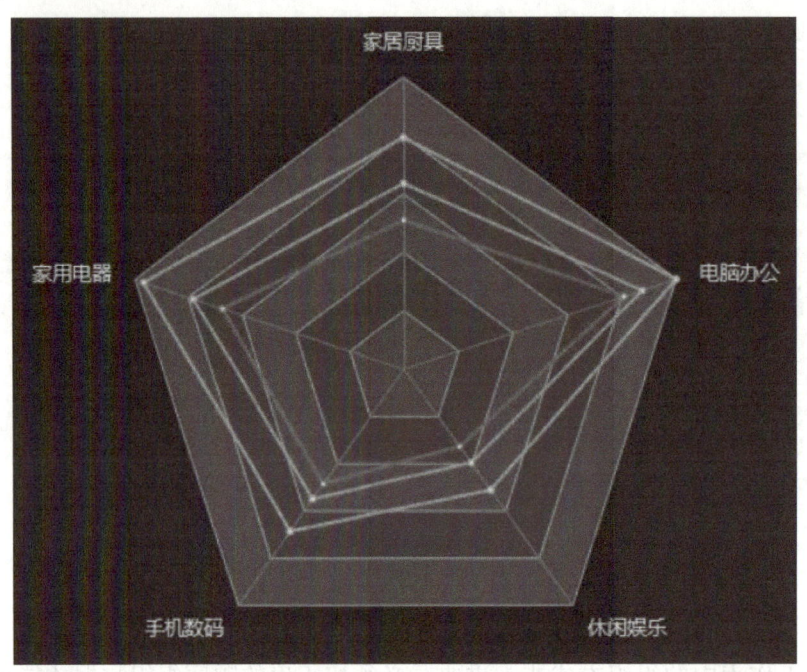

图4-36　雷达图

在雷达图中，数据点面积越大，表示越重要。雷达图适用于多维数据（四维以上），且每个维度必须可以排序。而且，它有一个局限，就是数据点最多6个，否则无法辨别，因此适用场合有限。由于很多用户不熟悉雷达图，阅读有困难，因此使用雷达图时应尽量加上说明，以减轻阅读负担。

（10）树状图。

树状图全称为矩形式树状结构图，它采用可以实现层次结构可视化的图表结构，以便用户轻松地发现不同系列之间、不同数据之间的大小关系。例如，在图4-37中，可以清晰看到某品牌酸奶10月份的销量最高，其他月份的销量按照方块的大小排列。

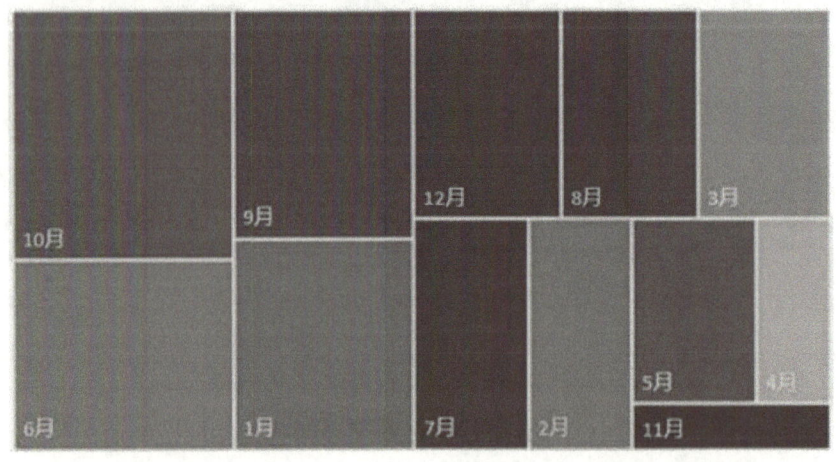

图4-37　某品牌酸奶各月销量树状图

（11）旭日图。

树状图在显示超过两个层级的数据时，基本没有太大的优势。这时就可以使用旭日图。旭日图主要用于展示数据之间的层级和占比关系，从环形内向外，层级逐渐细分，如图4-38所示。它的好处就是想分多少层都可以。其实，旭日图的功能有些像复合环形图，即将几个环形图套在一起，只是旭日图简化了制作过程。

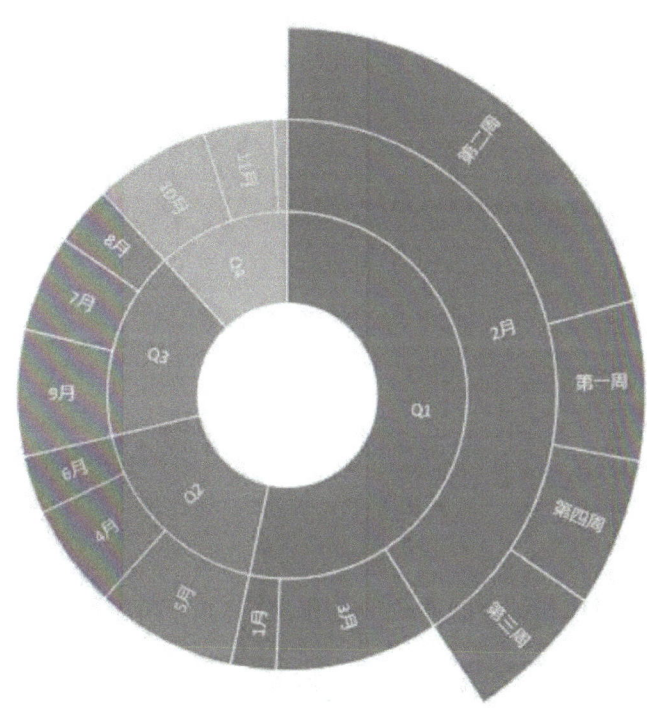

图 4-38　旭日图

（12）直方图。

直方图是用于描绘测量值与平均值变化程度的一种条形图类型，如图4-39所示。借助分布的形状和分布的宽度（偏差），它可以帮助用户确定过程中的问题原因。

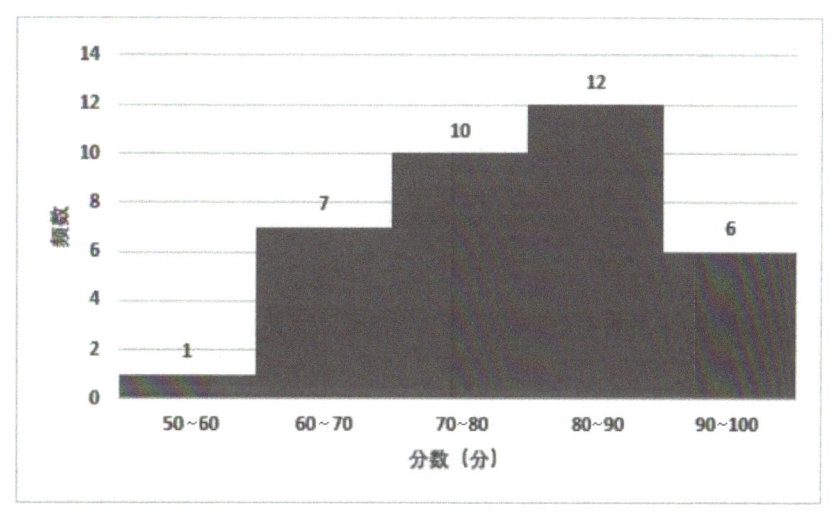

图 4-39　直方图

（13）箱形图。

箱形图又称为盒须图、盒式图或箱线图，是一种用于显示一组数据分散情况的统计图，如图4-40所示。

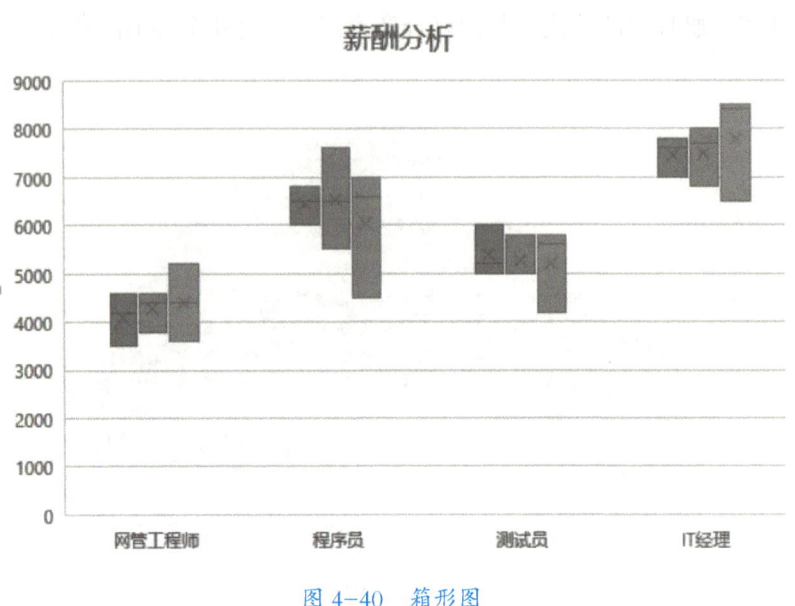

图4-40　箱形图

（14）瀑布图。

瀑布图采用绝对值与相对值相结合的方式，适用于表达数个特定数值之间的数量变化关系，如图4-41所示。

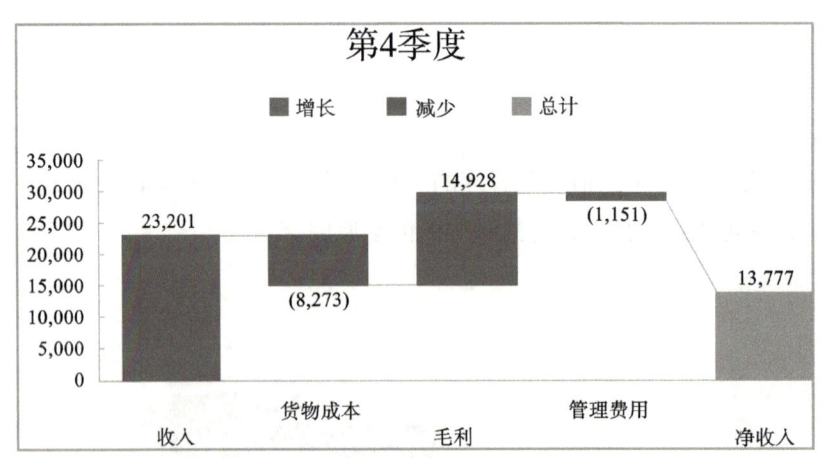

图4-41　瀑布图

（15）漏斗图。

漏斗图通常用于表示销售过程的各个阶段。图4-42所示为使用漏斗图对销售主管招聘过程的人数进行展示。

（16）组合图表。

组合图表是指应用多种图表类型的元素来同时展示多组数据。组合图表可以使得图表类型更加丰富，还可以更好地区别不同的数据，并强调不同数据关注的侧重点。图4-43所示为应用柱形图和折线图构成的组合图表。

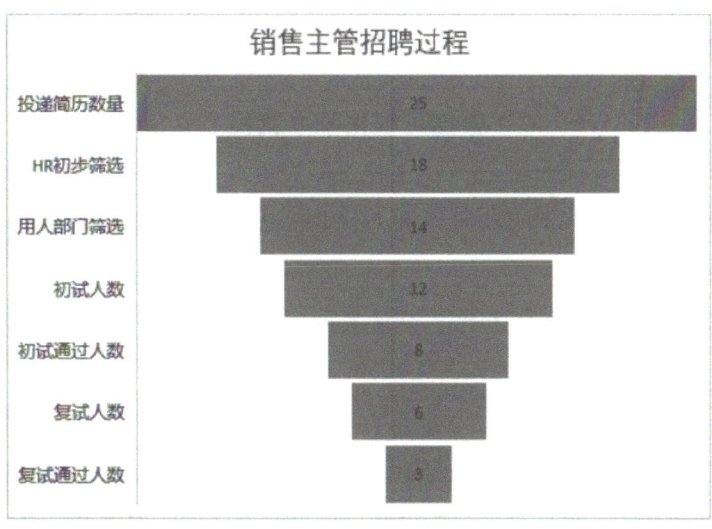

图 4-42 漏斗图

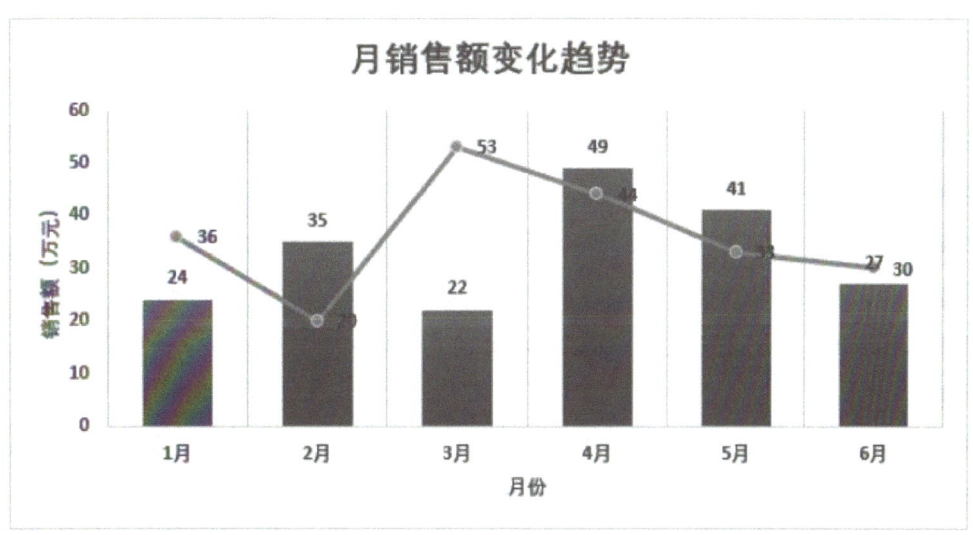

图 4-43 组合图表示例

下面以图 4-44 所示的柱形图为例介绍图表的组成情况。该图表的对象包括图表标题、图例、数据系列、数据标签、网格线和坐标轴等。

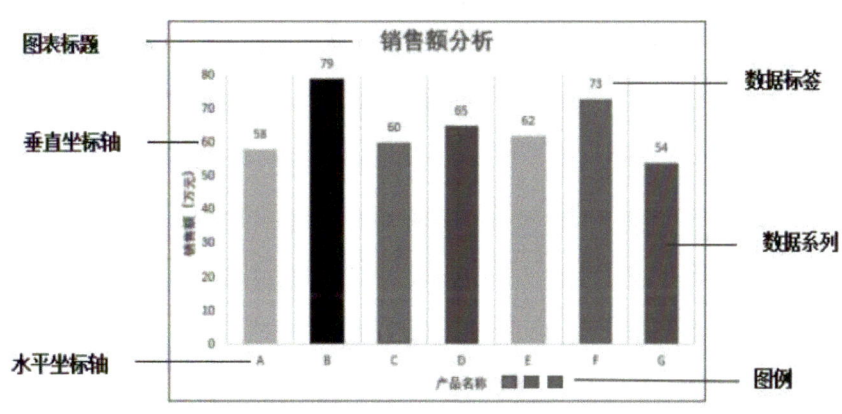

图 4-44 柱形图组成

拓展知识

数据可视化基本流程

数据可视化的目的不单单是把数据通过各种图形展示出来，更是要借助这些图形来探索数据的隐藏价值。当然，数据可视化也不只有统计类图表，其他诸如地图、图形符号等能够体现数据信息的对象，也属于数据可视化的范围。

总体来说，数据可视化的基本流程主要涉及明确目的、选择图表、视觉设计和突出信息四大环节。

1. 明确目的

明确数据可视化的目的，是指明确通过数据可视化需要解决什么样的问题、需要探索什么样的内容或陈述什么样的事实等。如果对数据认识不清，就可能造成以下结果。

（1）无法明确标题。无法明确数据可视化的目的，就无法使用最为恰当的图表标题，难以获得有意义的信息。

（2）无法选择数据可视化方式。无法明确数据可视化的目的，就无法选择合适的可视化方式，使图表难以理解。

2. 选择图表

明确目的后，就可以围绕这个目的寻找相应的数据源，并选择合适的图表去展示需要可视化的数据。要想选择正确的图表，除了明确目的外，还应该清楚数据之间的关系。如果数据之间是对比关系，则选择以柱形图、条形图来展示；如果数据之间是占比关系，则选择以饼图来展示等。

3. 视觉设计

视觉设计在这里可以简单地理解为图表美化，目的主要是将数据转化成更容易接收的信息。例如，配色时，应考虑配色适当突出主题，且整体感觉简单、舒服。在图表中使用文字时，要保证内容准确，且要注意简化文字内容。如果需要强化可视化效果，如需要强化趋势变化或对比差距，可以考虑调整坐标轴刻度的最大值或最小值，进一步放大这种趋势或差距。

4. 突出信息

如果图表中存在关键信息或核心数据，则可通过单独设置其格式等方法将该关键信息或核心数据突出显示，使读者能够更容易关注到该处内容，进而有助于对图表的理解。

第五章

演示文稿——让展示活灵活现

第一节　演示文稿软件基本知识

　一、PowerPoint 介绍

随着互联网的不断发展，我们有了更多的机会展示自己的内容，其中最受欢迎的一种方式是使用 PowerPoint 演示文稿（见图 5-1）。PowerPoint 于 1987 年由美国软件工程师丹尼斯·奥斯汀发明，原名为 Presenter，后被微软公司收购并更名为 PowerPoint。PowerPoint 于 20 世纪 90 年代成为商业界和教育界最受欢迎的演示软件之一，如今依旧是企业、机构和个人进行展示、培训和教学的重要工具。PowerPoint 的文件扩展名为 .ppt 或 .pptx。

图 5-1　PowerPoint 程序图标

PowerPoint 演示文稿具备以下特点：包含多种类型的幻灯片模板，能够满足各种场合的演示需要；支持插入多媒体文件，如图像、音频、视频等；提供多种幻灯片切换效果，使演示更具吸引力；支持广泛的文本编辑、格式设置和图表制作功能；具备演讲者备注、时间表、幻灯片同步等实用功能；支持多种导出格式，如 PDF、PPTX、MP4 等。

在 PowerPoint 中，演示文稿和幻灯片是两个不同的概念。演示文稿是由一张张的幻灯片组成的。每一张幻灯片都是演示文稿中既相互独立又相互联系的内容，幻灯片可以由文本、图形、表格、图片、动画等诸多元素构成。编辑演示文稿就是编辑幻灯片的格式、顺序以及幻灯片中的对象。

　二、演示文稿视图

PowerPoint 演示文稿视图是指可以通过不同方式查看、编辑和展示演示文稿的模式，包括普通视图、幻灯片浏览视图、备注页视图、阅读视图。每种视图模式都有其独特的特点和用途，使用者可以根据需要选择合适的视图模式，以达到最佳的演示效果。

1. 普通视图

普通视图（见图5-2）是 PowerPoint 中最基础的视图模式之一，它将演示文稿的每一页展示在一个单独的编辑区域内。在这个编辑区域内，用户可以方便地对演示文稿的内容进行编辑和调整。普通视图也提供了一系列的工具和命令，使得用户可以快速完成各种格式的插入和调整工作。

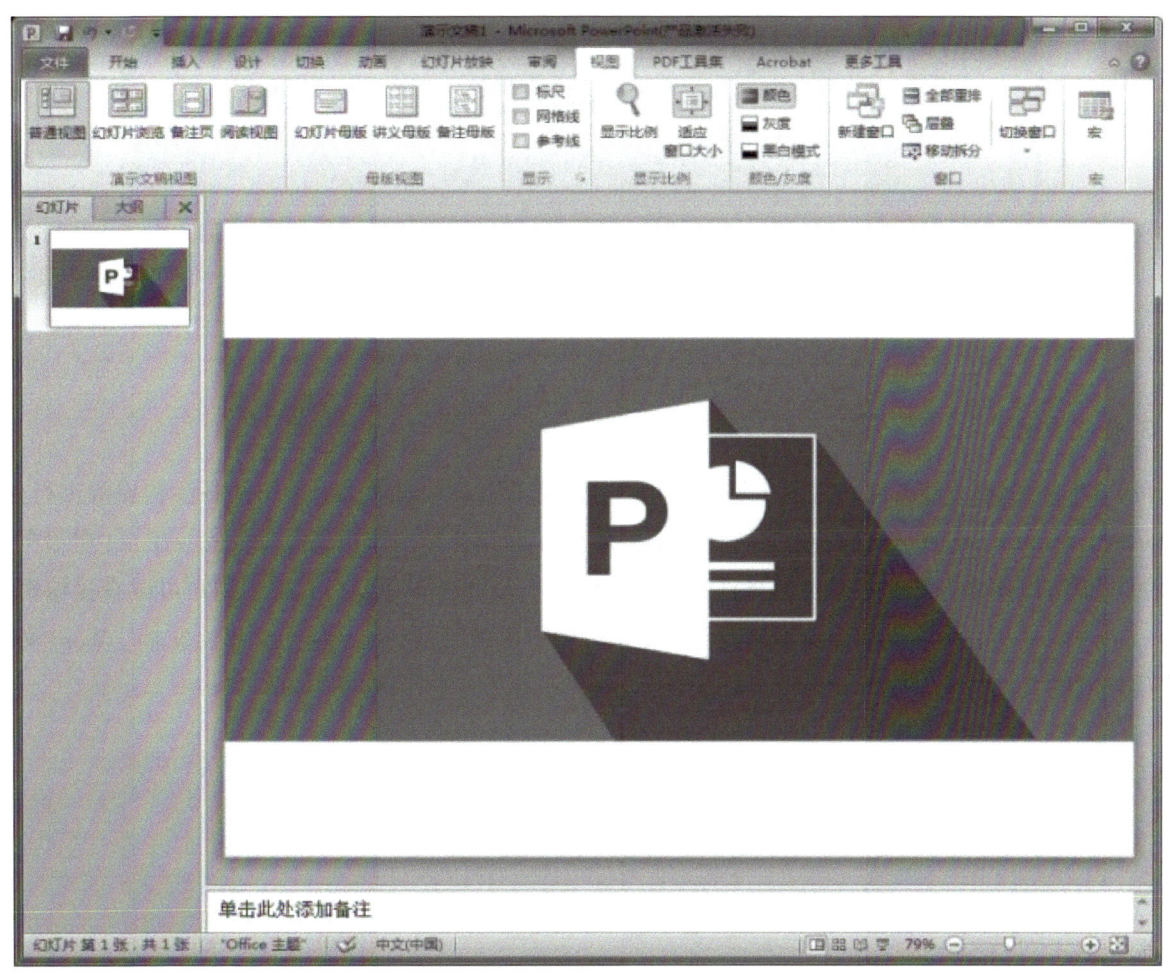

图 5-2　PowerPoint 演示文稿普通视图

2. 幻灯片浏览视图

在 PowerPoint 演示文稿幻灯片浏览视图（见图5-3）模式下，用户可以对幻灯片进行操作，即添加文本、图像、视频等多种媒体，并进行编辑和调整，以使它们更具吸引力和易于阅读。例如，可以添加动画或幻灯片转换效果，以便在演示中更好地突出重点内容。同时，还可以启用幻灯片演示播放器，添加切换声音，达到更好的效果。此外，还可以让演示文稿自动进行演示，或者手动控制幻灯片的流向。

图 5-3　PowerPoint 演示文稿幻灯片浏览视图

3. 备注页视图

PowerPoint 演示文稿备注页视图（见图 5-4）主要用于用户对演示文稿内容的备注和提醒进行处理。在演示时，PowerPoint 演示文稿备注页视图也能够起到提醒和补充的作用。此外，PowerPoint 演示文稿备注页视图也可以用来打印出演示文稿备注，以备供演示人员参考。在此模式下，用户可以直接编辑备注内容、插入图片和表格等，添加更多的说明和提示。用户也可以将备注页输出到纸质文档、Word 文档和 PDF 等格式的文件中，以便于交流和分享。

图 5-4　PowerPoint 演示文稿备注页视图

4.阅读视图

PowerPoint 演示文稿阅读视图（见图 5-5）是一种非常方便的视图模式，可以使用户通过屏幕显示器或投影仪查看演示文稿，并在计算机上对演示文稿进行注释，查看备注，甚至以全屏幕模式播放动画和媒体文件。此外，用户还可以在展示演示文稿、进行演讲的同时，查看下一个幻灯片的内容，以便更好地掌握演讲的节奏。

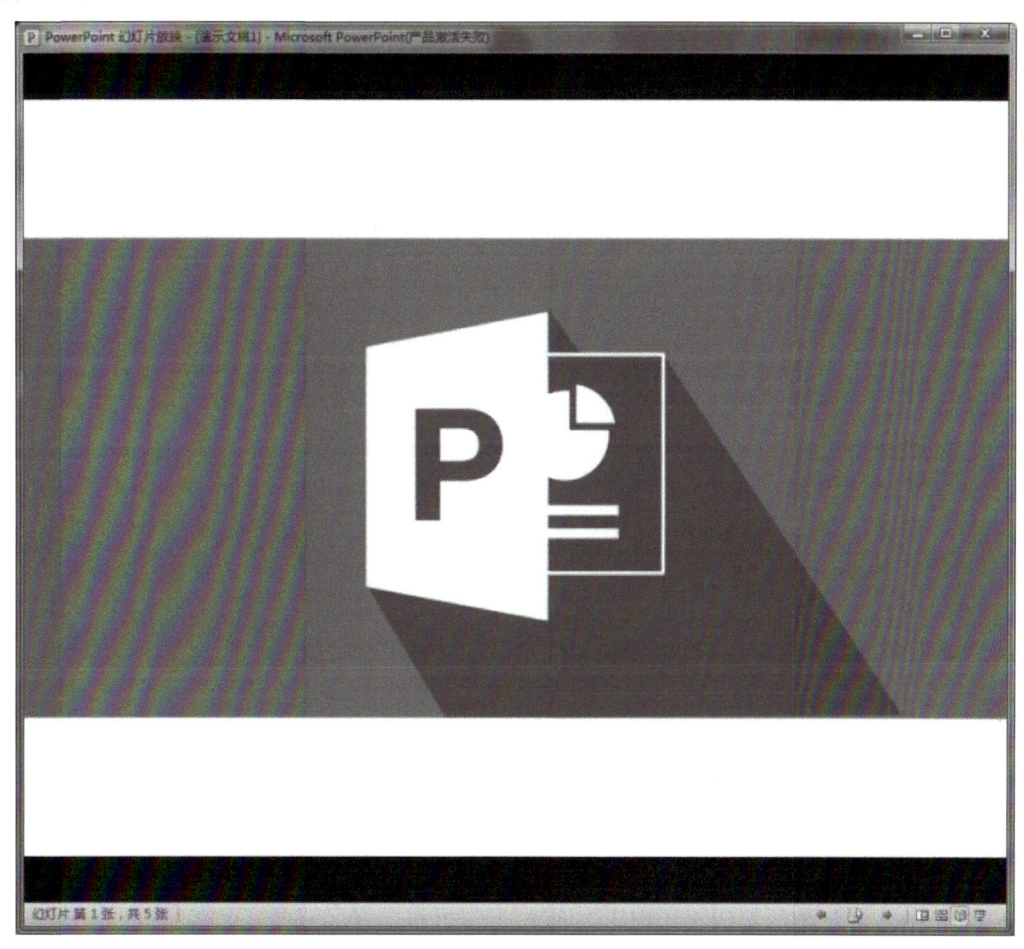

图 5-5　PowerPoint 演示文稿阅读视图

由 PowerPoint 演示文稿的各类视图模式可以看出，PowerPoint 具有非常丰富和实用的视图模式，使用者可以根据不同的需求和演示场合，选择合适的视图模式来展示演示文稿。在日常使用中，熟练掌握这些视图模式是提高演讲成功率的重要因素之一，它们不仅使得演示文稿内容更为生动、精致和具有互动性，还有助于演讲者更好地掌控演讲时间、掌握演讲脉络，取得更好的演讲效果。

 ## 三、演示文稿的通用界面

PowerPoint 演示文稿的界面（见图 5-6）主要分为 3 个部分：标题栏、工具栏和编辑区。

标题栏位于窗口上部，主要用于显示当前文稿的名称和文本，以及一些基本功能按钮，如保存、打印等按钮。

工具栏位于窗口下部，包括开始、插入、设计、动画、幻灯片放映和视图等选项卡。

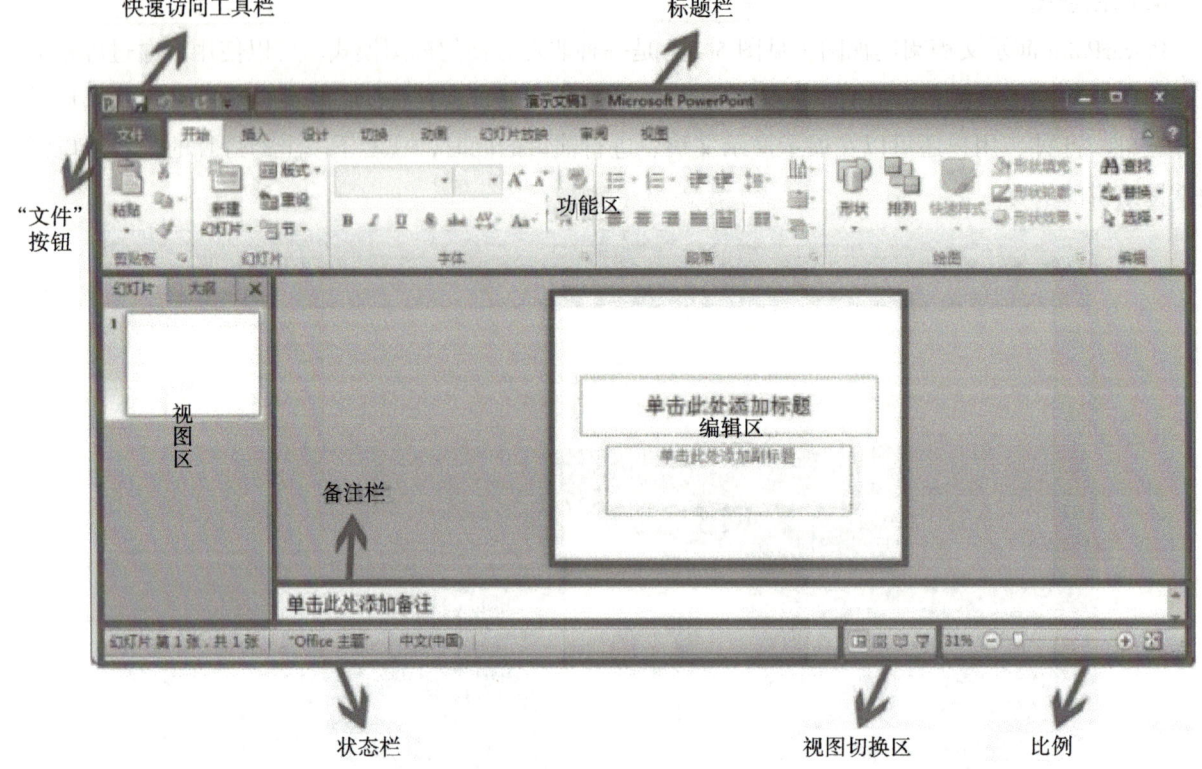

图 5-6　PowerPoint 演示文稿的界面

编辑区是整个窗口的主要部分，也是创建和编辑演示文稿的核心区域。

四、演示文稿的基本操作

1. 启动 PowerPoint 演示文稿

与启动 Word、Excel 类似，可以采用以下三种方法启动 PowerPoint 演示文稿。

（1）采用"开始"菜单启动，即选择"开始"按钮→"所有程序"→"Microsoft Office"→"Microsoft Office PowerPoint"命令。

（2）利用快捷图标启动 PowerPoint 演示文稿。如果桌面上有 PowerPoint 演示文稿的快捷图标，则双击该图标可以启动 PowerPoint 演示文稿。

（3）通过打开 PPT 文档启动 PowerPoint 演示文稿。利用"资源管理器"或者"此电脑"找到要打开的 PPT 文档，双击该 PPT 文档图标，或右击该图标，在弹出的快捷菜单中执行"打开"命令，也可以启动 PowerPoint 演示文稿，并打开此 PPT 文档。

2.PowerPoint 演示文稿的退出

退出 PowerPoint 演示文稿的方法有很多，几种常用方法如下。

（1）单击 PowerPoint 演示文稿标题栏右上角的"关闭"按钮。

（2）在 PowerPoint 演示文稿"文件"选项卡中单击"退出"命令。

（3）采用快捷键方式（关闭任何一个最上边窗口的方式），即按"Alt+F4"组合键退出。

（4）双击 PowerPoint 演示文稿标题栏左侧的控制菜单图标。

项目任务

任务 1：编写演示文稿制作纲要。

编写一份演示文稿制作纲要并展示给其他同学，互相讨论分享，最终修改完成正式版并上交。

任务 2：制作演示文稿的框架。

根据自己的需要，设计一个有逻辑性的演示文稿框架。

拓展知识

PowerPoint 中的专业术语

（1）滑片：用于展示内容的 PowerPoint 中的每一页，也称为幻灯片。

（2）主题：PPT 的整体视觉效果，包括布局、配色、字体等。

（3）样式：在 PowerPoint 中设置的字体、颜色和其他视觉元素的统一风格。

（4）水印：放置在幻灯片背景上的透明图像或文字，可用于提醒观众演示内容的版权信息或保密信息。

（5）等级列表：PPT 幻灯片中表现不同层次结构的列表。

（6）动画效果：在演示过程中出现的绘画效果、滑动效果或其他特殊视觉效果。

（7）多媒体：PPT 中插入的音频和视频。

（8）网格线：在 PowerPoint 中出现的对齐辅助线，可帮助用户对齐对象。

（9）超链接：通过单击文本、图片或图标打开另一文件或网站的链接。

（10）手写注释：在 PPT 幻灯片中手写的注释和草图，可用于强调。

第二节　制作幻灯片

一、新建和编辑幻灯片

创建演示文稿的方法有：创建空白演示文稿；根据模板、主题创建演示文稿；根据现有内容创建演示文稿。

空白演示文稿没有任何设计方案和示例文本，用户可根据自己的需要选择幻灯片版式来制作；主题是事先设计好的一组演示文稿的样式框架；模板是系统提供的预先设计好的演示文稿样本。根据现有内容创建可快速创建与现有演示文稿类似的文件，对现有演示文稿适当进行修改完善即可得到新的演示文稿。

1. 创建演示文稿

方法1：启动 PowerPoint 后，系统会自动新建一个空白的演示文稿，默认名称为"演示文稿1"。

方法2：单击"文件"选项卡中的"新建"命令，在右侧的"可用的模板和主题"组中选择要新建的演示文稿类型。

方法3：在 PowerPoint 已启动的情况下，按"Ctrl + N"组合键，可另建一个新的空白演示文稿。

2. 保存演示文稿

方法1：单击"文件"选项卡中的"保存"或"另存为"命令，可以重新命名演示文稿及选择存放位置。

方法2：单击快速访问工具栏中的"保存"按钮。

方法3：按"Ctrl + S"组合键。

3. 选择幻灯片

在开始编辑之前，需要先选择幻灯片。在幻灯片窗口左侧的幻灯片或大纲缩览图中：如果要选择一张幻灯片，只要单击它即可选中；如果要选择连续的多张幻灯片，则可以用鼠标选定第一张幻灯片，然后按"Shift"键，再单击最后一张幻灯片即可；如果要选择不连续的多张幻灯片，可以按住"Ctrl"键，然后单击每一张要选择的幻灯片。

4. 插入幻灯片

演示文稿建立后，通常需要用多张幻灯片来表达用户的内容。在某张幻灯片后面插入新幻灯片，可采用以下方法。

方法1：在幻灯片或大纲缩览图中，选中一张幻灯片，单击"开始"功能区"幻灯片"组块中的"新建幻灯片"下拉按钮，从弹出的幻灯片版式列表中选择一种版式。

方法2：在幻灯片或大纲缩览图中，选中一张幻灯片，单击鼠标右键，在弹出的快捷菜单中选择"新建幻灯片"命令。

5. 删除幻灯片

方法1：在幻灯片或大纲缩览图中，选择需要删除的幻灯片，按"Delete"键。若要删除多张幻灯片，可以先选中这些幻灯片，然后按"Delete"键。

方法2：在幻灯片或大纲缩览图中，选择需要删除的幻灯片，单击鼠标右键，在弹出的快捷菜单中选择"删除幻灯片"命令。

6. 复制幻灯片

方法1：在"开始"功能区，单击"剪贴板"组块中的"复制"按钮。

方法 2：在幻灯片或大纲缩览图中选择好需要复制的幻灯片后，单击鼠标右键，在弹出的快捷菜单中选择"复制幻灯片"命令。

方法 3：选中幻灯片，使用组合键"Ctrl + C"可以复制该幻灯片，使用组合键"Ctrl + V"可以粘贴该幻灯片，使用组合键"Ctrl + X"可以剪切该幻灯片（推荐使用此法，此法比较方便）。

7. 移动幻灯片

在幻灯片或大纲缩览图中，选择需要移动的幻灯片，按住鼠标左键拖动，到幻灯片要移动的位置并且可以看见一条显示线时，释放鼠标即可改变幻灯片的位置。

 ## 二、插入不同的元素

PPT 中经常会插入各种元素，从而丰富 PPT 的内容，使演示文稿图文并茂、表现形式丰富多彩。做法是：在"插入"功能区选择相应的元素进行插入，如表格、形状、文本框、图表、SmartArt、剪贴画、图片、音频、视频等，如图 5-7 所示。

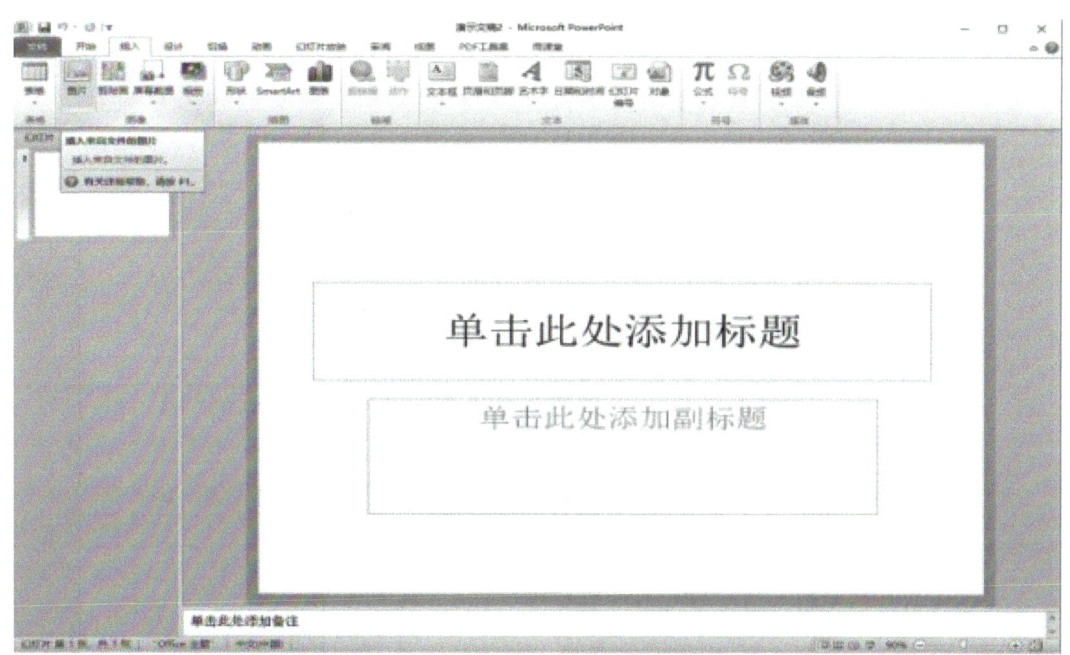

图 5-7 向 PPT 中插入元素操作

1. 插入图片

在"插入"功能区"图像"组块中单击"图片"按钮，然后通过"插入图片"对话框找到需要插入的图片并添加到 PPT 中。添加成功后，单击鼠标选中图片，在演示文稿选项卡中会出现"图片工具"选项卡，使用"图片工具"选项卡，用户可以根据自己的需求调整图片的大小、形状、位置等。

2. 插入文字

对于一些图片，往往需要采用文字在旁边进行注解。那么，当 PPT 自带版式不适合时，就需要手动

添加文本框。在"插入"功能区"文本"组块中，单击"文本框"下拉按钮，在下拉菜单中单击选择"横排文本框"或"垂直文本框"；或单击"艺术字"图标，在下拉列表中直接选择"艺术字"样式进行插入。

3. 插入视频、音频

一个内容丰富的PPT，除了图片和文字，更需要用视频或者音频来丰富整体效果。单击"插入"功能区"媒体"组块中的"视频"或"音频"按钮，然后找到视频或音频文件，插入即可。

添加视频或音频到PPT幻灯片中后，单击鼠标选中视频或音频时，在演示文稿选项卡中会出现"视频工具"或"音频工具"选项卡，进而可以设置视频或音频的格式与播放效果。

除了上述元素可以添加到PPT幻灯片中外，通过"插入"功能区，还可以添加声音、表格、形状等元素。

 三、主题与配色方案

在PowerPoint中创建配色方案的具体步骤如下。

（1）在"设计"功能区（见图5-8），单击"主题"组块样式框右下角的下拉按钮，在下拉列表中选择适合的主题。

图5-8 "设计"功能区

（2）单击"颜色"按钮，在下拉列表（见图5-9）中选择所要的填充颜色。

图 5-9　"颜色"下拉列表

　四、编辑演示文稿幻灯片母版

在 PPT 的视图设置中可以设置幻灯片母版，具体操作可参照以下步骤。

（1）打开一个 PPT 文件，在"视图"功能区"母版版式"组块中单击"幻灯片母版"按钮，如图 5-10 所示。

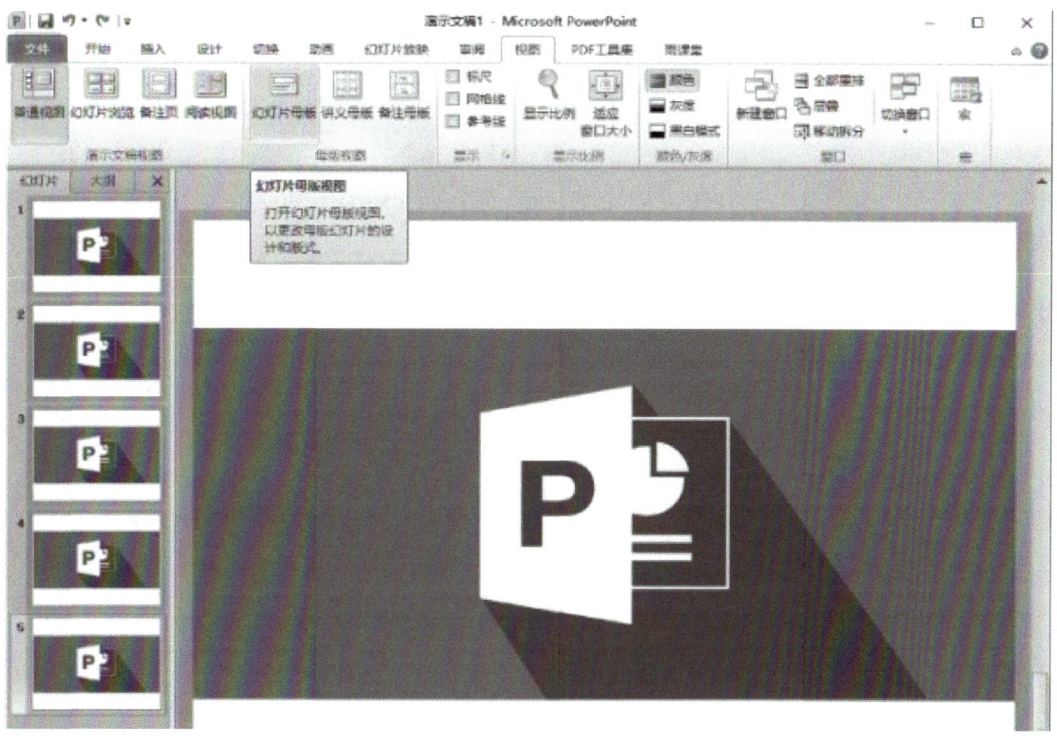

图 5-10　编辑演示文稿幻灯片母版步骤（1）

（2）单击"幻灯片母版"按钮之后，进入幻灯片母版的设置界面，如图5-11所示。

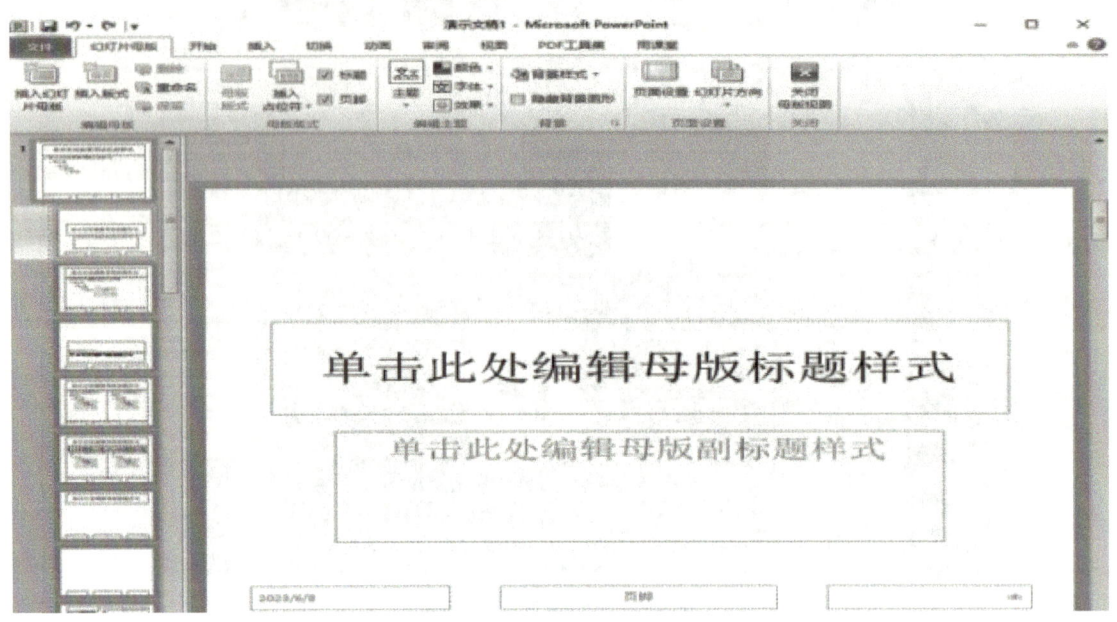

图 5-11　编辑演示文稿幻灯片母版步骤（2）

（3）用鼠标选中窗口左侧最上面的一张幻灯片（即第一张幻灯片），如图5-12所示。只有选中第一张幻灯片，才能将所有设置应用到所有幻灯片中。

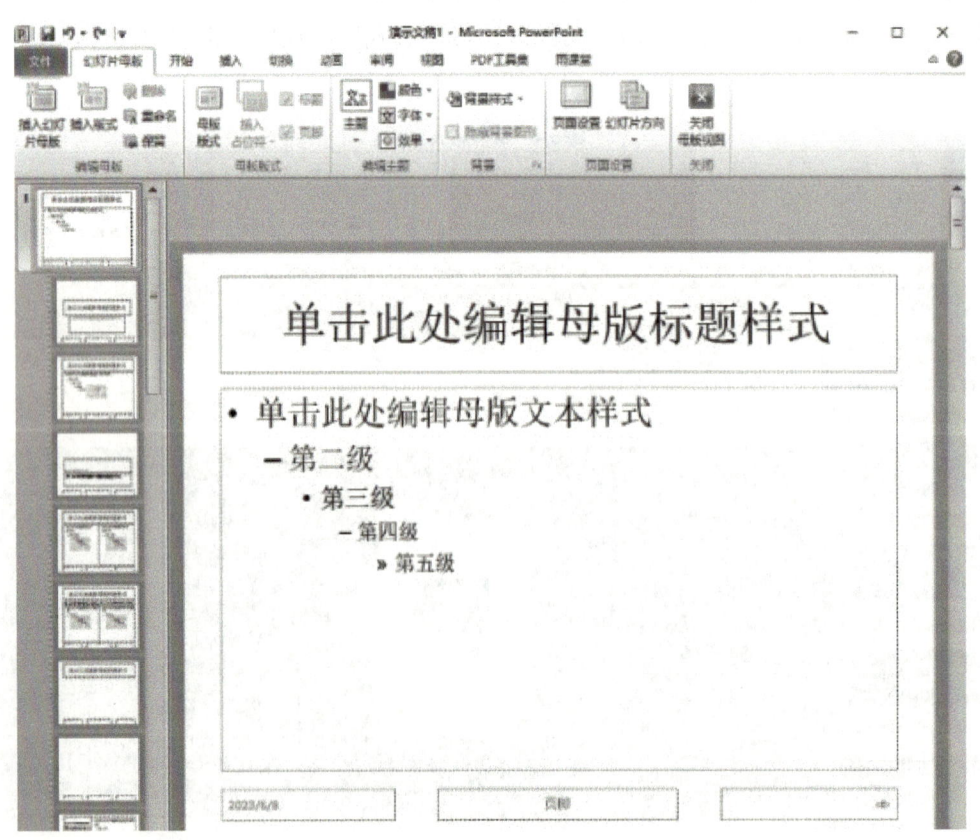

图 5-12　编辑演示文稿幻灯片母版步骤（3）

（4）单击"背景样式"按钮，在下拉列表（见图5-13）中按个人需求选择背景，也可以选择插入一张图片作为背景。

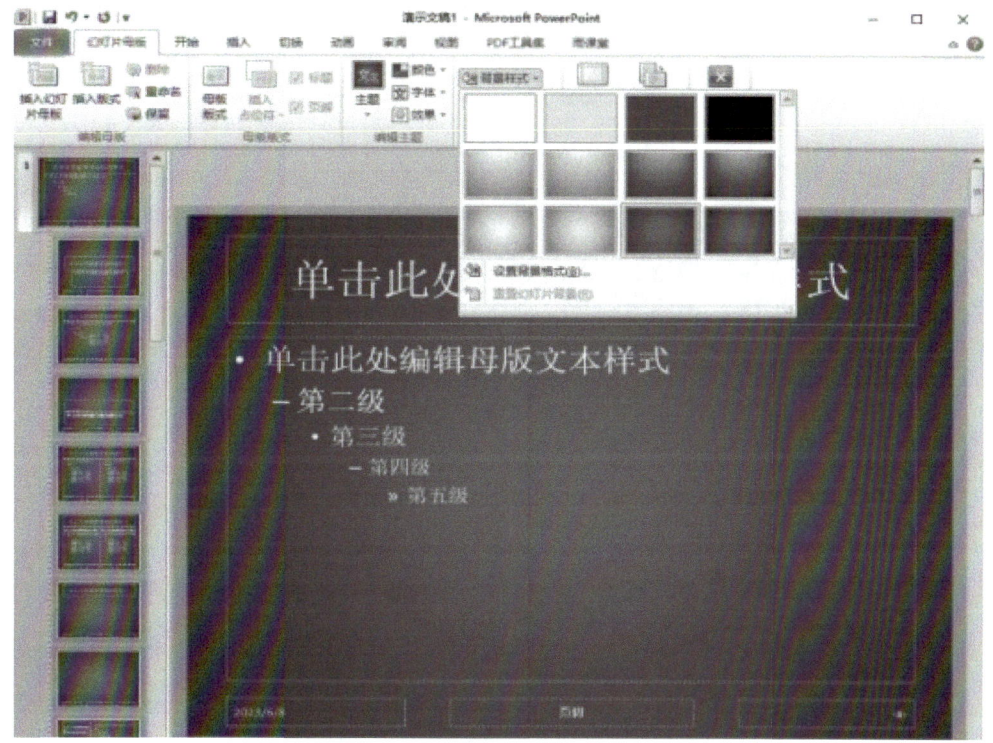

图5-13　编辑演示文稿幻灯片母版步骤（4）

（5）单击"字体"按钮，在下拉列表（见图5-14）中对字体进行设置。还有一些不常用的选项，用户可根据自己的需求进行设置。

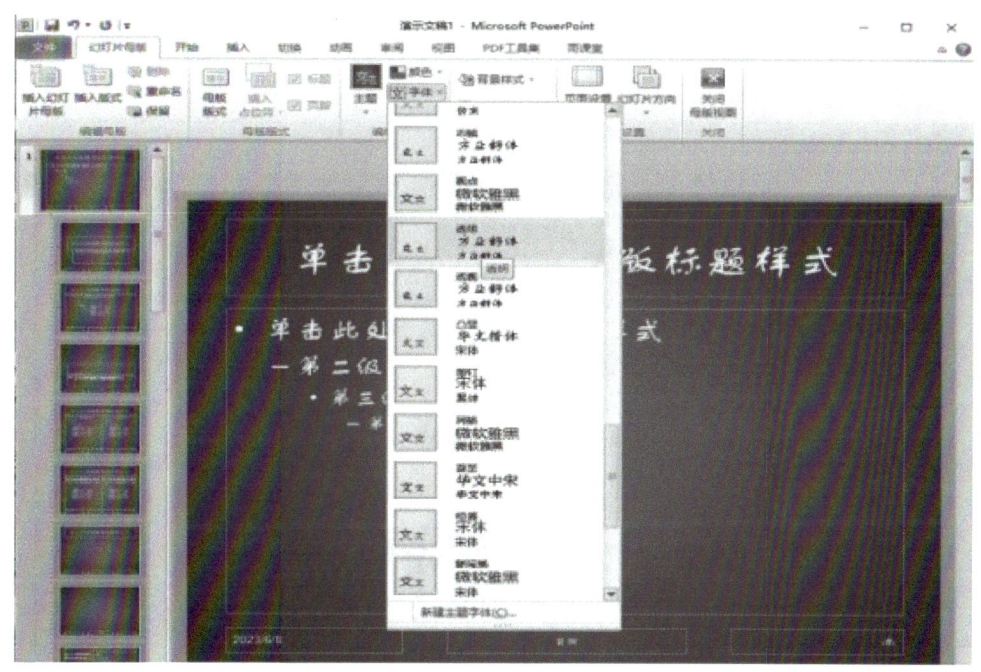

图5-14　编辑演示文稿幻灯片母版步骤（5）

（6）如果需要插入 logo 图标，单击"插入"功能区"图像"组块中的"图片"按钮，然后将插入的图片调整至合适的位置和大小，如图 5-15 所示。

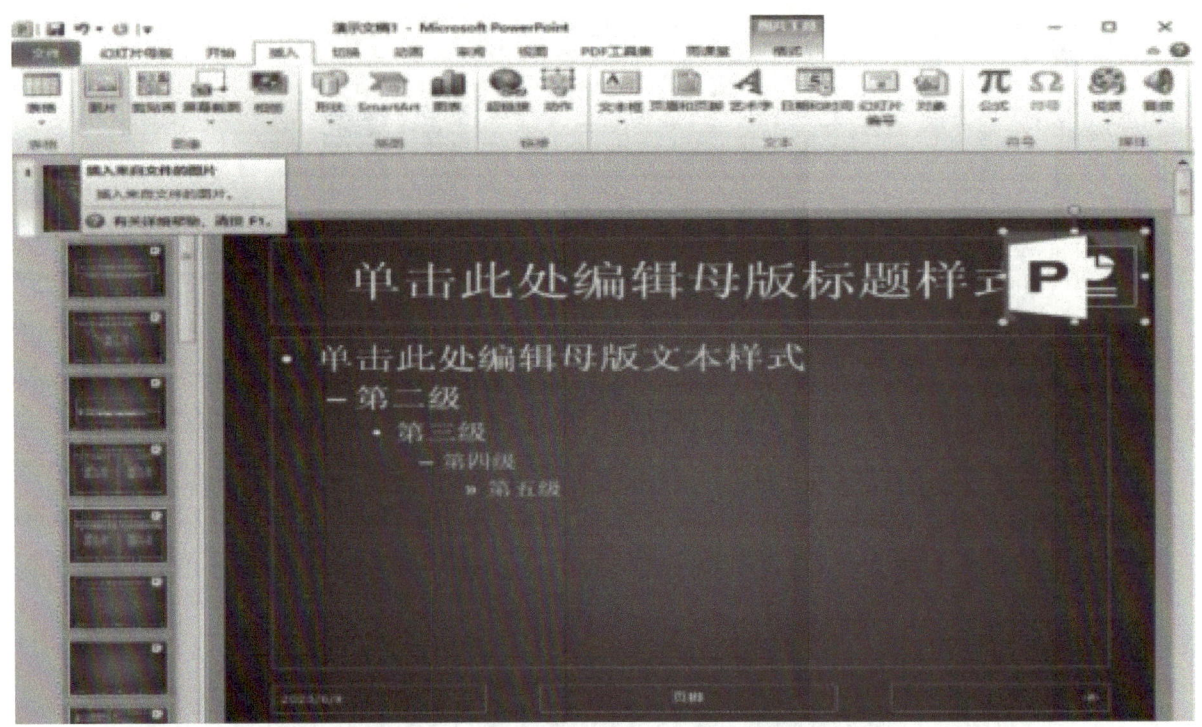

图 5-15　编辑演示文稿幻灯片母版步骤（6）

至此，完成了演示文稿幻灯片母版设置，如图 5-16 所示。

图 5-16　设置好的演示文稿幻灯片母版

项目任务

任务1：观察并尝试修改演示文稿模板。

（1）在网上寻找一个演示文稿模板，观察模板的设计元素和风格，包括颜色、字体、图像、图表、布局等。

（2）根据你的观察结果，尝试修改模板，使其更适合你的演示需要。

任务2：插入不同的元素，丰富演示文稿素材。

在演示文稿中，插入至少5个不同的元素，如图片、图标、音频、视频、动态图表等。

任务3：编辑演示文稿母版。

（1）选择一个主题，如专业介绍、医疗产品推广等，创建一个新演示文稿。

（2）在演示文稿中为每个版面建立母版，并设置其样式和布局。

（3）对每个母版的文本框、插图框等元素进行适当调整，以使其更符合演示文稿的主题和要求。

（4）利用幻灯片母版功能，设置演示文稿中的页眉、页脚、背景等元素，以提高演示效果的一致性和统一性。

拓展知识

1. 不同布局带来的全新体验

PowerPoint演示文稿中不同的布局为受众提供了全新的体验。以下是布局不同带来的一些好处。

（1）吸引受众的注意力：使用不同的布局，可以更轻松地吸引受众的注意力，使受众产生更大的兴趣。

（2）使演示文稿具有更好的可读性：使用不同的布局，可以显著提高演示文稿的可读性。这是因为不同的布局会改变文本和图像的位置和形状，从而使内容更易于阅读。

（3）创造情感共鸣：不同的布局可以用来创造情感共鸣。例如，如果需要呈现一份关于慈善的演示文稿，可以使用一个特定的布局来强调人道主义价值观。

（4）更好地传递信息：使用不同的布局可以更好地传递信息。例如，可以使用一个新闻报道布局来传达关于某个新产品的发布信息，这样可以更好地向人们展示产品的特点和优势。

（5）提高演示效果：使用不同的布局，可以轻松提高演示效果。例如，如果使用一个带有视觉效果的布局，会使受众印象深刻，从而更容易记住演示文稿中的内容。

2. 母版

PowerPoint演示文稿的母版是指在演示文稿中用作整个文稿样式、设计和版式的模板。使用母版，可以在演示文稿中使用一致的样式和排版，从而使演示文稿更具专业性和视觉吸引力。

（1）视觉元素：母版确定演示文稿的视觉元素，包括设计、颜色、字体和布局。当创建一个演示文稿时，可以选择不同的母版来改变它的样式和风格。用户还可以根据需要制作自己的母版，以符合特定需求。

（2）文字对象和占位符：母版还包含文字对象和占位符。文字对象是文本框，可以在其中输入文本。占位符是母版中的指定区域，可以在其中插入文本、图像、音频或视频。这些元素在演示文稿中使用一致的排版和样式。

（3）保存和修改母版：可以将母版保存为单独的文件，以便在以后的演示文稿中重复使用。如果在演示文稿中使用母版后需要对其进行更改，也可以对母版进行修改和更新，从而更改演示文稿的整体样式和布局。

（4）应用母版：一旦创建了母版，就可以将它应用到演示文稿中的任何幻灯片上。这将自动应用母版中定义的所有样式和布局。如果需要在之后的演示文稿中更改风格或格式，只需要修改母版即可，所有幻灯片都会自动更新。

第三节　美化演示文稿

一、外观与翻页动画

1. 动画效果

动画效果（见图 5-17）是 PowerPoint 演示文稿中非常实用的功能，可以帮助用户创建更生动、更有趣和引人注目的演示文稿。通过应用 PowerPoint 演示文稿动画效果，可以达到演示要求，使演示文稿在视觉和听觉方面更加丰富、更加生动。

（1）新版 PowerPoint 演示文稿动画效果类型如下。

①"进入"效果。例如，可以使对象逐渐淡出焦点、使对象从边缘飞入幻灯片或者使对象跳入视图中。

②"退出"效果。这些效果包括使对象飞出幻灯片、使对象从视图中消失或者使对象从幻灯片旋出等。

③"强调"效果。这些效果包括使对象缩小或放大、更改对象的颜色或使对象绕其中心旋转。

④"动作路径"效果。用户可指定对象或文本沿行的路径。动作路径是幻灯片动画序列的一部分。

使用这些效果可以使对象上下移动、左右移动或者沿着星形或圆形图案移动（与其他效果一起）。可以单独使用任何一种动画效果，也可以将多种动画效果组合在一起使用。例如，可以对一行文本应用"飞入"进入效果及"放大/缩小"强调效果，使它在从左侧飞入的同时逐渐放大。

（2）演示文稿中动画效果的使用。

在演示文稿中使用动画效果有许多方法，以下是基本的步骤。

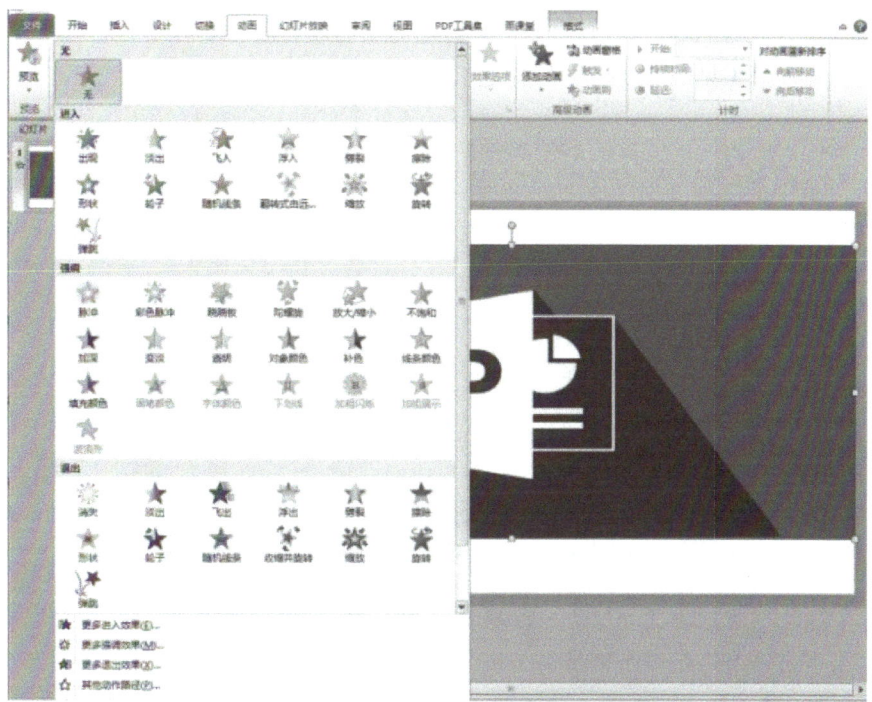

图 5-17　PowerPoint 演示文稿动画效果

步骤 1：选择要应用动画效果的元素，如文本、图片或表格等。

步骤 2：在"图片工具 - 格式"功能区"动画"组块，单击"添加动画"按钮，在动画效果下拉菜单（见图 5-18）中选择一个效果。

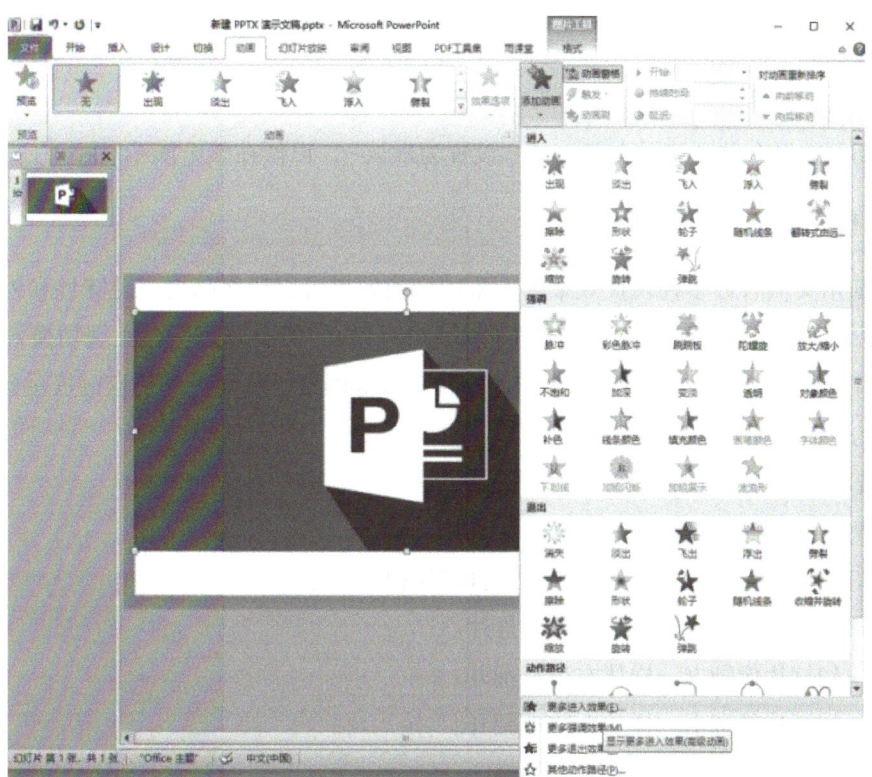

图 5-18　打开动画效果下拉菜单

步骤3：调整动画效果的设置，如持续时间、延迟时间、效果选项等。

步骤4：预览动画效果（见图5-19），确保它们符合期望。

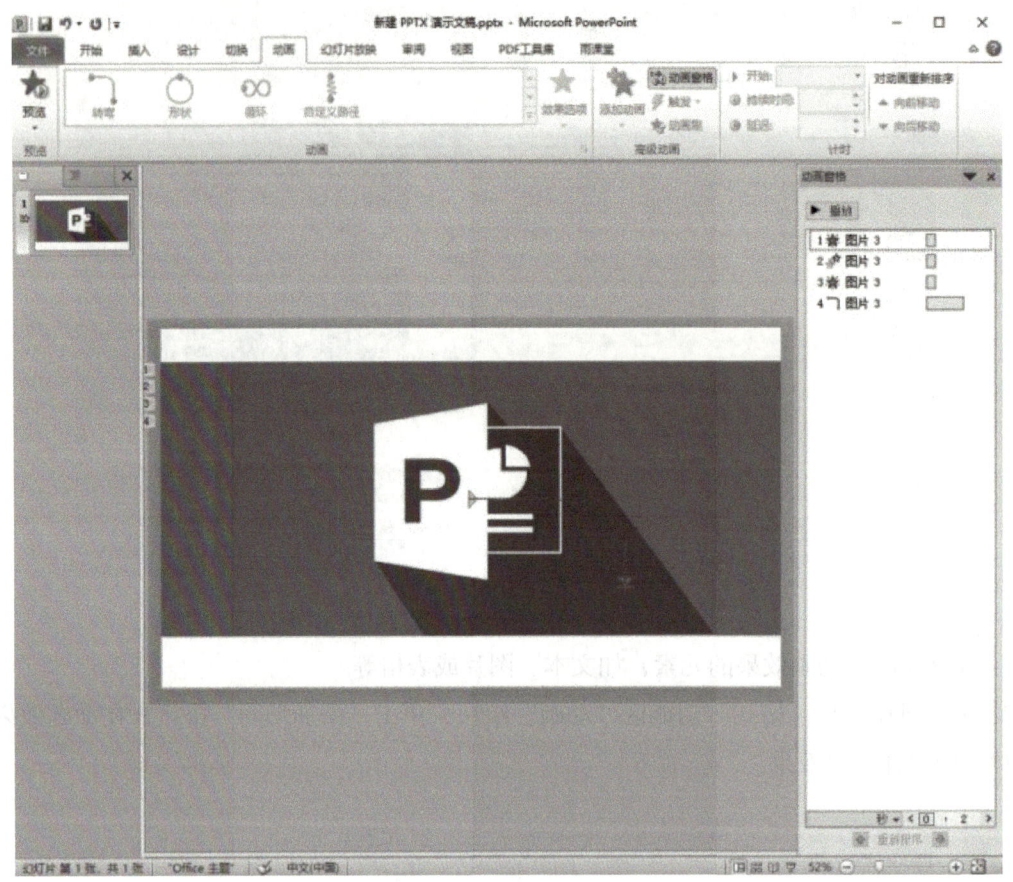

图5-19　预览动画效果

步骤5：将动画效果合并到演示文稿中或"设置为默认"，以便在整个演示文稿中使用。

2. 幻灯片的切换效果

PowerPoint演示文稿有许多种切换效果，而采用切换效果可以让作品更有趣味性和视觉冲击力。通过对不同的切换效果进行比较，可以找到适合不同场合和目的的切换方式。在实现切换效果时，需要明确切换目的，合理控制切换时间，变换展示方向，结合音效等因素，从而达到最佳的展示效果。

（1）常用的切换效果。

PowerPoint演示文稿切换效果如图5-20所示。

PowerPoint演示文稿常用的切换效果有以下几种。

①推进：幻灯片在上、下、左或右方向进行推进切换。

②溶解：幻灯片逐渐消失并显示下一张幻灯片。

③水平翻转：幻灯片像翻书一样从左往右翻开。

④垂直翻转：幻灯片像翻书一样从上往下翻开。

⑤时钟：幻灯片从正中心左右摆动进行切换。

⑥涡流：幻灯片像涡流一样逐渐展开。

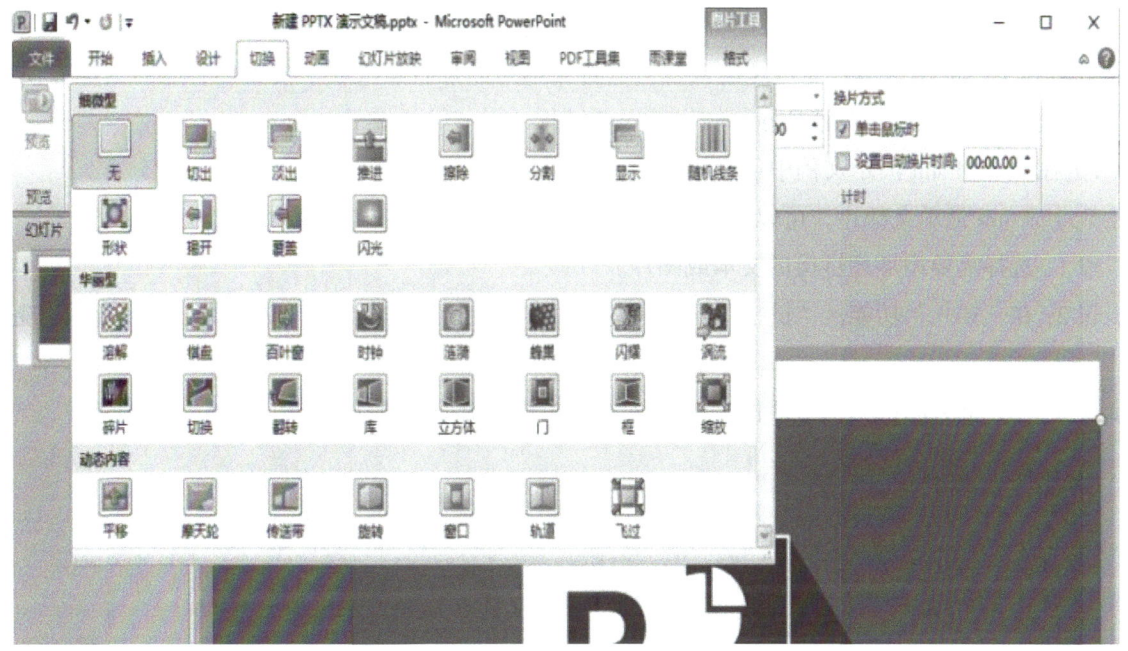

图 5-20　PowerPoint 演示文稿切换效果

⑦立方体：幻灯片像翻盒子一样从上下或左右方向展开。

⑧淡出：幻灯片淡出并显示下一张幻灯片。

（2）演示文稿中切换效果的使用。

在演示文稿中使用切换效果的步骤如下。

①在演示文稿中选择要使用切换效果的幻灯片。

②在"切换"功能区"切换到此幻灯片"组块（见图 5-21）中选择所需的切换效果。

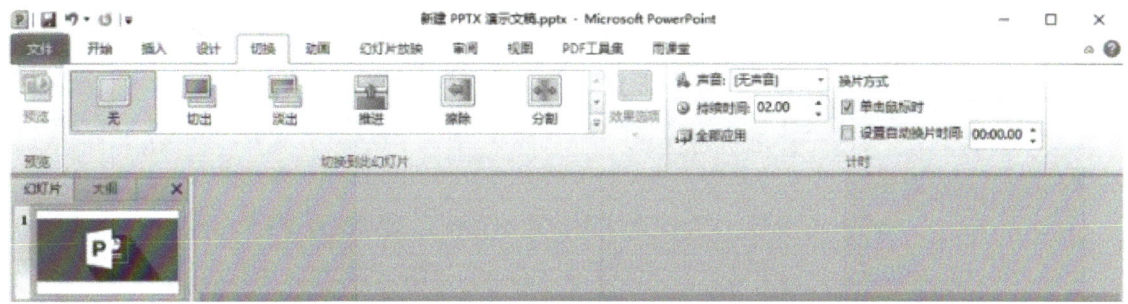

图 5-21　"切换"功能区

③单击"预览"按钮查看切换效果。

④根据个人的喜好选择换片方式及是否全部应用，然后设置速度和声音。

 二、交互式设计

1. 交互——超链接

超链接是指一种在文本或者图片上添加的链接。它能够使不同的文本或图片之间进行互相连接和跳转。在 Microsoft Office 中，超链接是一种重要的功能，它能够使文稿更具有交互性和可读性，大大增强文稿的吸引力和实际应用价值。通过超链接，可以将文本与图片直接关联，使得读者能够更加方便快捷地获取相关信息，提高文稿的阅读质量。

（1）在 PowerPoint 演示文稿中创建超链接。

在 PowerPoint 演示文稿中，可以通过以下步骤创建超链接。

步骤 1：选择需要添加超链接的文本或图片。

步骤 2：在"插入"功能区"链接"组块中，单击"超链接"按钮，或者右键单击鼠标选择"超链接"命令。

步骤 3：在"插入超链接"对话框（见图 5-22）中输入对应的链接地址。

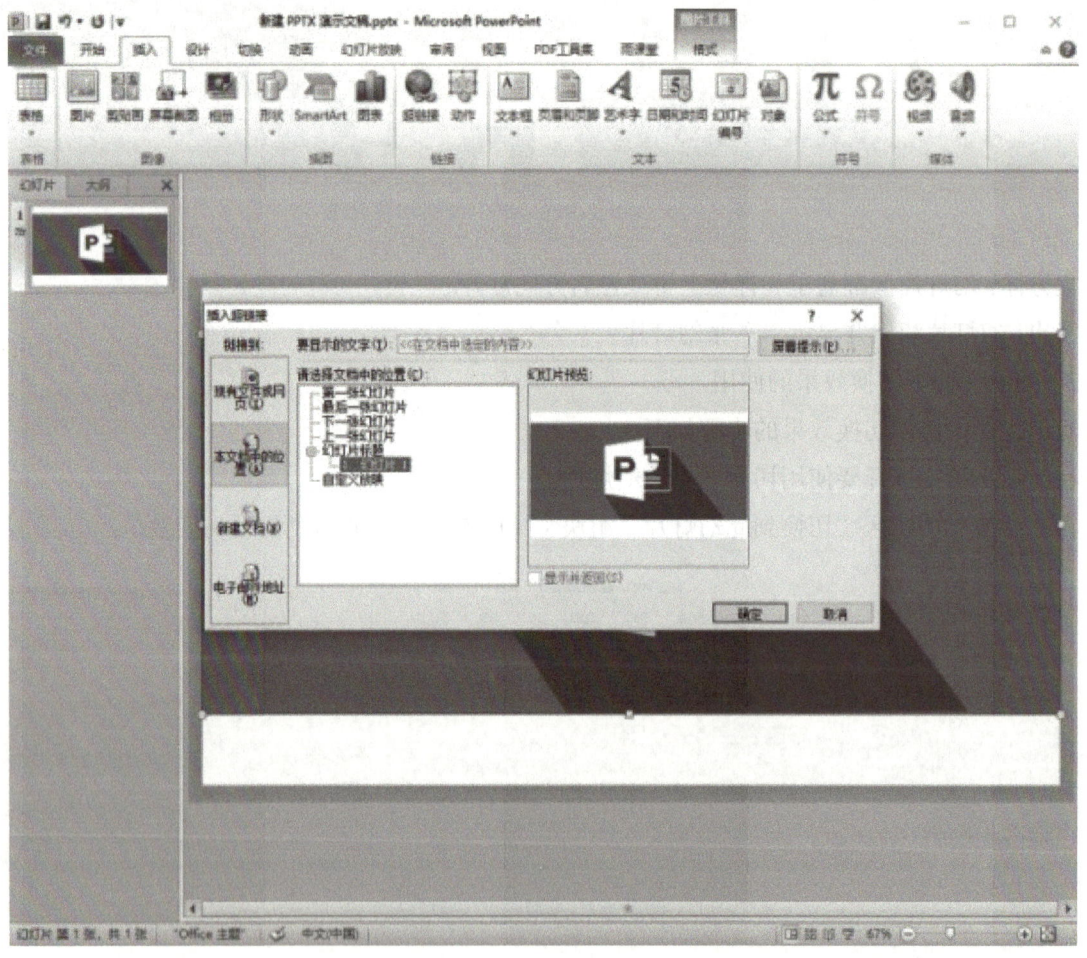

图 5-22 "插入超链接"对话框

步骤 4：单击"确定"按钮，完成超链接的创建。

（2）在 PowerPoint 演示文稿中编辑超链接。

在 PowerPoint 演示文稿中，可以通过以下步骤编辑已经创建的超链接。

步骤 1：在需要编辑的超链接上右键单击鼠标。

步骤 2：在弹出的快捷菜单中选择"编辑超链接"命令。

步骤 3：在"编辑超链接"对话框中，更改超链接文本或者 URL 链接地址。

步骤4：单击"确定"按钮，完成超链接的编辑。

（3）更好地利用超链接来增强文稿的交互性和可读性。

为了更好地利用超链接来增强文稿的交互性和可读性，需要考虑以下因素。

①文本选择：选择关键性文本，以及将图片与文本相结合，使超链接更加明确和具有可读性。

②色彩搭配：通过合理搭配颜色，增强超链接的视觉效果，使其更加吸引人。

③细节设计：通过合理设计超链接的大小、字体、样式等细节，使其更加整洁、美观。

（4）PowerPoint演示文稿超链接的应用技巧实例。

在PowerPoint演示文稿中，超链接的应用技巧非常丰富。

①将幻灯片中的一张图片设置成超链接，使得当单击图片时自动跳转到相应的外部网站。

②在幻灯片中添加带链接的导航栏，使得读者可以更加方便地在文稿中进行导航和查找。

③对幻灯片中多个章节和主题之间进行超链接，使得读者可以更加方便地跳转到自己需要的部分。

2. 特效——动画效果组合

在PowerPoint演示文稿中，各种动画效果的应用使得演示文稿更具吸引力和互动性。在组合PowerPoint演示文稿中的动画效果时，需要注意内容要素、视觉效果要素和时间要素。可以通过运用强调动画效果的层次感、转场动画的应用、动画效果的重复运用和注意时间控制等技巧，使演示文稿更加有吸引力和互动性，达到更好地传递内容和提升演讲效果的目的。

（1）动画效果组合的设计要素。

①内容要素。

动画效果的设计首要考虑的是内容本身。动画效果应该能够更好地突出主题或重点、传达信息，以及吸引观众。

②视觉效果要素。

在动画设计中，视觉效果起到了至关重要的作用。动画效果应该能够呈现出色彩、形状或动态上的变化，从而使演示文稿更加具有吸引力和视觉冲击力。

③时间要素。

动画效果的时间设置应当准确，既不要过快，也不要过慢。动画效果时间的设置应当注重节奏的把握，使得受众能够接受和理解动画效果。

（2）组合动画效果的技巧与注意事项。

①强调动画效果的层次感。

为了让演示文稿更加具有层次感和流畅性，可以对不同的动画效果进行组合。在这种情况下，动画效果的组合可以通过先实现整体飞入效果，再进行单个元素的展示或展开来实现。

②转场动画的应用。

转场动画是动画效果中的一种特殊形式。转场动画的运用，可以使不同演示内容之间的切换显得更加自然和流畅。同时，转场动画的运用也可以增加整个演示文稿的协调性。

③动画效果的重复运用。

在幻灯片中，行数和列数非常重要，行数和列数合理有助于将图片或文字的排版布局清楚地呈现出来。可以通过重复运用某个动画效果，来强调某个主题或重点，从而让观众更加深刻地记住其内容。

④注意时间控制。

动画效果的时间控制（见图5-23）是组合动画效果的关键。动画效果的时间设置不当，会导致演示效果显得过于冗长或者过于紧凑。在设计动画效果时，一定要注重控制时间，尽可能地让受众轻松愉悦地接受内容。

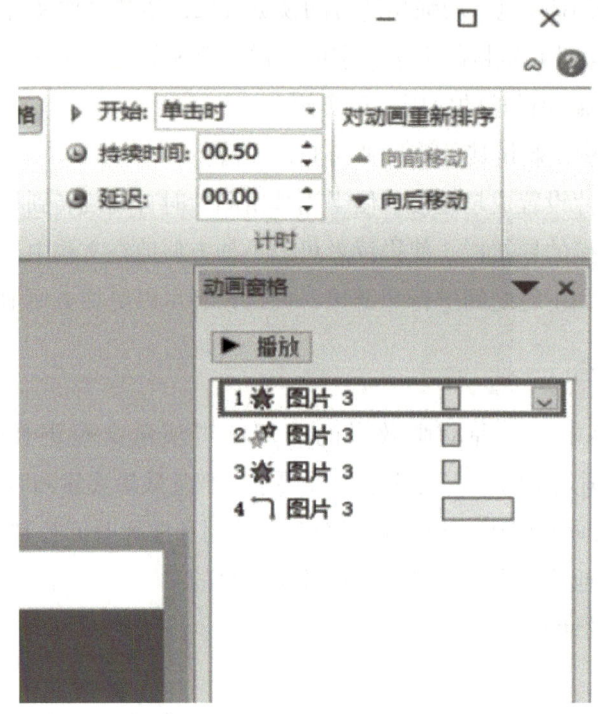

图5-23 动画效果的时间控制

 **项目任务**

任务1：为自己的幻灯片元素添加动画效果。

使用PowerPoint制作一个简单且包含多个元素（如文字框、图片等）的PPT文件，为每个元素选择一个动画效果，并设置动画效果的持续时间和延迟时间。

任务2：组合动画效果，达到不同的视觉效果。

尝试将多个元素的动画效果组合在一起，创造出不同的视觉效果。在组合动画效果时，需要注意元素的位置和运动轨迹，以避免导致混乱的效果。

任务3：排练计时。

（1）显示当前演示文稿的进度和总时间，并在适当的时候进行提醒。

（2）支持设定演讲时间以及剩余时间的显示。

（3）能够自动记录并累加演讲时间。

（4）支持暂停和重新开始计时，并在操作后正确更新显示结果。

（5）计时完成后能够自动弹出提示信息，以供演讲者关闭演示文稿。

拓展知识

不同版本的动画效果

　　PowerPoint 是一款流行的演示文稿制作工具。它有一个重要的特点，就是它提供了丰富的动画效果，给演示文稿增加了更多的视觉效果。不同版本的 PowerPoint 提供的动画效果有所不同，用户需要了解各个版本提供的动画效果以及它们的使用方法，这样在制作演示文稿时才可以选择最合适的版本使用。

　　1.PowerPoint 2007 版本的动画效果

　　PowerPoint 2007 提供了一些基本的动画效果，如淡入淡出、拉近拉远、弹出式等。在 PowerPoint 2007 中，用户可以在"切换"功能区选择不同的动画效果，可以通过"效果选项"自定义动画效果的细节，如动画速度、方向和颜色等。然而，由于 PowerPoint 2007 提供的动画效果比较简单，因此在制作高端演示文稿时可能无法满足用户的需求。

　　2.PowerPoint 2010 版本的动画效果

　　相比于 PowerPoint 2007，PowerPoint 2010 提供了更多、更丰富的动画效果。每种动画效果有多个参数可以调整，让用户有更多自主控制的选项。可以在"动画"功能区选择不同的动画效果。在 PowerPoint 2010 中，用户可以使用"动画窗格"来预览和选择动画效果。同时，PowerPoint 2010 还提供了更丰富的"效果选项"供用户自定义动画效果。PowerPoint 2010 的动画效果更加细腻和具有层次感，可以帮助用户制作更加高端的演示文稿。

　　3.PowerPoint 2019 版本的动画效果

　　PowerPoint 2019 相比于前两个版本加入了更多的动画效果。在 PowerPoint 2019 中，用户可以在"转场"功能区选择不同的过渡动画效果，而且每个动画效果都拥有多种变体，可以对动画效果进行更加细致的控制。在"动画"功能区中，PowerPoint 2019 提供了"放映"功能区，让用户可以在幻灯片放映时更加方便地控制动画。此外，PowerPoint 2019 还添加了"幻灯片转换器"功能，可以将一个 PPT 文件转换为可交互的 PDF 文件。

第四节　整合、放映与打包

 一、幻灯片放映的设置

　　随着计算机技术的不断发展，幻灯片成为一种重要的演示工具。除了演讲者的表现技巧外，幻灯片放映的设置也非常重要。掌握幻灯片放映常用的设置方法和技巧，能够在演示时充分利用幻灯片的功能，

提高演示效果，彰显专业水平。

（一）设置幻灯片的大小

PowerPoint 演示文稿默认的幻灯片长宽比为 4：3，如果在宽屏电脑上放映，则会在屏幕两侧留下两条黑边。用户根据实际需要可以更改幻灯片的大小，具体操作步骤如下。

步骤 1：在"设计"功能区"页面设置"组块中，单击"页面设置"按钮，弹出"页面设置"对话框，如图 5-24 所示。

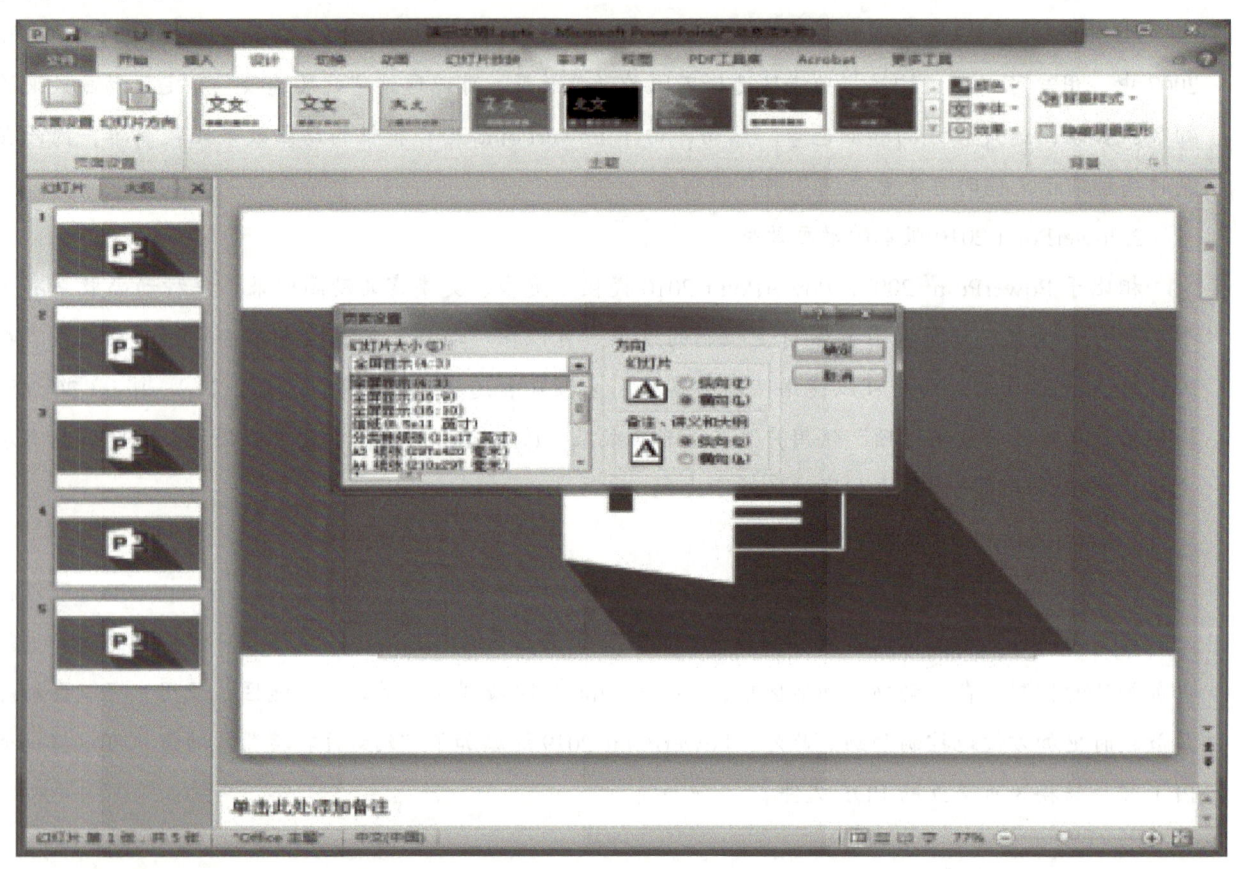

图 5-24　"页面设置"对话框

步骤 2：从"幻灯片大小"下拉列表中选择一种类型，如"全屏显示（16：9）"。

步骤 3：如果需要自定义幻灯片的大小，可单击"幻灯片大小"下拉列表中的"自定义"命令，在"宽度"和"高度"文本框中输入相应数值。

在调整幻灯片大小的同时，幻灯片中所包含的图片和图形等对象也会随比例发生相应的拉伸变化，因此在制作幻灯片之前就要设置好页面大小。

（二）设置幻灯片放映

（1）打开 PowerPoint 文档，打开"幻灯片放映"功能区（见图 5-25）。

（2）单击"开始放映幻灯片"组块中的"从当前幻灯片开始"或"自定义幻灯片放映"按钮。

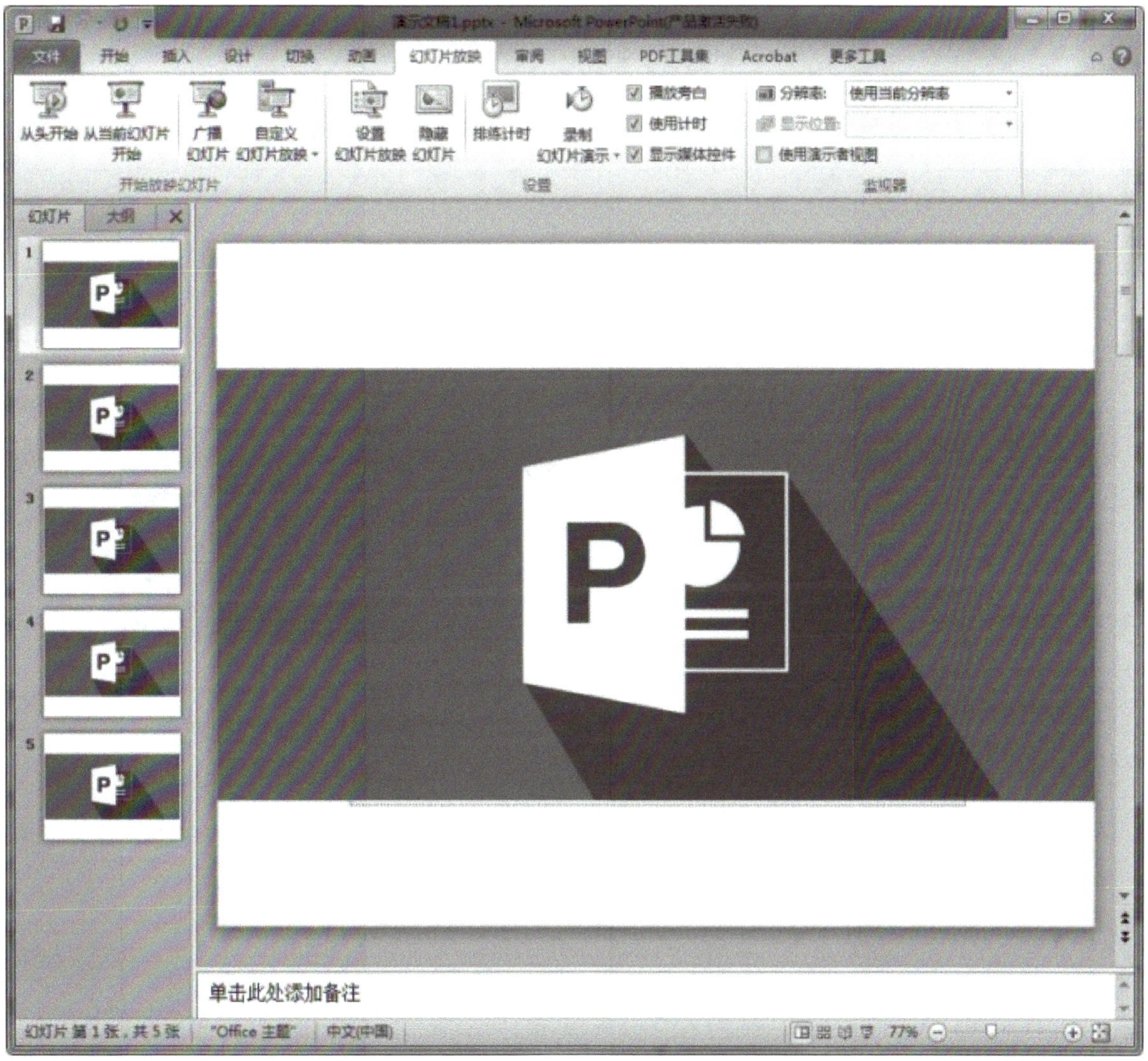

图 5-25 "幻灯片放映"功能区

（3）如果选择从当前幻灯片开始放映，将从选定的当前幻灯片开始播放，直到最后一张幻灯片。

（4）如果选择自定义幻灯片放映，将打开"自定义放映"对话框，在"自定义放映"对话框中可以选择从特定的幻灯片开始播放，并决定是否要对幻灯片进行更改。

用户还可以使用实际投影仪进行演示文稿的实时放映。将计算机连接到投影仪后，选择"幻灯片放映"功能区，单击"从头开始"或"当前幻灯片之后的所有幻灯片"选项。在弹出的窗口中，选择默认的"计算机幻灯片放映"，然后单击"确定"按钮。此时，将会在投影仪的屏幕上放映幻灯片。

二、打印演示文稿

打印 PowerPoint 演示文稿，需要按照以下步骤操作。

（1）打开 PowerPoint 演示文稿并选择要打印的幻灯片。

（2）在"文件"选项卡中单击"打印"命令。

（3）在出现的"打印"窗口（见图 5-26）中，选择打印机。

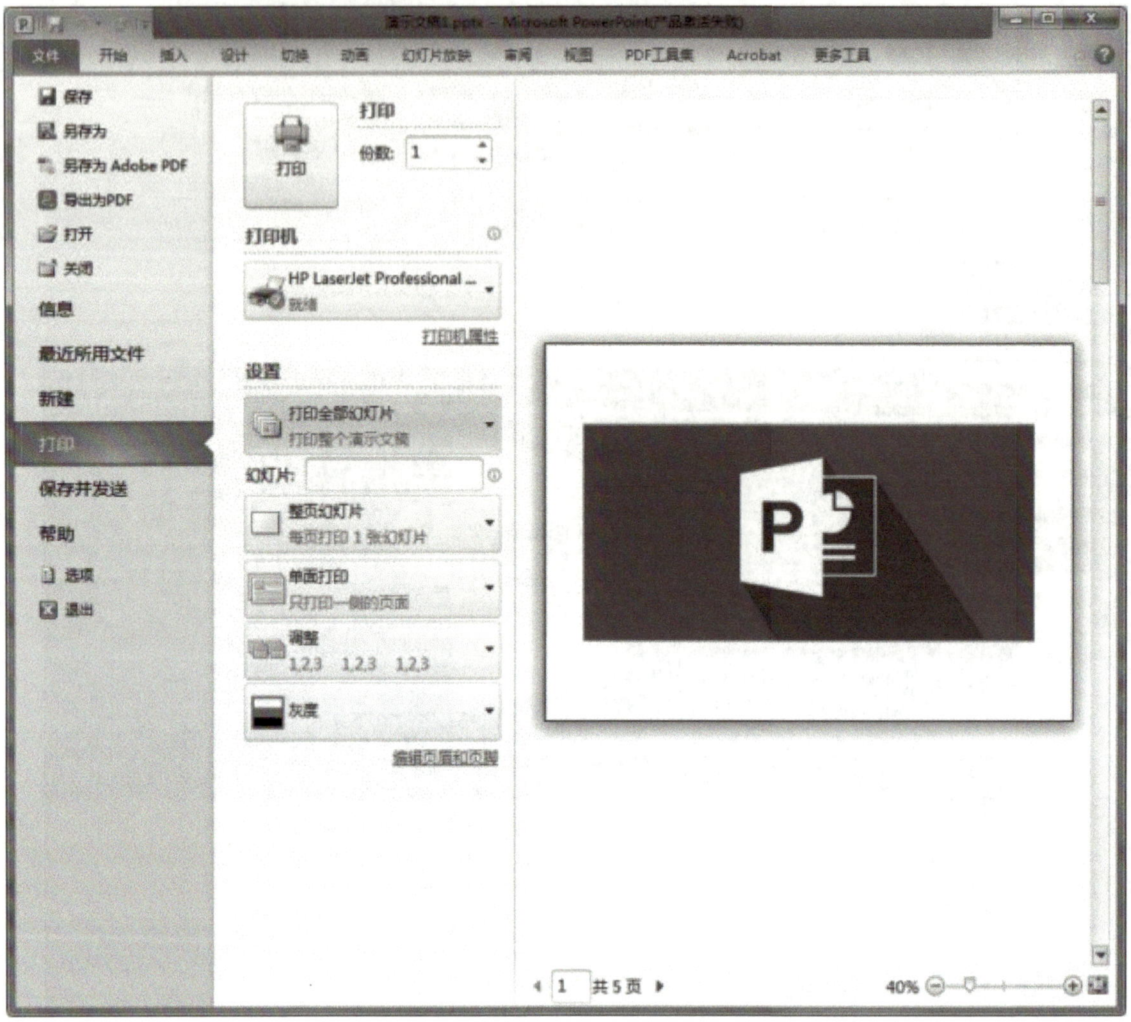

图 5-26 "打印"窗口

（4）对于"打印范围"选项，可以选择：

①"打印全部幻灯片"：打印演示文稿的所有幻灯片。

②"打印所选幻灯片"：只打印选中的幻灯片。

③"打印当前幻灯片"：只打印当前的幻灯片。

④"自定义范围"：输入特定的幻灯片进行打印。

（5）设置其他选项，如打印的纸张大小、打印方向、打印份数等。

（6）如果演示文稿中有注释或草稿，在打印设置下拉菜单中选择"幻灯片及其注释"。

（7）按下"打印"按钮即可开始打印。

三、打包演示文稿

（1）打开 PowerPoint 演示文稿，制作好幻灯片，在"文件"选项卡中单击"保存并发送"命令。

（2）在向右滑出的菜单项目中单击"将演示文稿打包成 CD"，然后单击"打包成 CD"，如图 5-27 所示。

图 5-27　单击"将演示文稿打包成 CD"，单击"打包成 CD"

（3）弹出"打包成 CD"对话框，在"将 CD 命名为"后面的文本框中输入 CD 的名字。

（4）单击对话框右下角的"选项"按钮，在弹出的"选项"对话框中，在"打开每个演示文稿时所用密码"后面的文本框中输入 CD 密码，给 CD 设置密码。

（5）如果不只当前的幻灯片演示文稿，可以在"打包成 CD"对话框中单击"添加"按钮，添加其他做好的演示文稿。最后单击"复制到 CD"按钮。此时弹出一对话框，单击"是"按钮就可以开始刻录了。注意，要先安装好刻录机，并放入空白 CD 盘片。如果没有刻录机，则会弹出无法复制文件，因为未找到录制设备的提示。

项目任务

任务 1：调试、整合自己的作品。

（1）仔细检查演示文稿中的每一张幻灯片，确保其中的文字、图片和视觉效果都能正常显示，并修改需要修改的部分。

（2）检查演示文稿中的超链接是否正确，并对超链接出现的页面进行测试。

（3）确认演示文稿中所使用的视频、音频等多媒体文件已经正确嵌入，并可以正常播放。

（4）测试演示文稿中的动画效果是否流畅、是否会出现卡顿或者闪屏等情况。

（5）确认演示文稿的播放时间是否在规定时间内，如需要进行适当调整。

任务2：作品交流，让作品更加完美。

（1）展示演示文稿作品，并提供对演示文稿作品的简短介绍，包括目的、受众、主要信息等。

（2）在交流展示的过程中，要精确地记录每个意见和建议，并对每一个意见和建议进行评估和整理，以便更好地完善自己的作品。

拓展知识

1. 添加墨迹注释

在 PowerPoint 中，可以使用墨迹注释工具添加手写注释和图形。具体操作步骤如下。

（1）在演示文稿中，找到需要添加墨迹注释的幻灯片，并进入编辑模式。

（2）打开"审阅"功能区，单击"墨迹注释"按钮。

（3）改变笔刷的颜色、粗细和透明度等属性。

（4）在幻灯片中手写注释或绘制各种形状、线条等。

（5）在增强模式下，可以使用单击、拖动和双击等交互方式，更好地展示注释和图形。

（6）添加完所有注释后，可以选择退出墨迹注释，结束编辑状态。

2. 如何解决 PowerPoint 放映不兼容的问题

PowerPoint 放映不兼容（见图5-28）的问题可能会出现在许多不同的情况下，一些常见的解决方法如下。

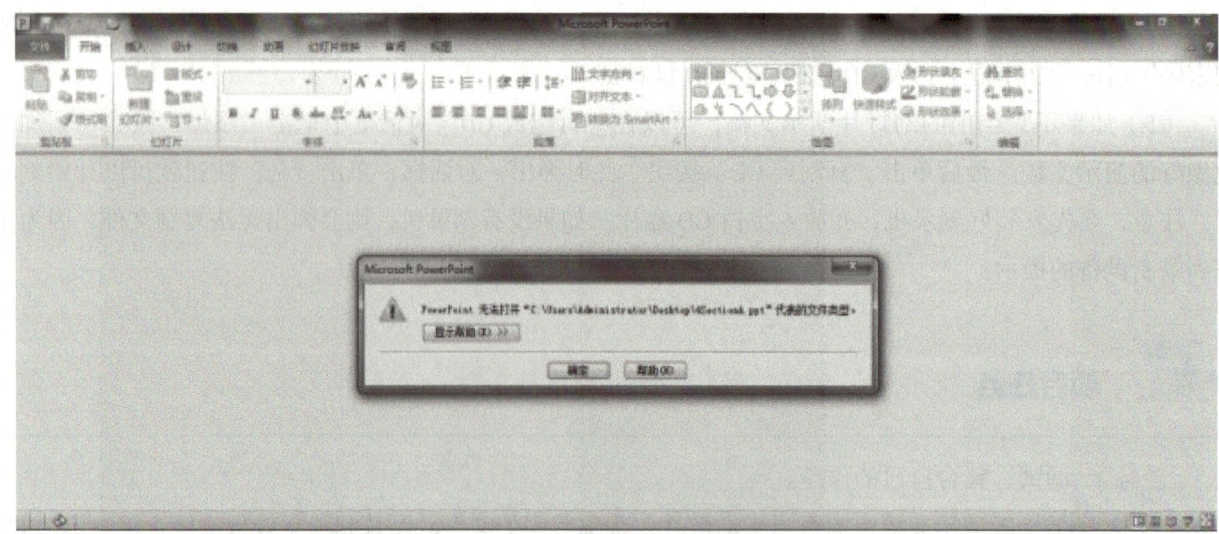

图 5-28　PowerPoint 放映不兼容

（1）更新 PowerPoint 软件。这可以解决一些兼容性问题。

（2）更改显示设置。屏幕宽度不足或分辨率不兼容问题，可以通过调整显示器的分辨率或比例来解决。

（3）检查文件格式。要确保 PowerPoint 文件保存为兼容的文件格式，如 PPT 或 PPTX。文件保存格式不当，可能会导致兼容性问题。

（4）删除或更改媒体文件。如果演示文稿包含媒体文件（如视频或音频），要确保这些文件都是兼容的，并且也没有受到损坏。如果其中一个文件无法正常工作，则它可能会导致整个演示文稿无法正常播放。

（5）禁用兼容模式。如果使用较早版本的 PowerPoint 来查看或编辑演示文稿，则可能需要禁用兼容模式。在 PowerPoint 中，选择"文件"选项卡→"选项"→"高级"，然后找到"兼容性选项"部分。在此区域中，取消选中"仅以较旧的转换器打开"复选框。

第六章

网络应用——与网络世界亲密接触

第一节　认识计算机网络

 一、飞速发展的网络技术

网络技术是计算机领域内的一个重要分支，它的发展在过去几十年中一直保持着较快的速度。从最初的纯文本传输到现在的丰富多彩的互联网应用，网络技术已经为人们的生活和工作带来了巨大的变化。

网络技术的飞速发展主要得益于以下几个方面。首先，计算机技术的不断进步和普及使得人们更容易接触到网络技术。随着个人计算机、智能手机等设备的普及，普通人已经可以很方便地使用互联网进行各种操作。其次，网络技术的标准化和规范化使得不同厂商之间可以实现互通，从而又促进了网络技术的发展。最后，加密技术、数据压缩技术、缓存技术等相关技术的不断进步为网络技术的发展提供了技术支持。

随着网络技术的不断发展，云计算、大数据、人工智能等新兴技术正在崛起，它们为网络技术的发展提供了新的可能性。云计算技术的出现使得计算机资源可以通过网络的形式实现共享，为人们提供了更为方便的计算方式。大数据技术能够通过网络收集、存储和分析庞大的数据集，为人们的生活和工作提供更为准确的分析和预测。人工智能技术的发展为网络技术的应用提供了更为广泛的空间。

网络技术的飞速发展为人们的生活和工作带来了巨大的变化和便捷，也给予了人们更多的机遇。但是，随着网络技术的不断进步，需要人们更加关注网络安全和隐私问题。各种加密和认证、防火墙、入侵检测等技术的出现为网络安全提供了更为有效的保障。未来，网络技术将会继续发展，为人们带来更多的新技术、新产品和新服务。

 二、互联网的影响和社会文化特征

互联网可以说是现代科技以及信息通信技术的一项重大成果。互联网不仅改变了人在学习、工作、娱乐等方面的生活方式，还对社会和文化产生了深刻的影响。

（一）互联网对社会的影响

1. 资讯快速传播

互联网的超高速度无疑是互联网的一大优势，信息能快速地传递，从而突破时间、空间等方面的限制。如今，人们可以通过互联网获取各种信息，包括政治、科技、文化、娱乐等多个领域的信息。同时，这些信息都是最新的，能保持与社会同步。而且，互联网的开放性和广泛性使得人们更容易了解各种观点和新闻。

2. 社交网络的兴起

随着网络技术的不断发展，互联网为人们提供了一种交流沟通的新方式。社交网络的出现改变了人们的交流习惯。如今人们可以通过 QQ、微博、微信等社交网络进行交流沟通，这不仅给社交带来了新的维度，也将人们的社交范围扩大无数倍。

3. 电子商务的发展

随着互联网的普及，电子商务快速崛起。经由支付、物流、信息等环节的磨合，直接开启了线上购物时代。这些变革时时都在重塑消费者的交易选择方式，使得家电、服装、食品等品类的交易每年都在攀升，从而推动着国民经济的发展。

（二）互联网的社会文化特征

1. 文化交流的加强

互联网的出现为不同文化的交流搭建了一个平台。在这个平台上，人们可以自由地与世界各地的人交流，借此传递更多文化信息。文化交流的加强，使得各种文化诉求之间的差异更加明显，有助于人们更好地认识到不同文化的美好之处。

2. 文化传承的新方式

互联网从多种角度为文化传承提供了全新的方式，如数字图书馆、在线博物馆等。这些新的方式不仅使文化传承更加自由、方便，而且使文化可以在全球范围内共享、学习和交流，从而使得文化的传承变得更加容易和广泛，不再受地理、时间等的限制。

3. 不受局限性

互联网的优势之一是它没有局限性，既不受时间、空间的限制，也没有传媒的枷锁。它连接世界，使任何人随时都能够与全球的网络用户进行交流，使任何形式的资讯都可以快速地传递，对政治、文化、信息等方面都产生了不可预测的巨大影响。

4. 线上、线下无限融合

随着互联网的发展，线上和线下的界限变得模糊。许多传统的流程和业务场景能够通过互联网得到全新的转化。例如，线上的购买、线上的预约等，都将线上和线下无限融合。这种融合模式使生活变得更加便利和智能，更关键的是，还能有效促进社会的繁荣和发展。

互联网不断深入人们的生活。未来，希望能够利用互联网这个工具，拓展更加广泛的文化和社会资

源，从而更好地满足人们的各种需求。

三、网络拓扑结构

网络拓扑结构是计算机网络中的基础概念之一，在网络通信中占据着重要的地位。网络拓扑结构是指网络中各个网络节点之间的连接方式。网络拓扑结构的选择会影响网络中数据传输的速度、传输距离、容错性和可扩展性等方面。目前常见的网络拓扑结构包括星型、总线型、环型、树型和网状型等。

（一）星型结构

星型结构（见图6-1）是一种以一个中心节点为核心，其他所有节点均与中心节点相连的结构。这种结构的特点是：易于安装、维护和扩展，但是当中心节点出现问题时，整个网络将会崩溃。

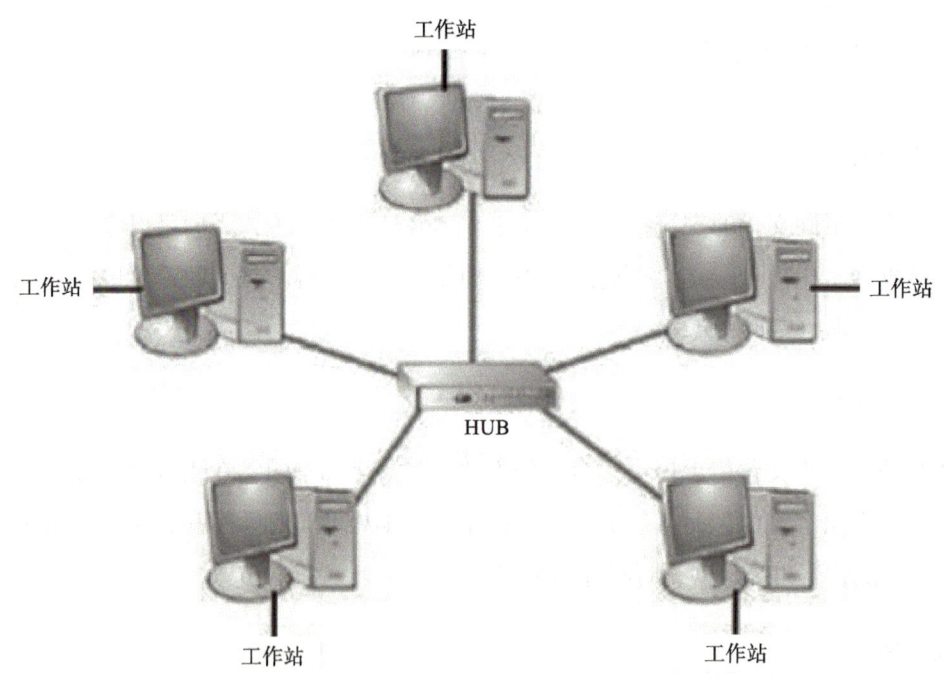

图6-1　星型结构

（二）总线型结构

总线型结构（见图6-2）是一种特殊的星型结构，所有节点都插在同一条线路上，并且共享相同的信息传输通道。这种结构的特点是：简单而便捷，但是当线路中断时，整个网络将会瘫痪。

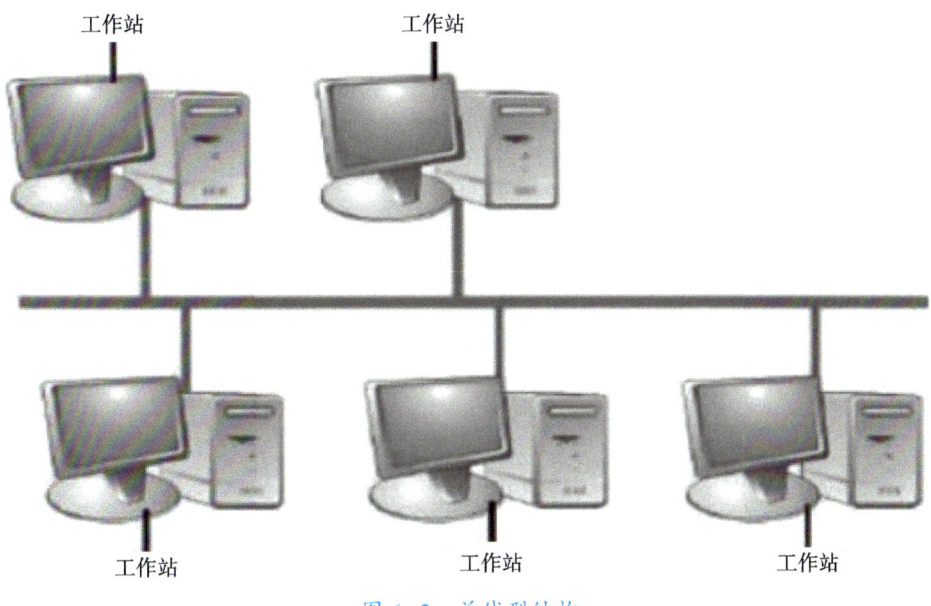

图 6-2 总线型结构

（三）环型结构

环型结构（见图 6-3）是呈环形，每个节点都只与相邻的两个节点相连的结构。这种结构的特点是：数据传输速度快，但不利于扩展。

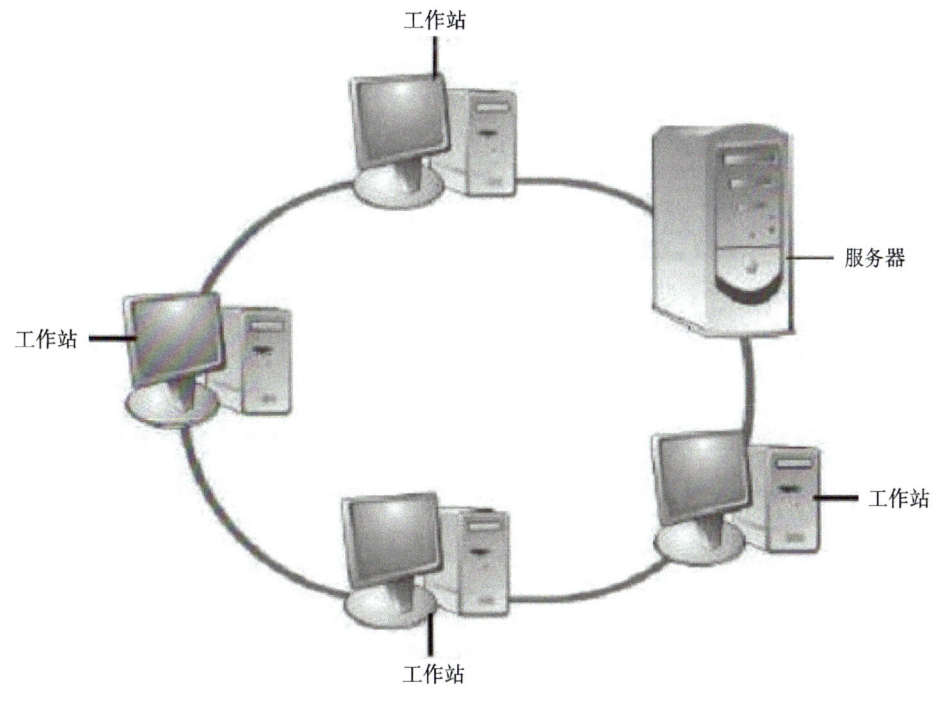

图 6-3 环型结构

（四）树型结构

树型结构（见图 6-4）是一种以一个根节点为核心的分支结构，根节点连接着多个子节点。这种结构

的特点是：易于扩展和维护，但是容错性较弱。

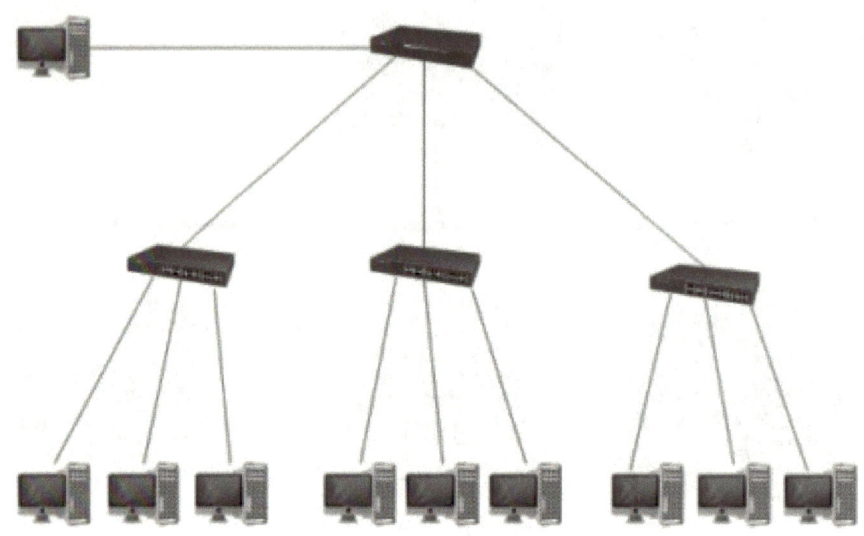

图 6-4　树型结构

（五）网状型结构

网状型结构（见图 6-5）是一种呈网状的结构，其中每个节点都通过多条路径与其他节点相连。这种结构具有很强的容错性和可扩展性，但是成本较高。

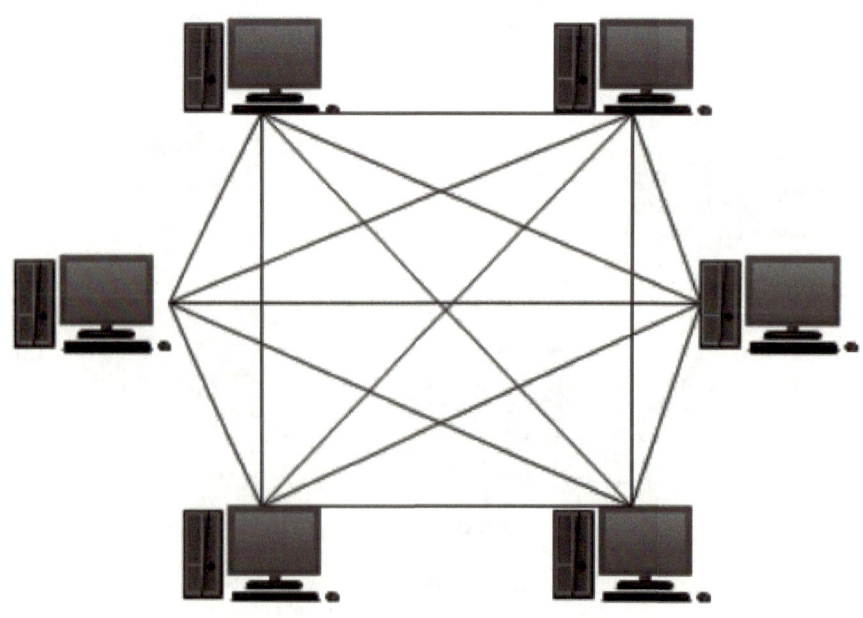

图 6-5　网状型结构

不同的网络拓扑结构有不同的特点和适用场景，选择合适的网络拓扑结构是构建高性能、高可靠性和高稳定性网络的前提和基础。

 四、互联网的工作原理

互联网是一个复杂的系统，它的运作需要采用很多的设备和技术。互联网可以分为以下三个层次：应用层、传输层和网络层。

（一）应用层

应用层是用户最常接触到的层次，也是互联网中最复杂的部分。这一层次包括我们使用的各种应用程序，如浏览器、邮件程序、聊天程序等。在这一层次，数据被转换为特定的格式，以便被发送到其他计算机。

（二）传输层

传输层是互联网中的核心部分，负责将数据从一台计算机传输到另一台计算机中。这一层次主要使用两个协议：传输控制协议（TCP）和用户数据报协议（UDP）。TCP 协议是一种可靠的协议，它将数据分成小的数据包，确保这些数据包能够在互联网上正确无误地传输；UDP 协议则是一种不可靠的协议，它将数据包尽可能快速地发送出去，但是不能保证数据传输的正确性。

（三）网络层

网络层是互联网的最底层，负责将数据包从一台计算机传输到另一台计算机中。这一层次使用的协议是互联网协议（IP）。IP 协议根据每个计算机的 IP 地址将数据包传送到正确的目标计算机中。同时，路由器也是网络层的重要设备，负责将数据包从一个网络传输到另一个网络。

互联网的工作原理涉及多种协议、设备和技术。只有这些元素协调一致，我们才能在互联网上进行各种活动。因此，我们应该了解互联网。

 项目任务

> 任务 1：亲身体验互联网带来的影响。
> 寻找并学习参加与计算机领域相关的一门在线课程或 MOOC。
> 与同学进行交流和讨论，分享你自己在使用互联网过程中的体会和感受。
> 任务 2：配置 IP 地址和 DNS 服务器。
> 设置 IP 地址、子网掩码、网关和 DNS 服务器地址。
> IP 地址：192.168.10.18。

子网掩码：255.255.255.0。

网关：192.168.10.1。

首选 DNS 服务器地址：202.119.104.10。

备用 DNS 服务器地址：202.119.104.16。

 **拓展知识**

1. 了解网络域名

网络域名是指互联网上用来标识和定位网站的一串字符集合。域名系统（DNS）是互联网中的一个分布式命名系统，用于将网络地址转换为易于记忆的域名。网络域名是进行互联网通信的重要组成部分，人们通过网络域名能够轻松访问网站并收发电子邮件。

2. 域名系统的重要性

域名系统的重要性在于，它为人们提供了能够像寻找电话号码一样寻找网站的方式。域名系统旨在解决人们难以记忆互联网协议（IP）地址的问题。IP 地址是互联网通信中的常用标识符，是一组数字，如 192.168.0.1。但是，IP 地址很难记忆，因此人们需要域名系统来将其映射到易于理解和记忆的名称中。

域名系统结构（见图 6-6）类似于电话簿，每个网站都具有唯一的域名。域名分为多个级别。.com、.net、.org 等称为顶级域名。在这些顶级域名下，还有许多子域名，如 .baidu.com、.google.com，每个子域名都是具有唯一性的名称。

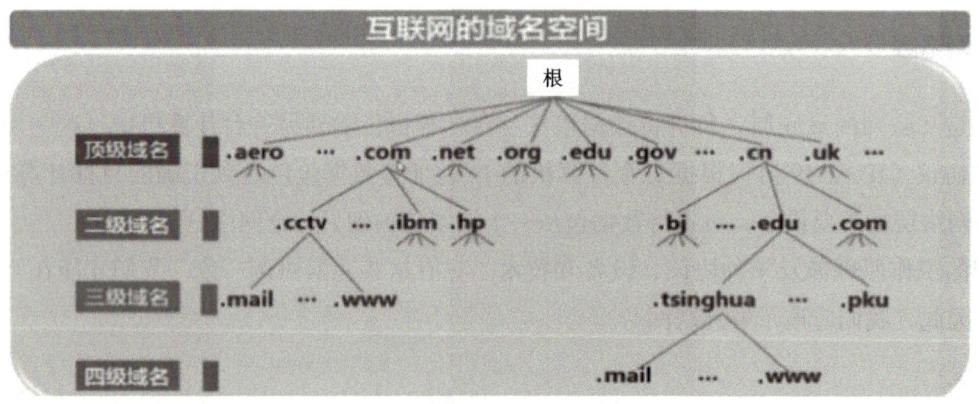

图 6-6　域名系统结构

从技术上讲，域名系统使用分布式数据库来存储与互联网相关的信息，并将数据传输给用户计算机。每个计算机都与一个域名服务器相连，该服务器可以查找和转发请求，以便在互联网上找到正确的服务器和网站。

域名系统是互联网中必不可少的一部分。它为用户提供了访问互联网和与其他人进行通信的简便方式，在全球互联网基础架构中扮演着至关重要的角色。

第二节　配置网络

  一、常见的网络设备及其功能

在当前互联网发达的时代，网络设备越来越受到人们的关注。网络设备主要指的是电子设备，用于实现网络连接、数据传输和通信。常见的网络设备有路由器、交换机、网卡、无线路由器和网络存储设备等。

（一）路由器

路由器（见图 6-7）是最重要的网络设备之一，用于连接不同的网络，并且管理它们之间的数据交换。路由器通常用来在本地网络和宽带接入网络或其他网络之间进行数据传输。这种设备兼具防火墙和数据拆分功能，保护网络免受不良干扰。

图 6-7　路由器

（二）交换机

交换机（见图 6-8）用于连接不同设备并将它们组成网络。它是网络连接中的重要节点，主要用于局域网中的数据转发，使得各个设备能够互相访问和交流。交换机分为普通交换机和管理交换机。管理交换机可以提供一系列的网络管理功能，更加适合大型企业使用。

图 6-8　交换机

（三）网卡

网卡（见图 6-9）是计算机中连接网络的接口卡。它可以将计算机与局域网或广域网进行连接，完成数据传输和通信。一些台式计算机或服务器的主板上没有网口，需要在其 PCI 接槽中插入 PCI 网卡或 PCI-E 网卡来实现网络连接。

图 6-9　网卡

（四）无线路由器

无线路由器（见图 6-10）是一种可以实现无线网络连接的网络设备。它通过无线局域网连接设备，与带有无线网卡的计算机或其他电子设备进行通信。它可以将无线信号覆盖在一定的范围内，使移动终端用户能够无线连接访问网络。

图 6-10　无线路由器

（五）网络存储设备

网络存储设备（见图6-11）是一种可以将硬盘通过网络连接到计算机的设备。不同于传统的磁盘设备，网络存储设备可以支持多用户访问，实现文件共享和远程数据备份等功能。它可以在企业内部实现分布式数据存储和备份。

图6-11　网络存储设备

 ## 二、网络故障

网络故障是计算机网络运行过程中不可避免的一个问题。它可能导致网络服务中断或者数据丢失，甚至影响企业的正常运营。人们可以通过掌握常见的网络故障预防和处理措施，来降低网络故障的概率和影响。

（一）常见的网络故障类型

1. 硬件故障

硬件故障是由硬件设备损坏或者失效引起的。网络硬件设备包括路由器、交换机、网卡等，如果其中一个设备出现故障，整个网络就会受到影响。

2. 软件故障

软件故障是由操作系统、应用程序、安全软件等软件因为某些原因崩溃或者出现异常而引起的。软件故障通常会导致应用程序无法正常使用、系统崩溃等问题。

3. 网络拥塞

网络拥塞是由于网络数据传输过程中的瓶颈产生的。当网络中的数据量太大时，容易出现网络拥塞的情况，导致网络变得非常缓慢。

4. 网络安全问题

网络安全问题包括非法入侵、恶意攻击等。网络安全问题会危及网络设备和数据的安全，也可能会

导致网络服务中断或者数据丢失。

（二）网络故障的处理和预防措施

1. 备份数据

备份数据可以保证数据在遭受网络故障后不会丢失。在备份数据时，应空出足够的存储空间，同时也要保证备份是可靠的。

2. 定期维护设备

定期维护设备可以保证网络设备的稳定运行。维护包括升级设备的固件、清理设备的内部和外部部件、优化网络拓扑结构等。

3. 防范网络安全问题

防范网络安全问题是预防网络故障的重要措施之一。在保障网络安全方面，可以安装防病毒软件、更新设备的系统补丁、加强口令认证等。

4. 实时检测网络状态

实时检测网络状态可以及时发现和解决网络故障。通过网络管理软件，可以监测网络的运行状况、连接状态、带宽利用率等，并及时发出警报。

 ## 项目任务

任务 1：连接网络。

（1）调查分析不同类型的网络连接方式，包括有线连接（如以太网、USB 数据线等）和无线连接（如 WiFi、蓝牙等），并根据自己的实际情况选择一种连接方式。

关于网络连接的趣味漫画如图 6–12 所示。

图 6–12 关于网络连接的趣味漫画

（2）测试自己的网络连接，包括评估网络接入速度和稳定性，在测速软件中发挥网络带宽的最大优势。

网络连接失败如图 6-13 所示。

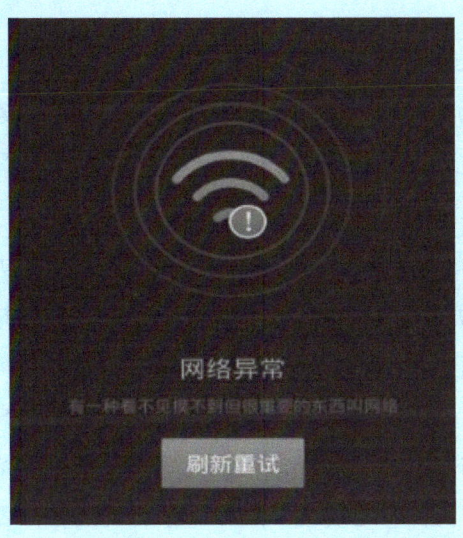

图 6-13　网络连接失败

（3）利用谷歌、百度等搜索引擎，查找和收集关于网络连接（见图 6-14）安全的相关信息，提高自己的网络知识水平，并注意网络安全防范工作。

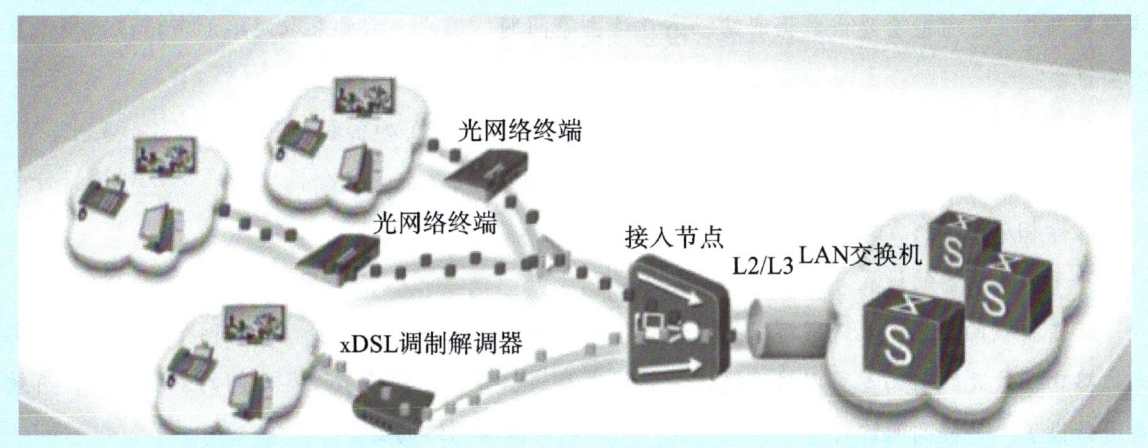

图 6-14　网络连接

任务 2：排除网络故障。

（1）了解基本网络诊断工具的使用方法，并试图使用这些工具发现网络问题。

（2）收集可能导致网络故障的常见原因，包括网速过慢、无线信号过弱、设备配置不良等，并记录这些原因以供分析。

（3）查看本地网络配置，并检查自己的网络设备，确保所有设置都是正确的并尽可能地保证网络安全。

 拓展知识

1. 家庭网络的连接规划

随着社会的不断进步，越来越多的家庭在家中安装各种各样的网络设备，如路由器、交换机等。这在让人们方便地连接网络的同时，也带来了网络架设的问题。在家庭网络的连接规划中，各种设备的互联、网络拓扑结构的搭建以及数据的安全性等都是需要考虑的因素。

（1）设备的选择与布局。

在搭建家庭网络时，需要选择合适的网络设备，主要包括路由器、交换机等。对于家庭用户来说，路由器是一种非常常见的家庭网络设备，它主要用于将互联网接入家庭网络，同时支持有线和无线连接。交换机是用于连接有线网络的设备，可以提供更稳定的网络连接，因此在家庭网络中也很常见。对于需要无线连接的用户，需要考虑布置多个无线接入点来覆盖整个房间。

在选择好设备后，需要将它们布置在合适的位置。一般来说，路由器需要连接到公共网络上，可以放在客厅或书房等位置；交换机和无线接入点可以分别放置在需要有线或无线连接的房间内。在布局时，需要注意设备放置的高度与角度，同时考虑缩短设备之间的距离，避免信号干扰。

（2）数据的安全性。

在连接家庭网络的过程中，安全性是一个需要十分重视的问题。如果网络不加密，任何人都可以连接到网络上，可能会造成数据泄露、恶意攻击等问题。因此，需要采取网络加密措施来确保数据的安全性。

目前，比较常见的家庭网络加密方式有 WEP 加密、WPA 加密和 WPA2 加密等。其中：WEP 加密较为简单，安全性相对较低；WPA 加密和 WPA2 加密较复杂，安全性更强。用户可根据自己的需要，选择相应的加密方式。

2. 无线路由器的设置

随着科技的发展，无线网络成为人们日常生活中不可或缺的一部分。无线网络的核心设备无疑是无线路由器。无线路由器可以将无线信号转换成有线信号，方便多个设备之间的互联互通，有效对设备进行设置，并提高网络的速度和稳定性，同时也能保障网络的安全。

（1）基础设置。

在插上无线路由器后，用户需要连接到无线路由器的网络。若是初次使用，可以通过有线连接的方式进行设置。用户可以在操作系统内设置无线路由器的网络名称（SSID）和密码。用户可以根据自己的需求设置一个易于区分和记忆的 SSID。密码是用户连接无线路由器时所需的，一定要保证安全。

（2）安全设置。

在网络中，安全问题一直是用户和厂商们很关心的问题。尤其是无线网络，无线信号不能限制在一个地方，可能会被其他人盗用。用户应该对无线路由器进行一定的安全设置。用户首先要更改管理员账户的默认用户名和密码。默认用户名和密码是每个无线路由器的固定值，安全性较低。用户可通过无线路由器的网页管理界面修改用户名和密码。同时，用户也应该启用 WPA2 加密。WPA2 加密是目前常用的加密方式，可以在网络中保护用户的数据安全。

（3）信号调整。

无线路由器信号的强弱会直接影响到无线网络的速度和稳定性。用户可以通过设置无线路由器调整信号。首先，用户需要选择正确的频道。无线网络会干扰其他相邻频道的无线信号，并且相邻频道间会出现相互干扰，影响用户的网络体验，因此选择正确的频道非常重要。用户可以通过软件或网页管理界面对无线路由器进行信道扫描，并选择最为干净的信道。其次，用户可以通过信号放大器（增益器）来提高无线路由器的信号强度。

（4）高级设置。

无线路由器还有许多高级设置选项，如端口转发、地址解析协议（ARP）、带宽控制等，可以让用户更好地使用网络。

端口转发：某些软件需要在互联网中打开不同的端口才能正常使用，用户需要通过设置无线路由器进行端口转发。

地址解析协议（ARP）：ARP 是一个将 IP 地址映射到 MAC 地址的协议，在网络中常用于无线路由器和交换机之间。用户可以通过设置无线路由器来完成 ARP 表的设置。

带宽控制：带宽控制可以让用户根据需求分配网络带宽，避免某个设备长时间占用网络资源，影响其他设备的使用体验。用户可以通过设置路由器的 QoS 进行带宽控制。

第三节　获取网络资源

 一、网络资源概述

随着互联网的普及，人们越来越依赖网络资源，利用网络获取到大量宝贵的信息和资源，这些信息和资源对人们的学习和生活都有着重大意义。在这种情况下，认识网络资源的类型及其特点，更有效地利用网络资源就变得非常必要。

（一）网络资源的分类

网络资源（见图 6-15）按格式可以分为文本、图像、音频、视频和应用程序等类型。其中，文本是最基本的网络资源，是以字符和数字为基础的、可读的数据类型，通常用于传递实际信息。图片、音频和视频是传达信息更丰富、更直观、更生动的网络资源。应用程序是具有各种使用途径和功能的交互式资源，可以完成一些特殊的工作。

图 6-15 网络资源

（二）各类型网络资源的特点

1. 文本

文本（见图 6-16）是最基础、最普遍的网络资源。它的特点是具有高度的可读性、存储性和可搜索性，只能传递文字信息。当需要了解与某个主题相关的多种观点和视角时，浏览各种不同的文本来源的过程很耗时、很费力。

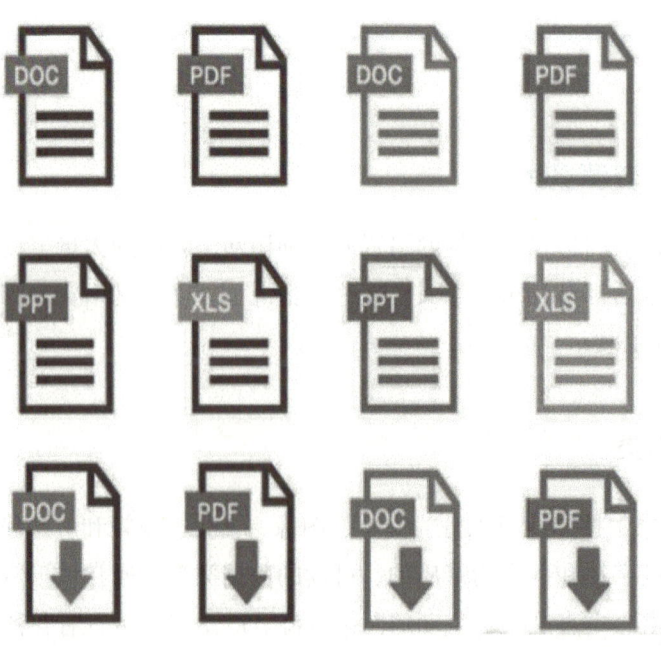

图 6-16 文本

2. 图片

相比于文本，图片（见图 6-17）更能够向用户传递多个方面和层次的信息。它能捕捉到静态的视觉元素，这是文本所不具备的优点。另外，人们可以通过目视图片快速地接收大量的信息，而无须深入阅读。

图 6-17　图片

3. 音频

与文本和图片相比，音频（见图 6-18）能够表达用户感知世界的多个方面，如语言、声音、音乐。它可以实现口语信息的传递、个性化的表达和娱乐。

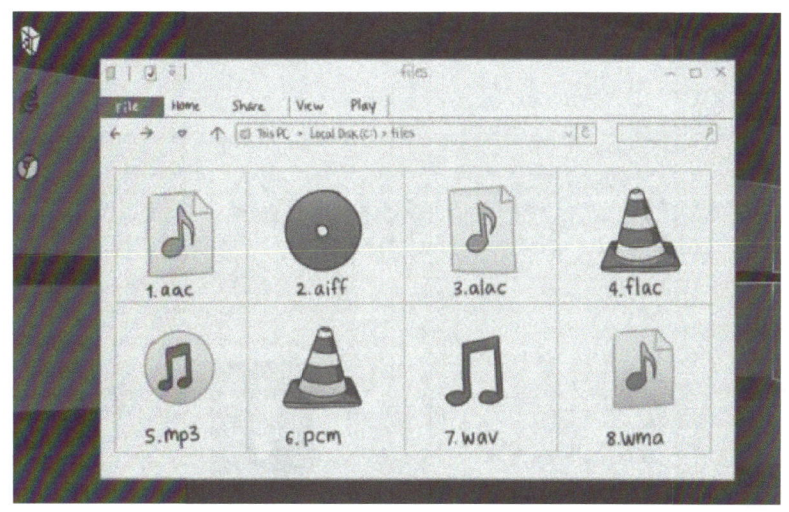

图 6-18　音频

4. 视频

视频（见图 6-19）与图片的区别在于它由一系列静态图像组成，并且可以带来更为丰富的视觉体验。这使得视频在教学、演示、娱乐等方面具有良好的应用前景。

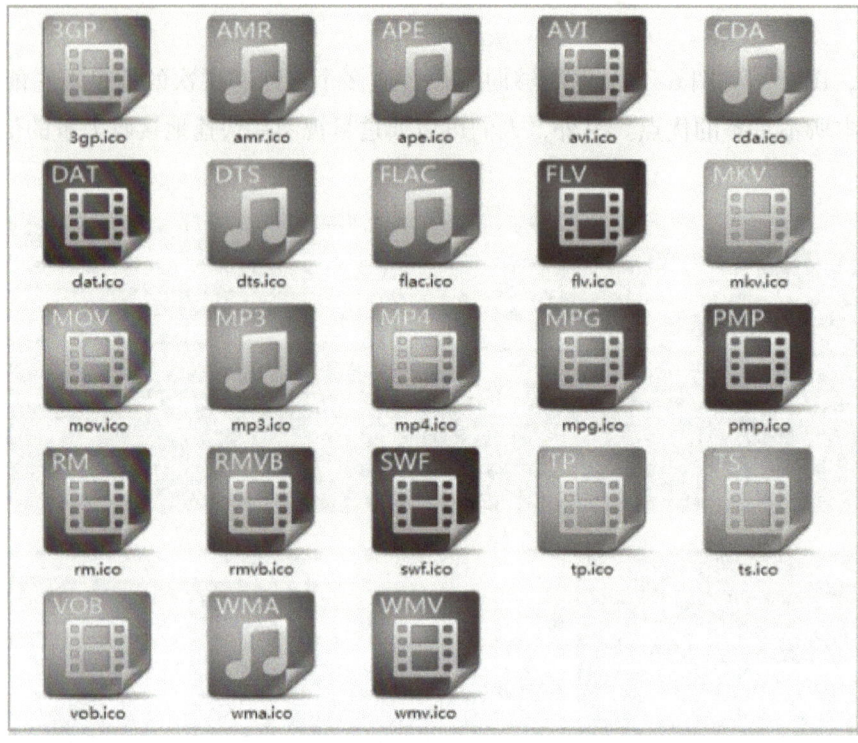

图 6-19　视频

5. 应用程序

应用程序（见图 6-20）是互联网资源中最具交互性的类型之一，它们的互动性和实用性使它们成为日常生活和商业活动的重要组成部分。

图 6-20　应用程序

二、辨识和区分网络信息

随着互联网的不断发展和普及，人们可以利用互联网获取大量的信息，从而帮助自己更好地了解和应对各种问题。但是，网络上也存在着很多的虚假信息和误导性信息，如果没有进行辨识和区分，势必会给人们带来极大的困扰和损失。

（一）辨识网络信息面临的挑战

在现代社会中，人们能够获取到大量的信息，这主要是因为随着信息技术的快速发展和互联网的广泛应用，人们可以通过各种设备在任何时间和任何地点获取所需的信息。但是，在这些信息中可能存在误导性信息和虚假信息，尤其是在社交媒体等平台上，由于信息筛选不严格，这些信息非常容易被人们接收和分享。因此，辨识和区分网络信息成为人们非常重要的任务。

然而，辨识网络信息的过程并不是非常简单的，判断一份信息的准确性和可靠性是非常有难度的。

1. 信息量巨大

现代社会中产生的信息量很大，其中包含的消息类型也很复杂，如文本、图片、视频等。这些信息通常来源不同，且发布者和接收者千差万别，这极大地增加了信息辨识的难度。

2. 虚假消息的伪装性高

一些虚假信息会伪装成真实消息，通过制造假的证据、仿冒权威机构等方法进行掩盖。这就使得虚假消息很难被识别出来。

3. 时间敏感性

互联网上的信息在传播过程中非常敏感，如果辨识和区分信息所花费的时间过长，那么误导性信息和虚假信息就有可能得以传播。因此，需要快速、准确地辨识信息，以避免误导性信息和虚假信息造成不良影响。

（二）网络信息的辨识和区分方法

1. 通过多种信息源进行校验

在识别信息的真伪时，可以采用对不同来源的信息进行比较的方法。在网络上，真实消息通常不会只有一个来源，如果从多个来源获取消息，就可以更加方便地判断其准确性和可靠性。

2. 引用可信来源的信息

对于无法判断真伪的信息，可以通过引用可信来源的信息进行辨别。例如，引用权威机构的消息进行信息判断，可以有效减少错误信息的误传。

3. 利用机器学习技术提高识别准确性

近年来，机器学习技术得到了快速发展，可以利用机器学习技术对网络信息进行监测和预测。例如，可以使用自动检测算法进行视频、图片的自动检测，提高信息的准确性。

4. 加强个人信息素养

面对网络虚假信息泛滥的问题，加强个人信息素养也是非常重要的。在吸收信息时，应该保持冷静清醒，对信息进行仔细思考和判断，辨别虚假信息，避免误传和误解。有关部门可以通过加强对网络信息素养的培训和教育，提高人们的判断能力和意识，从而有效控制网络虚假信息的传播。

三、正确使用网络资源

网络资源既是工作学习的帮手，也是娱乐休闲的伙伴。正确使用网络资源是人们必须掌握的能力。需要明确的是，使用网络资源的目的是促进学习和研究，而非浪费时间和掩盖糟糕的学习习惯。

关于网络资源使用的趣味漫画如图 6-21 所示。

图 6-21　关于网络资源使用的趣味漫画

（一）选择可信的来源

正确使用网络资源的第一步是选择可信的来源。人们需要学会区分哪些网站和文章是可信的、靠谱的。可信的来源通常具备以下几个特征。

（1）来源于权威机构或专业组织。

（2）信息明确、翔实、全面，有科学依据和证据支持。

（3）符合学科标准、规范和法律法规要求。

（二）合理使用网络资源

在网络上搜索资料时，应该遵循以下原则。

（1）明确自己的学习需求和问题。

（2）从多个渠道获取信息，并进行比较分析，挑选有用和真实的信息。

（3）学会分类整理和保存资料，以备随时查阅和利用。

（三）尊重知识产权

正确使用网络资源也意味着尊重知识产权。不能盲目复制粘贴别人的文章或者代码，更不能下载盗版软件。在学习和研究中，应该注重知识的创新和价值的提升，而不是简单地复制和粘贴网络资源。

（四）注意网络安全

随着网络技术不断发展，网络安全问题变得日益重要。不能轻易泄露个人信息、密码和账号，也不能随便点击未知的链接和下载带毒的软件。在使用网络资源时，需要保护自己的隐私和数据安全。

 项目任务

> 任务 1：搜索并下载图片、QQ。
>
> （1）对于图片，采用关键词进行搜索，采用标签进行筛选，尽可能地减少搜索结果数量并提高搜索准确性。
>
> （2）对搜索结果进行筛选，选择符合自己需求和风格的图片，并注意下载图片的分辨率和格式，以确保图片的尺寸合适、清晰度足够高。
>
> （3）下载好图片后，使用适当的图片编辑器进行必要的后期处理，如调色、剪裁、添加文字等，力争达到最佳的视觉效果。
>
> （4）使用搜索引擎，搜索 QQ 国际版的官方网站，掌握下载 QQ 的渠道和方式。
>
> 任务 2：合理获取、使用网络资源。
>
> （1）使用搜索引擎或网络数据库查找与本专业相关的网络资源，如学术文献、音频、视频、软件程序等。
>
> （2）选择合法合规的获取方式，并使用正规渠道下载或获取网络资源。同时，学会判断网络资源的真实性、可靠性和可信度，避免误入网络欺诈、虚假信息等陷阱。
>
> （3）在使用网络资源过程中，遵守相关法规，慎重考虑涉及隐私、安全等方面的问题。特别是在共享或传播网络资源时，要注意互联网公序良俗，避免网络暴力、色情、侵权等不良行为。

拓展知识

知识产权保护

知识产权保护是保护知识创造者的权益和激励技术创新的重要手段。计算机领域中的知识产权保护面临着许多挑战，如软件著作权的界定、专利侵权的判定、开源软件的授权等。计算机软件、硬件、算法等技术的创新，需要以相应的知识产权保护来鼓励创新者创造新的价值，确保他们的合法权益受到保护。

（1）知识产权保护的重要性与现状。

知识产权保护是保障知识产权所有者合法权益的基本手段。在计算机领域，知识产权包括软件著作权、专利权、商标权等多种形式。知识产权保护对于保障计算机技术的创新和发展、推动计算机产业的健康发展、提高计算机产品和服务的质量和竞争力等方面都有着重要的作用。

然而，当前计算机领域的知识产权保护仍然存在不少的问题。首先，知识产权保护意识不足。一些计算机企业或个人没有真正认识到知识产权的重要性，缺乏有效的知识产权保护措施。其次，知识产权法律法规需要进一步完善。在新技术、新业务和新场景的应用中，知识产权法律法规存在滞后和不足之处。最后，知识产权保护技术需要不断提高。当前的知识产权保护技术有一定的瑕疵，需要通过技术手段来强化知识产权保护。

（2）计算机领域知识产权保护的方法和措施。

计算机领域知识产权保护的方法和措施包括软件保护、硬件保护、互联网保护等多种。

①软件保护。

软件保护是计算机领域知识产权保护的重要手段之一。软件保护主要分为法律保护和技术保护两种。法律保护是指通过软件著作权保护、商标权保护、专利权保护等法律手段来保护软件的合法权益；技术保护则包括软件加密、数字签名、加水印等技术手段，通过技术手段来达到软件保护的目的。

②硬件保护。

硬件保护是指通过对计算机硬件进行保护来保护计算机领域知识产权的合法权益。硬件保护主要分为专利保护和技术保护两种。专利保护是指通过专利申请和授权来保护计算机硬件的知识产权；技术保护则包括芯片绑定、硬件加密、唯一序列号等技术手段，通过技术手段来保护硬件的知识产权。

③互联网保护。

互联网保护是指通过对互联网上的知识产权侵权行为进行监测、预警和处理等手段来保护计算机领域知识产权的合法权益。

第四节　网络交流与信息发布

 一、网络通信

网络通信（见图6-22）作为现代通信方式的代表，已经成为人们生活中不可或缺的一部分。在未来的发展中，网络通信将越来越强调安全和高效性，并向着5G、物联网等方向发展。我们需要不断努力和创新，才能更好地应对未来的网络通信需求和发展趋势。

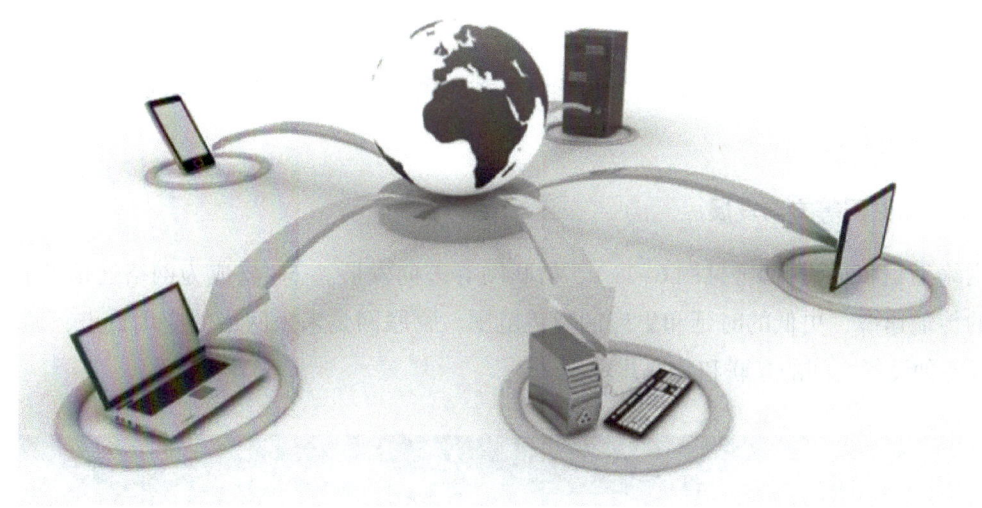

图6-22　网络通信

（一）计算机网络通信的特点

随着科技的不断发展，计算机网络通信成为人们生活、学习和工作的重要方式。从现状来看，计算机网络通信具有以下几个特点。

1. 应用范围不断扩大

计算机网络通信已经渗透到人们生活、学习和工作的各个方面。除了传统的邮件、聊天等通信方式外，计算机网络通信还应用于在线购物、金融交易、视频会议、在线教育等领域。

2. 网络安全成为重中之重

随着网络应用的普及，网络安全问题成为一个重要的议题。网络攻击、信息泄露等问题频繁发生，

因此，网络安全成为网络通信发展的一大方向。

3. 高效成为追求的目标

网络通信的高效已经成为网络通信追求的目标。为了提高网络通信的传输速率和传输质量，人们不断研究和发展新的通信协议、技术和设备。

（二）计算机网络通信的未来发展趋势

从现状来看，计算机网络通信的未来发展趋势如下。

1. 安全性更高

未来的网络通信将更加注重安全性。网络安全将不再只是一个单一的问题，而是需要综合考虑安全的方方面面。网络安全技术将更加智能、高效，以应对不断出现的网络攻击、信息泄露等问题。

2. 更加智能化

未来的网络通信将更加智能化。在人工智能等新技术的支持下，网络通信将更加高效、自动化，能够更好地满足人们的需求。

3. 向着 5G、物联网等方向发展

未来的网络通信将向着 5G（见图 6-23）、物联网等方向发展。5G 将成为网络通信的新一代标准，将带来更高的传输速率、更低的时延和更广的覆盖范围。物联网是未来网络的应用重点，通过智能设备和传感器实现各种设备之间的互联和数据共享。

图 6-23　5G 技术

（三）网络通信协议

网络通信协议最初只是一个简单的字节流，只能用于将数据从一台计算机传输到另一台计算机中，但这样的协议在网络通信中存在很多弊端，如数据的完整性、可靠性、传输速度等问题。为了解决这些问题，人们开始开发新的网络通信协议，如 TCP 和 UDP(见图 6-24)。

图 6-24　网络通信协议 TCP 和 UDP 趣味图

传输控制协议（TCP）可以保证数据的可靠性和完整性，但传输速度却较慢；而用户数据报协议（UDP）可以快速传输数据，但无法保证数据的完整性和可靠性。为了兼顾这两者的优点，人们在 TCP 协议的基础上开发了 TCP/IP 协议。TCP/IP 协议目前是互联网通信的标准协议。除了 TCP/IP 协议外，还有许多其他的网络通信协议，如 HTTP 协议、SMTP 协议等。

1.TCP/IP 协议

TCP/IP 协议是互联网通信标准协议，具有以下特点。

（1）灵活性：TCP/IP 协议是一个通用协议，可以支持多种应用程序。

（2）可靠性：TCP/IP 协议对传输数据提供序列号、确认号和校验和等多重保障，可以保证数据的完整性和可靠性。

（3）扩展性：TCP/IP 协议是一个分层协议，可以根据需要进行扩展，支持多种应用需求。

（4）兼容性：TCP/IP 协议具有较好的兼容性，兼容各种类型的计算机和操作系统。

2.HTTP 协议

HTTP 协议是万维网（WWW）服务标准协议，具有以下特点。

（1）简单易用：HTTP 协议是一种非常简单的文本协议，易于开发和使用。

（2）快速高效：HTTP 协议采用客户端和服务端之间的请求 – 响应模式，支持快速高效的数据传输。

（3）灵活性：HTTP 协议支持多种不同的数据格式，如 HTML、XML、JSON 等，适应多种应用需求。

（4）安全性：HTTP 协议可以通过 SSL / TLS 协议来保证数据的安全传输。

3.SMTP 协议

SMTP 协议是一种用于电子邮件传输的协议，具有以下特点。

（1）简单易用：SMTP 协议是一种文本协议，易于开发和使用。

（2）可靠、高效：SMTP 协议支持可靠、高效的电子邮件传输，一般情况下可以保证邮件的成功发送和投递。

（3）灵活性：SMTP 协议支持多种邮件格式和编码方式，适应多种应用需求。

（4）安全性：SMTP 协议可以通过 SSL / TLS 协议来保证数据的安全传输。

 二、自媒体信息发布

在传统的媒体时代，媒体机构通常是消息的传递者，而自媒体（见图 6-25）则是源头创造者和传播者。随着每个人对数字内容的掌握能力的提高，越来越多的人利用自媒体为他们个人或公司建立自己的品牌。自媒体的优势在于它具有个性化、直接的特点。自媒体在传播速度、传播范围、传播深度、传播成本等方面都具有很大的优势。

图 6-25　自媒体

在制作自媒体内容时，需要注意三个方面。首先，内容具有创新性。在互联网上已经有大量的信息，如果自己不做出突出的内容来，很难吸引更多读者的关注。其次，内容真实、可靠。自媒体可以成为一个人或企业的宣传渠道，但在宣传过程中必须注重事实真相和客观公正。最后，内容具有吸引力。自媒体的传播渠道具有广泛性和效率性，但同时也带来了信息过载问题。为了吸引更多的读者关注，需要制作出高质量、有吸引力的内容。

近年来，随着自媒体的快速发展，越来越多的人开始使用自媒体来发布信息。在计算机领域中，自媒体信息发布也得到了广泛的应用。

自媒体信息发布是指个人或机构以自己的名义通过互联网或其他渠道发布信息的行为。根据发布内容和形式的不同，自媒体信息可以分为文字、图片、视频等多种形式。在计算机领域中，自媒体信息发布包括但不限于博客、微信公众号、微博等。

自媒体信息发布可以为企业和个人提供宣传平台，使得更多的人了解其产品和服务，并促进市场营销；可以成为一种交流和互动的方式，用户通过对信息进行评论和留言，可以建立更加紧密的社交网络关系；可以为个人提供一个表达自己的观点、分享自己的生活、展示自己的才华的平台，有助于个人实现更大的个人价值。

自媒体信息发布也存在着一些问题。例如，自媒体信息的有效性和真实性存在疑问，同时也面临着信息超载和垃圾信息的问题。因此，在计算机领域中应用自媒体发布信息时，需要认真评估信息的内容和质量，并采取一些措施来防止垃圾信息的存在。

 项目任务

任务1：发送电子邮件。

（1）注册一个电子邮件账户，如QQ邮箱、163邮箱等。

（2）编写邮件，选择收件人，附加文件，设置主题等。

任务2：使用QQ进行及时通信与远程操作。

在日常工作中，我们经常需要使用QQ和同学、老师等及时进行通信，同时也需要经常通过QQ进行远程操作，如远程协作、远程调试等。因此，掌握QQ的基本功能和远程操作技巧非常重要。请根据以下要求完成本次任务。

（1）请在QQ中添加一个新的好友，并向其发送一条消息，内容为："你好，我是×××，很高兴认识你，有事需要联系我请随时给我发消息。"

（2）请在QQ中创建一个群组，并邀请至少两位好友加入，然后在群组中发起一次讨论，讨论的主题为："如何提高团队工作效率？"

（3）远程协助他人解决计算机的某一个问题。

任务3：在微博上发布信息。

（1）请选择一个合适的话题，如电影、音乐、美食等，进行发布。在发布时请注意选择相关话题标签，并附带一张图片。

（2）发文内容需详细、准确、贴近主题，并注意语言文明，不涉及敏感话题。

（3）发布后，请及时关注评论并回复，在评论区回复至少五条相关评论，并点赞其中一条评论。

 拓展知识

正确地在网络中发布和传递信息

在如今的信息时代，人们越来越依赖网络获取各种信息，而网络上的信息也越来越丰富多彩。在网络上发布和传递信息时需要注意一些问题，否则就可能给自己和他人带来不必要的麻烦。

1. 确保信息真实、可靠

在网络上发布和传递信息时，首先要确保信息真实、可靠。应该从源头上了解信息，确保信息来源可靠、准确。如果不能够确定信息的来源，则不能够轻易地进行转发。

2. 注意信息的法律性和道德性

在网络上发布和传递信息时，必须注意信息的法律性和道德性。不应该发布和传递危害国家利益、公共安全、人身财产安全等方面的信息，更不能发布和传递涉及他人隐私等方面的信息。同时，也要避免发布和传递低俗谣言等不良信息。

3. 规范发布和传递行为

在网络上发布和传递信息时，还需要规范自己的行为，避免出现骂人、诽谤等不良行为。同时，也应该避免发布和传递大量无意义的信息，以免影响他人阅读和接收信息的效果。

4. 正确使用网络平台

在网络上发布和传递信息时，需要选择正确的平台。不同的平台适合发布不同类型的信息，应该根据实际需要选择合适的平台。此外，也需要熟悉平台的使用规则，合理利用平台功能，避免被平台封号。

5. 保护个人隐私

在网络上发布和传递信息时，还需要保护自己的隐私。不应该轻易地将个人信息等发布在网络上。此外，也需要注意密码的安全性，防止被他人盗取和利用。

总之，在网络上发布和传递信息是一项需要谨慎行事的活动，需要留意以上问题。只有正确地应对各种信息，才能够保障自己和他人的利益和权益。

第五节　网络工具及其运用

 一、浩瀚无边的云存储

作为一种新型的计算模式，云计算（见图 6-26）得到了广泛的应用。通过云计算，用户无须购买过多的硬件设备，就可以通过网络快速获取计算资源和存储资源，极大地降低了 IT 运维成本。其中，云存储（见图 6-27）是云计算的一个重要组成部分，将数据存储在云端给用户提供了极大的方便。

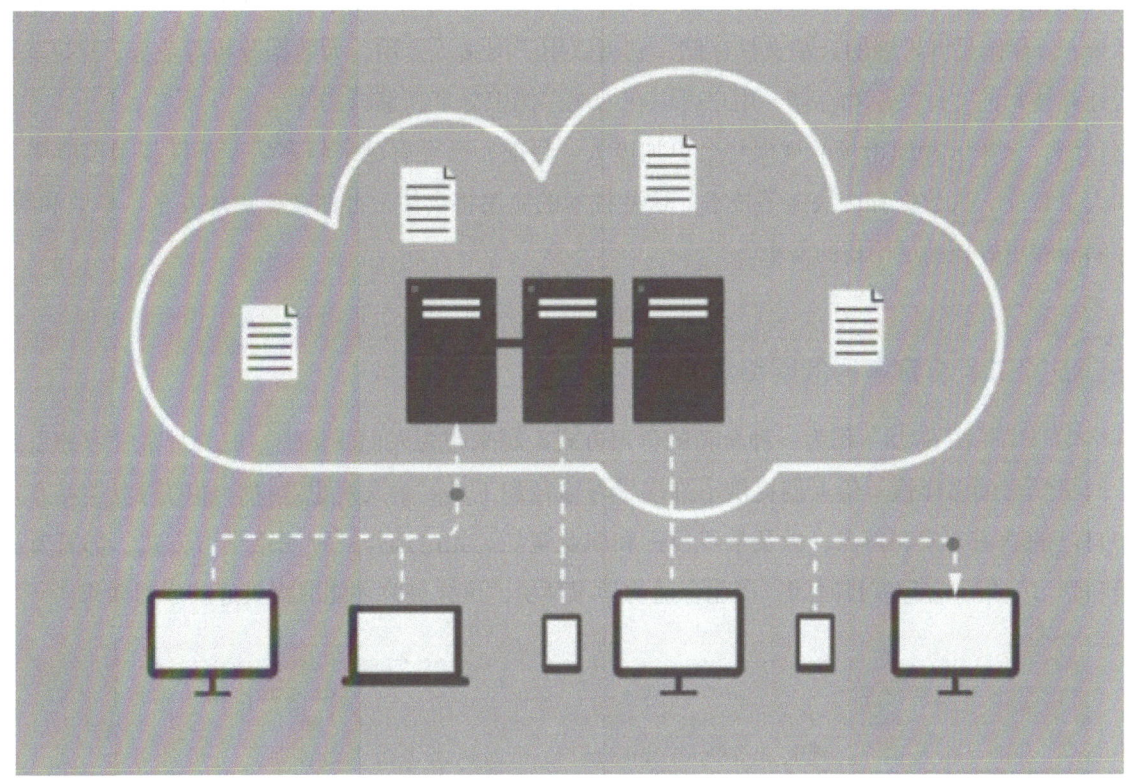

图 6-26　云计算

图 6-27　云存储

云存储是一种基于网络的存储系统。传统的存储方式是将数据存储在本地硬盘或存储设备上，云存储则是在云端服务器上存储数据。用户可以随时随地通过互联网将数据上传或者下载到云端服务器。云存储具有可伸缩性且可用性高、成本低。它为用户提供了无限扩展的存储空间，实现了更加安全的数据备份和恢复、更加便捷的数据共享。

云存储可以用于各种应用，尤其适用于需要大量存储和访问数据的企业和机构。例如，云存储可用于图片、音频、视频等大文件的存储和共享，以及大数据分析等领域。云存储是一种完备的分析、存储

和共享数据的解决方案。

云存储的应用领域包括云盘、云备份、云存储、云共享等。其中，云盘是通过云端存储来分享文件和数据的服务；云备份是一种备份数据策略，通过一个专有或公共网络将数据副本发送到云端的服务器或存储系统；云存储是可扩展的云端文件存储，它可以用于网站、应用、大数据分析等业务；云共享是一种基于云计算技术的文件共享和存储，用户可以在云端存储中分享和编辑文件。

据预测，未来云存储市场的规模将会更加庞大。目前，已经有越来越多的变革性技术被应用于云存储，如人工智能、大数据和区块链等技术。这些技术的应用将会使云存储变得更加安全、高效和智能化，使云存储能够更好地满足用户的需求。

二、丰富多彩的网络学习

网络学习（见图6-28）作为一种全新的学习方式，越来越为人们所重视，成为日常学习的重要方式之一。网络学习的多样性，给人们提供了许多学习途径和工具。个人要想选择合适的网上学习方式，需要了解自己的学习方式和特点，以及学习目标和职业规划。无论选择哪种网络学习方式，都需要注重学习质量和学习效果，合理安排时间，搭建合适的学习环境，这样最终才能取得更好的学习效果。

图 6-28　网络学习

（一）在线学习

在线学习是指通过办公网站或在线教育平台等途径，自主选择合适的课程进行学习。该学习方式的优点是自由、灵活、具有针对性。人们可以根据自己的时间和兴趣适当调整学习进度，以及选择自己感兴趣或者需要的课程。

（二）混合式学习

混合式学习是指同时使用多种学习方式，融合线上和线下的教育资源，提供更充实的学习体验。混合式学习将在线学习与传统课堂教学相结合，提供更多的学习方式和形式，有利于提高学习效率。

（三）视频学习

视频学习具有时间和空间上的优势，人们可以在空闲时间或在任何地点学习相关的课程。视频学习还利于人们自主掌握知识。

（四）在线讲座

在线讲座是由经验丰富的学者或专业人士通过网络传播相关的技术、经验或理论等知识的一种方式。在线讲座具有高效、便捷、实时等特点。通过在线讲座，人们可以了解最新的技术动态或学习一些专业性强的课程，拓宽自己的视野和领域，进一步理解和把握知识。

（五）专业博客

专业博客是一种人们通过网络公开分享学术研究成果、交流学科前沿动态和展示个人技能的网络交流平台。通过专业博客，人们可以了解专业领域的最新动态、分析最新学术成果、发表自己的学术文章等。通过专业博客，人们还可以加强与他人的交流，扩大专业人脉圈，提高学术知识水平和个人能力。

三、方便快捷的网络生活

通过网络，人们可以方便地获取各种信息、进行各种交流和娱乐活动。网络已经深刻地改变了人们的生活方式。在未来，随着网络技术的不断发展，相信网络将会为人们的生活带来更多的便利和改变。

（一）网络购物

网络购物（见图6-29）是最受欢迎的一种网络应用。人们可以在家里轻松地选购自己需要的物品，并通过网络下单购买。这大大节省了人们的时间和精力，使得购物变得轻松、方便。为了保证信息安全和消费者的权益，网络购物平台采取了各种措施，如采用安全支付方式、提供售后服务等。消费者可以放心地购物，获得方便、快捷的购物体验。

（二）网上银行

网上银行（见图6-30）是一种非常方便的网络应用。人们可以在网上进行各种银行业务，如查询余额、转账、办理贷款等。此外，在网上银行平台上，人们可以方便地查看和管理自己的账户信息，而多重验证和加密技术可以确保账户的安全。这使得人们可以享受到更加便捷和安全的金融服务。

图 6-29　网络购物趣味漫画

图 6-30　网上银行

（三）网络通信

网络通信（见图 6-31）是网络应用中重要的一环。人们可以通过各种网络应用软件实现远程通信，包括语音通信、视频通信、文字聊天等。这种通信方式可以为人们提供更加方便和快捷的交流方式，减少了人们的沟通成本，使得人们可以随时随地轻松地进行交流。此外，一些社交网络平台也提供了分享和交流的功能，使人们可以轻松地分享自己的生活和经验。

图 6-31　网络通信

（四）网络娱乐

网络娱乐已经成为人们生活的一部分。人们可以通过各种网络游戏（见图 6-32）、视频、音乐等进行娱乐和放松。通过网络娱乐，人们可以缓解工作、学习和生活压力，拥有一定的轻松和愉快的时间。

图 6-32　网络游戏

 项目任务

任务 1：使用百度网盘存储资料。

作业描述：在数字化时代，存储资料的方式在逐渐转变，云存储成为越来越多人的选择。作为国内较为流行的云存储平台之———百度网盘可以用于存储、同步和分享文件、照片等多种类型的数据。请根据以下要求在百度网盘上存储资料。

（1）在百度网盘中创建一个文件夹，命名为"作业存储"，并编写文件夹清单。

（2）将本次任务涉及的资料，包括截图、文档、表格等，全部上传至该文件夹中。

任务 2：通过网络进行学习。

（1）选择一门自己感兴趣的课程。

（2）利用百度、谷歌或其他搜索引擎，搜索与该课程相关的学习资源，如网站、电子书、慕课、论坛等进行学习。

（3）模拟通过网站完成一次学习过程，记录下具体的学习内容，包括学习资料、笔记、学习时间等，共学习 15 分钟。

任务 3：规划省时省力的旅游行程。

规划省时省力的旅游行程并填表 6-1。

表 6-1　旅游行程

目的地	景点	住宿	出行日期	预算

 拓展知识

云　协　作

知识的共享和合作已经成为新时代的主旋律。作为一种新型的计算模式，云计算已经成为人们共享和协作的首选方式之一。云计算技术不仅可以实现数据的共享和协作，而且可以提高协作效率和绩效，还可以减少资源浪费和成本开支。

云协作（见图 6-33）是指利用互联网和云计算技术实现团队合作的方式。它使得多个用户能够实时地协同分享数据和信息，使得团队在任何时间和任何地点都能有效地协调工作，并取得出色的业务结果。

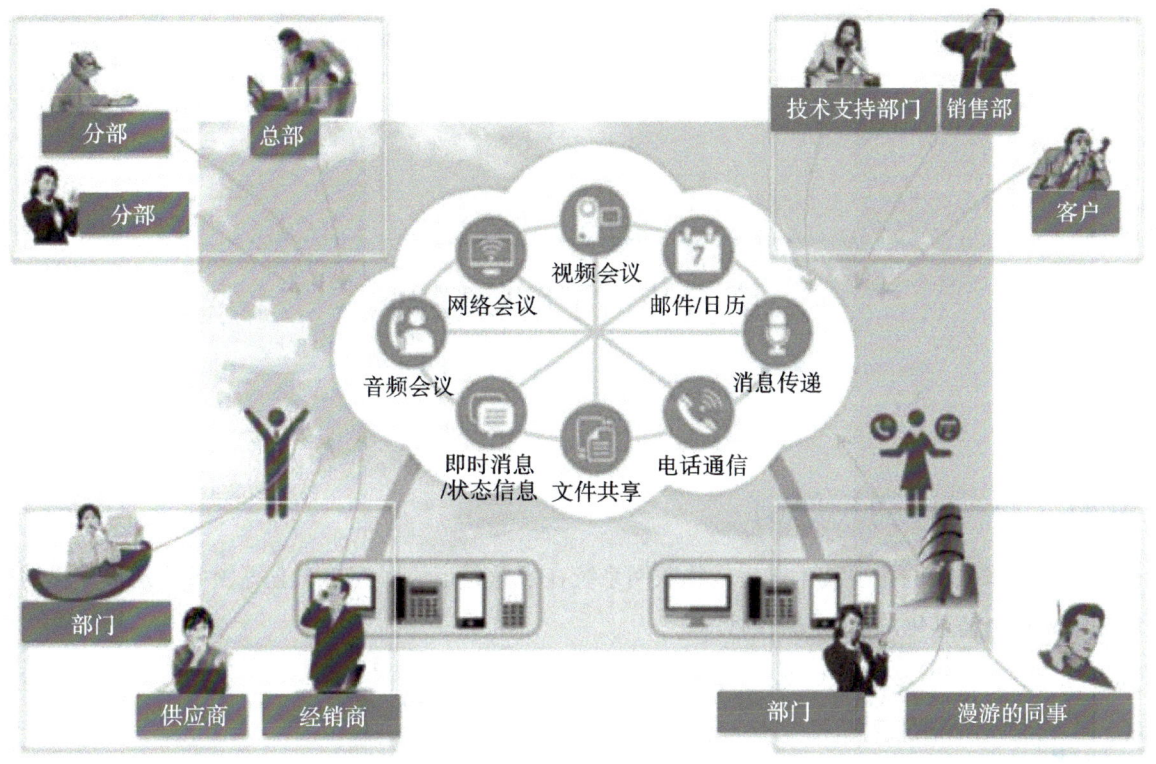

图 6-33 云协作

（1）云协作可以帮助我们实现以下目标。

①更好地共享知识和技能。

通过云协作，可以在全球范围内共享知识和技能，让越来越多的人受益于共享的资源，这对于促进各行业和经济体系的发展非常有益。

②更高效地协作。

云协作不仅可以提高团队的协作效率，还可以节约时间和成本。云协作可以打破时空的限制，让团队成员可以在不同的时间和地点协同工作。

③更好地管理数据。

云协作可以更好地管理数据。通过云服务，可以完成共享数据、协同工作、审核、授权和管理操作等各种任务。通过云协作，能更好地保护数据的安全和隐私。

（2）在进行云协作时，需要注意以下几点。

①选择适合的工具。

在进行云协作时，需要选择适合我们的工具。例如，如果需要协作写作或组织项目，可以选择 Google Drive、Trello 等工具。

②注意应用程序的共享权限。

在进行云协作时，需要注意应用程序的共享权限。这一点非常重要，否则可能会遭遇数据泄露的风险。必须确认分享的人员是安全的，且仅分享必要的数据。

③保护数据的安全和隐私。

在进行数据共享和协作时，保护数据的安全和隐私是非常重要的。需要使用加密和访问权限控制等措施来确保数据的安全。同时，也需要保留备份，以便在突发事件发生时恢复数据。

第六节 了解物联网

 ## 一、物联网系统概述

作为信息技术领域的重要技术之一，物联网系统在智慧城市、医疗、农业等领域得到了广泛的应用，已经成为未来社会信息化的重要发展趋势。

（一）物联网系统的定义

物联网系统是指通过网络连接各种能够交换信息的智能设备，在不需要人类干预的情况下自动完成从感知、传输、处理到输出的一系列功能，实现物与物之间的互联和信息共享。

（二）物联网系统的架构

物联网系统主要由感知层、传输层和应用层组成，如图6-34所示。

1. 感知层

感知层是物联网系统的第一层，包括传感器、执行器等物理设备，负责对周围环境进行感知。感知层通过传感器采集、检测、计量和定位等数据，并记录、反馈给物联网系统。

2. 传输层

传输层是指承载感知层数据跨越传输网络，到达目标设备终端的技术层次。它主要包括通信网络和网关等设备。传输层会通过分析、计算、处理等手段，来确保物联网系统得到准确的数据和信息。

3. 应用层

应用层是物联网系统连接硬件与软件的层次，配合上层应用业务内容，将数据、信息和控制指令通过网络传送到管理服务器、应用服务器，并调度具体终端设备实现数据采集、数据处理、行动控制、状态反馈等功能。

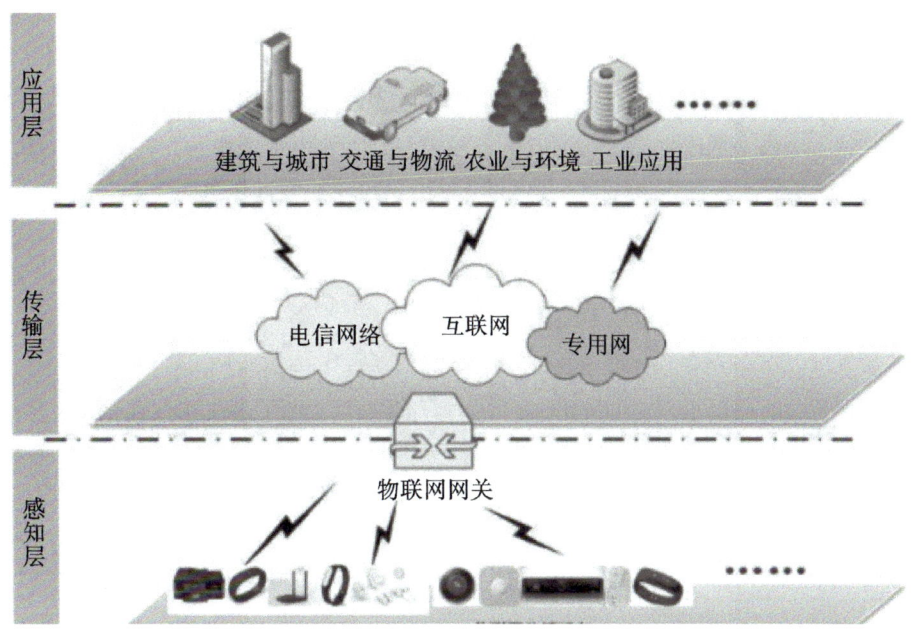

图 6-34　物联网系统的架构

（三）物联网系统的应用

物联网系统在智慧城市、医疗、农业、工业等领域得到了广泛的应用。

以智能家居为例：感知层设备包括家用电器、传感器等设备；传输层设备通过无线网络等方式，实现家用电器与用户之间的信息交互；应用层则通过手机 App 等终端完成对智能家居设备的远程控制、数据采集与反馈。

 二、物联网技术

物联网技术通过设备之间的互联互通，将实时数据传递到云端，使得人们能够更加精细化地控制和管理其所需要的数据，从而提高业务的效率和通信的便利性。

（一）物联网技术的定义

物联网技术是指通过无线传感器、识别技术等手段，将机器、设备、传感器、人员等互联，使彼此之间能够交流和互动，完成各种业务功能，从而使人们的日常生活变得更加智能化和便利化。

物联网技术已经广泛应用于以下领域。

1. 智慧城市

智慧城市（见图 6-35）是指在城市规划、设计、建设、管理与运营等领域中，通过应用物联网、云计算、大数据、空间地理信息集成等智能计算技术，使得城市的关键基础设施组件和服务更互联、更高效和更智能，从而为市民提供更美好的生活和工作服务，为企业创造更有利的商业发展环境，为政府打造更高效的运营与管理机制。

图 6-35   智慧城市

2. 智能家居

智能家居（见图 6-36）是指以住宅为平台，利用综合布线技术、网络通信技术、安全防范技术、自动控制技术、音视频技术集成与家居生活有关的设施，构建高效的住宅设施与家庭日程事务管理系统，提升家居的安全性、便利性、舒适性、艺术性，并创建环保节能的居住环境。

图 6-36   智能家居

3. 车联网

车联网（见图 6-37）主要指车辆上的车载设备通过无线通信技术，对信息网络平台中的所有车辆动态信息进行有效利用，在车辆运行中提供不同的功能服务。车联网能够为车与车之间的间距提供保障，降低车辆发生碰撞事故的概率；可以帮助车主实时导航，并通过与其他车辆和网络系统的通信，提高交通运行的效率。

图 6-37　车联网

4. 智能医疗

智能医疗（见图 6-38）是指通过打造健康档案区域医疗信息平台，利用先进的物联网技术，实现患者与医务人员、医疗机构、医疗设备之间的互动，逐步实现信息化。

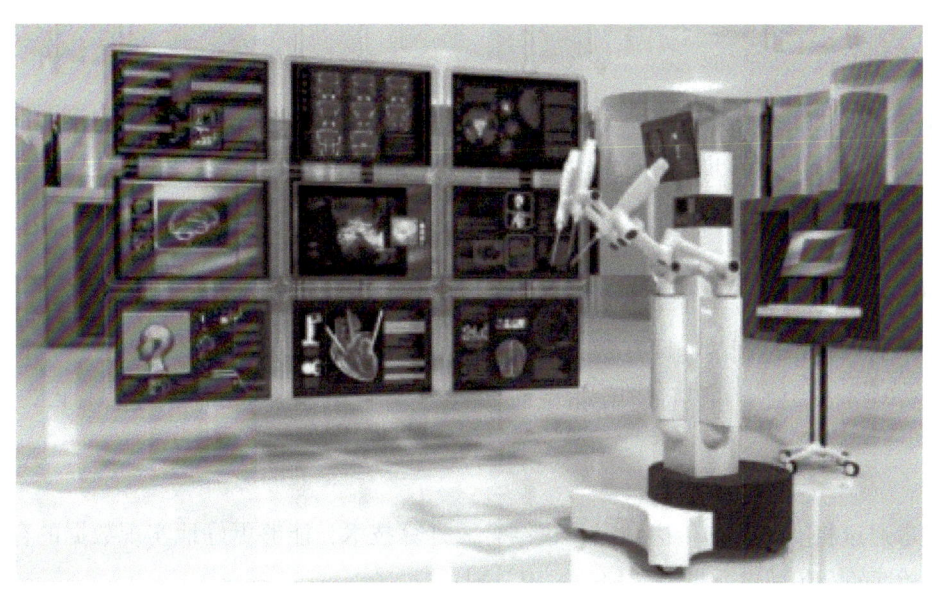

图 6-38　智慧医疗

5. 智能工厂

智能工厂（见图 6-39）是指利用各种现代化的技术，实现工厂的办公、管理及生产自动化，达到加强及规范企业管理、减少工作失误、堵塞各种漏洞、提高工作效率、进行安全生产、提供决策参考、加强外界联系、拓宽国际市场的目的。智能工厂实现了人与机器的相互协调合作，其本质是人机交互。

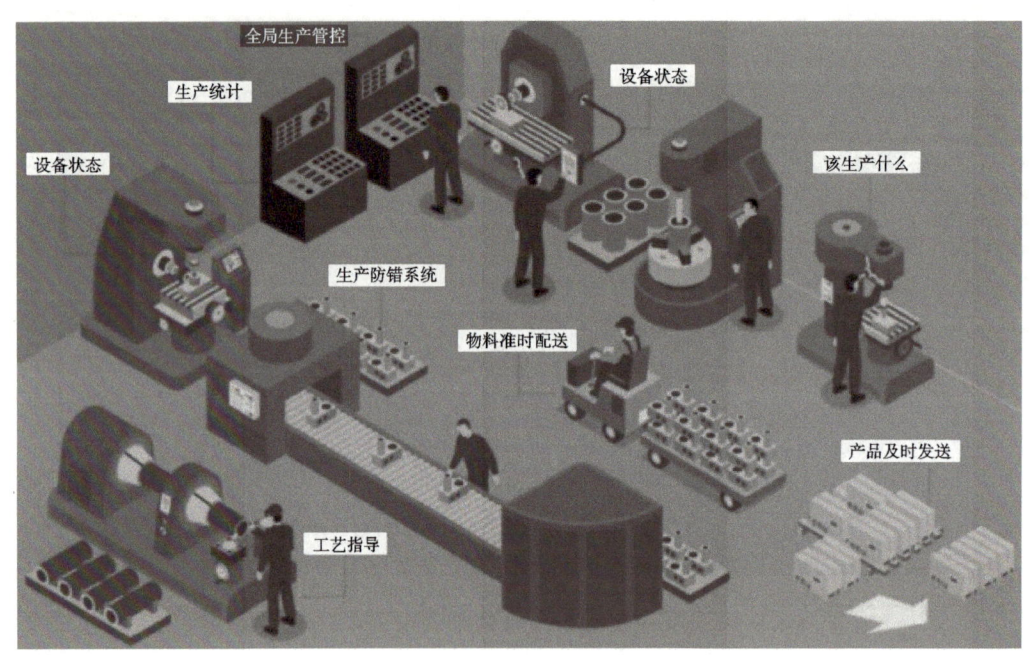

图 6-39　智能工厂

（二）物联网技术的应用

1. 数据采集和分析

物联网技术通过无线传感器等技术手段，能够实时采集各种数据信息，包括温度、湿度、气压等监测数据和用户行为数据，进一步利用数据挖掘、大数据分析等技术，对采集到的数据进行分析和处理，从而实现个性化推荐等功能。

2. 网络和设备管理

物联网技术通过设备之间的互联互通，能够更精细化地管理和控制设备，更合理地调度和优化网络资源，从而提高网络传输效率和设备使用效率，进一步提高业务的效率和通信的便利性。

3. 云计算

物联网技术通过将实时数据传递到云端，结合云计算技术，能够更好地实现数据的存储、分析和计算，从而提高数据的利用效率，扩大数据的应用范围。

（三）物联网技术发展影响

1. 数字化转型

物联网技术通过实时数据采集和分析，实现了设备和业务的数字化转型，使得业务管理更加便利和高效，提升了企业的协同效率和客户参与体验。

2. 云计算普及

物联网技术的发展推动了云计算技术在企业管理和数据处理中的普及和应用，进一步推动了企业向云计算、大数据、人工智能等方向的发展和转型，提高了行业的核心竞争力。

3. 安全风险加大

物联网技术的大量应用所带来的安全隐患和风险越来越受到人们的关注和重视，并对计算机系统的安全保障和风险管理提出更高的要求。

三、智慧城市要来了吗

智慧城市是指依托物联网、人工智能等技术手段，通过数据的统计、分析和应用，实现城市的智能化、信息化和绿色化。智慧城市是一种全面运用信息化技术来改善城市环境、促进城市持续发展的城市管理方式，通过自动化、数字化和信息化来优化城市的运转、提高生活的质量、减少环境污染和资源浪费。智慧城市在能够提高城市运行效率和服务水平的同时，也能够提升城市居民的生活品质和幸福感。那么，智慧城市要来了吗？

目前，国内外已经有很多城市启动了建设智慧城市的计划。例如，我国的深圳、上海、北京和杭州等城市，以及美国的旧金山、纽约和芝加哥等城市，都在积极推进智慧城市的建设。智慧城市建设的速度在不断加快，许多城市都已经取得了一些成果。

例如：在城市交通方面，可以通过智能交通系统，实现车辆、行人和公交车的智能导航和调度，从而减少交通堵塞和等待时间；在城市安全方面，可以采用视频监控和无人机巡逻等智能安防系统，提高城市的安全防范效果；在城市环保方面，可以通过智能化的垃圾分类和垃圾回收系统，实现城市的垃圾减量和资源回收利用，从而提高城市的环境质量。

智慧城市建设已经成为多地政府工程的标志项目，由此带动着相关产业发展和市场蓬勃壮大，成为各家企业争夺的目标。智慧城市所带来的便利也促使消费者愿意在智慧城市建设中贡献一份力量。随着科技的不断进步和应用的不断深化，相信智慧城市一定会成为未来城市建设的一个重要发展方向。

四、物联网常见设备及软件配置

随着物联网技术的不断发展，越来越多的设备被连接到互联网上，成为物联网设备。通过软件配置，这些设备可以实现远程控制、自动化等功能，大大提高了设备的智能化程度。

（一）物联网常见设备

1. 智能家居设备

智能家居设备（见图 6-40）是连接到互联网上的家庭设备，可以实现远程控制和自动化。常见的智能家居设备包括智能灯泡、智能插座、智能门锁等。用户可以通过手机 App 或语音助手等方式对这些设备进行配置和控制。

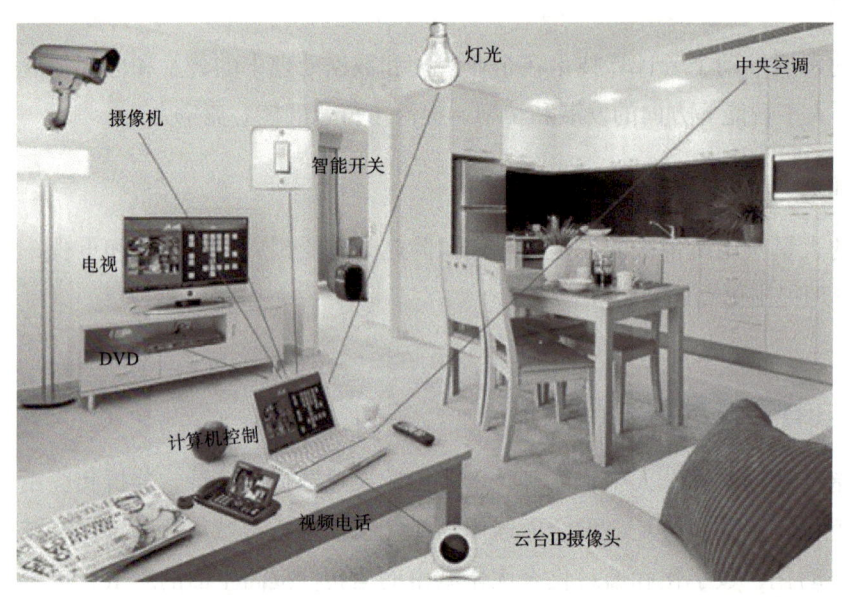

图 6-40　智能家居设备

2. 智能安防设备

智能安防设备是连接到互联网上的安防设备，可以实现监控和报警。常见的智能安防设备包括智能摄像头（见图 6-41）、智能门铃、智能烟感报警器等。用户可以通过手机 App 对这些设备进行配置和监控。

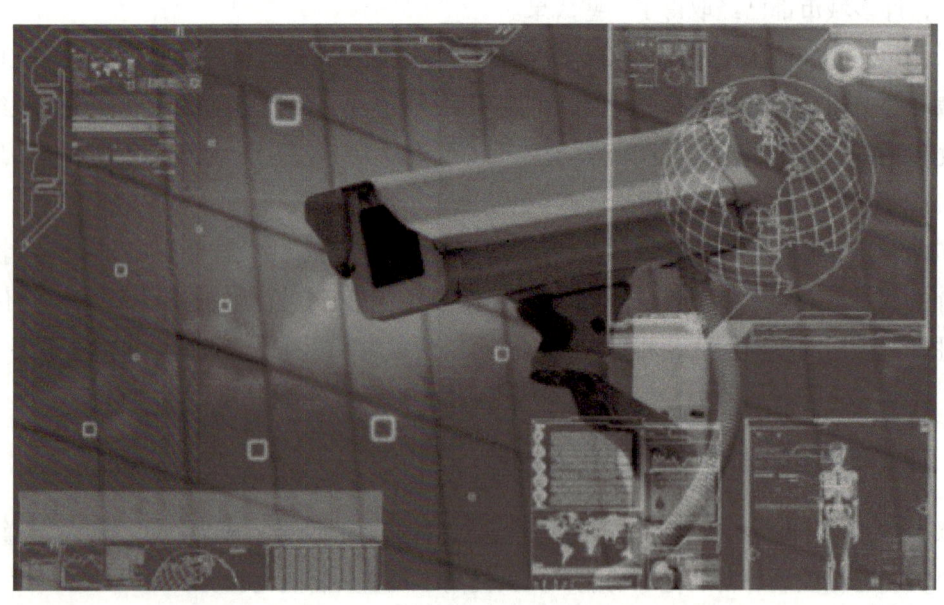

图 6-41　智能摄像头

3. 智能医疗设备

智能医疗设备（见图 6-42）是连接到互联网上的医疗设备，可以实现监控和远程诊断。常见的智能医疗设备包括智能血压计、智能血糖仪、智能心电图仪等。医护人员可以通过网络对这些设备进行远程监控和诊断。

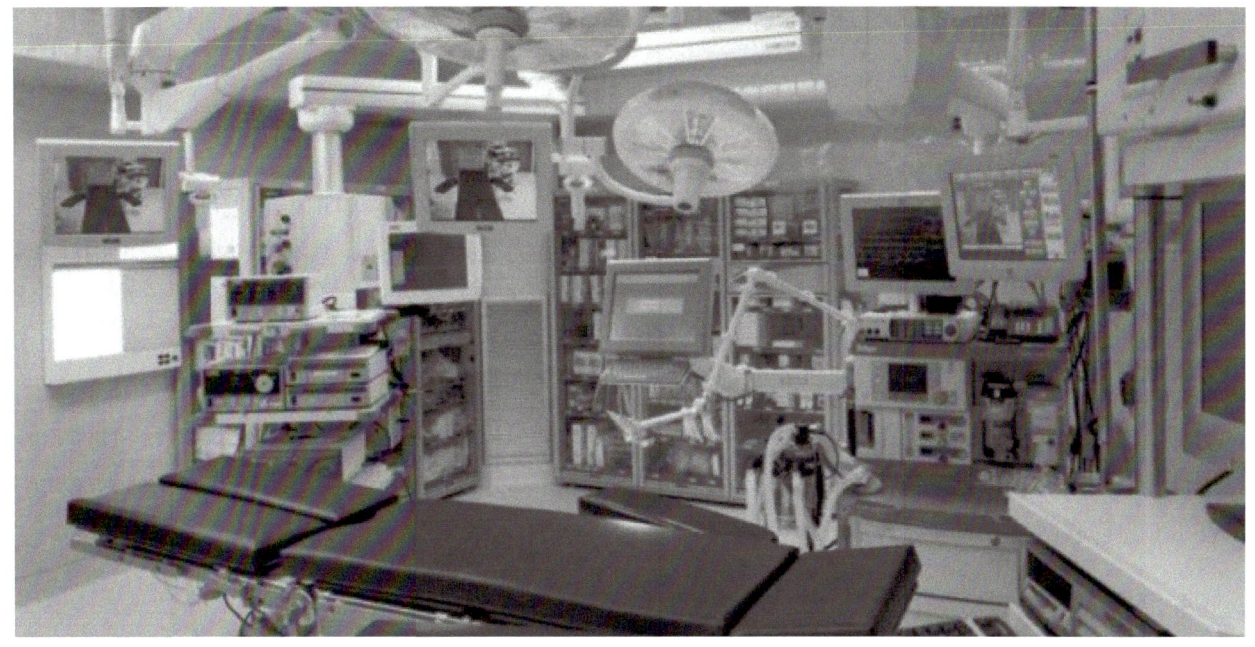

图 6-42　智能医疗设备

4. 物流和工业设备

物流和工业设备（见图 6-43）是连接到互联网上的设备，可以实现智能化管理和监控。常见的物流和工业设备包括智能仓库设备、智能输送设备、智能制造设备等。企业可以通过网络对这些设备进行远程管理和监控。

图 6-43　物流和工业设备

（二）物联网常见软件配置

1. 操作系统

物联网设备的操作系统需要具备小型、快速响应和低功耗等特点。目前，最常见的物联网设备的操作系统包括 Contiki、TinyOS、FreeRTOS 等。其中，Contiki 被广泛应用于智能城市、智能家居等领域，具有灵活和高度定制化特点。

2. 数据库

物联网数据量大、类型多，因此对数据库的性能和扩展性要求较高。目前，常见的物联网数据库包括 InfluxDB、OpenTSDB、MongoDB 等。其中，InfluxDB 被认为是最佳选择，具有高并发、高可用性和数据压缩等特点。

3. 云平台

物联网设备的数据需要汇聚、存储和分析；而云平台则可以提供虚拟化服务，具有可自动扩展和高可用性等特点。目前，国内外主流的云平台包括 AWS IoT、Microsoft Azure、阿里云物联网平台等。其中，AWS IoT 为物联网领域的领导者。

4. 消息队列

物联网的数据通信通常依靠高效、稳定和可靠的消息队列来实现。目前，常见的消息队列有 Kafka、RabbitMQ、ActiveMQ 等。其中，Kafka 具有高性能和高可扩展性等特点，适合在大数据流和数据分析场景中使用。

 项目任务

任务 1：共享单车原来是这样实现的。
（1）解锁一辆共享单车，并了解使用该共享单车的方法和注意事项。
（2）骑行一段距离，如 10 分钟左右，对车辆的稳定性、安全性、车速、车况等多方面进行评价。
（3）将共享单车骑到停车点并停车，记录还车时间、费用结算情况。
任务 2：打造智能家居环境。
谈一谈你身边的智能家居环境。

 **拓展知识**

强大的蜂舞协议

蜂舞协议是一种基于无线传感器网络的通信协议，具有数据传输性能高效、可扩展性优异和能耗低的特点。它采用了一种新颖的无线通信方式，可以充分利用广播的优势，有效减少重复传输和冲突，提高数据传输的成功率。蜂舞协议是一种层次化的协议，具有简洁的结构和清晰的层次划分，可以方便地增添新的协议和功能。

1. 蜂舞协议的功能与特点

（1）自组织性。

蜂舞协议具有自组织能力，节点之间可以通过无线通信来协调和协作，自动组成网络。

（2）多跳路由。

多跳路由是指将从源节点到目标节点的数据包在一定范围内通过多个中间节点进行转发传输。这种方法可以有效地扩大网络通信范围，提高网络的可靠性。

（3）聚集和反聚集。

蜂舞协议采用了一种聚集和反聚集的机制，使用移动聚集和直接聚集的方式来传输数据包。当需要传输数据包时，节点会采取移动聚集的方式，向目标节点进行移动，从而达到数据传输的目的。

（4）路由发现。

蜂舞协议具有路由发现的功能，可以根据不同的需求自动选择最优的路径传输数据。

（5）能量节约。

蜂舞协议考虑到无线传感器网络中各节点的电池寿命问题，采取了一系列能量节约措施，如低功率待机、动态休眠等，从而延长节点的电池使用寿命。

2. 蜂舞协议的效果

蜂舞协议在无线传感器网络和移动自组网等领域中得到广泛应用。在军事、医疗、环境监测等领域中，使用该协议可以大幅度提高网络的可靠性和传输效率，达到实时监测和控制的目的。

实验结果表明，使用蜂舞协议，可以将通信时延降低至 20 ms 以下，数据包传输成功率可以达到 99% 以上；相比传统的无线传感器网络，该协议可以明显提高数据传输的成功率和传输效率，从而为计算机网络的快速发展和突破障碍带来了重大的帮助。

3. 蜂舞协议的应用

蜂舞协议的应用非常广泛，主要体现在以下几个方面。

（1）数据存储和传输。

蜂舞协议可以应用于存储介质的管理和数据传输过程中，使数据的存取速度更加稳定。蜂舞协议能够有效地分配存储介质中的空间，防止过载和死锁现象的发生。

（2）网络优化和拓扑结构的调整。

通过蜂舞协议对网络拓扑结构进行自适应调整，能够使网络更加稳定，提高整体运行效率。

（3）故障检测和恢复。

蜂舞协议具有强大的故障检测和快速恢复能力，因此可以应用在各种关键的应用场景，如金融交易、医疗保健等中。

（4）节约能源和减少电量开销。

蜂舞协议可以应用于处理器的睡眠和唤醒过程，从而实现更加高效的能源利用，并减少电量开销。

第七章

数字媒体技术应用——创造精彩纷呈的数字媒体作品

第一节 媒体概念及分类

 一、媒体的含义

"媒体"（media）一词来源于拉丁语"medius"，意为两者之间。媒体是传播信息的媒介（见图7-1），是指人用来传递信息与获取信息的工具、渠道、载体、中介物或技术手段，也指传送文字、声音等信息的工具和手段。也可以把媒体看作为实现信息从信息源传递给受信者的一切技术手段。

图7-1 媒体

传统媒体（见图7-2）是相对于网络媒体而言的。它采用传统的大众传播方式，是通过某种机械装置定期向社会公众发布信息或提供教育娱乐平台的媒体，主要包括报纸、杂志、广播、电视等。

图7-2 传统媒体

传统媒体通过文字、图像和声音等多种手段向公众传递信息，存在时间和空间的局限性；而多媒体则集声音、图像、动画等于一体，并在一定程度上突破了时间和空间的局限性。但是，多媒体并不能取代传统媒体。

 二、传统媒体自身存在的不足

网络媒体进入传播领域对传统媒体不可避免地形成了强大的冲击。根据某公司的调查研究，大约 1/3 阅读在线电子新闻的用户对传统媒体失去了兴趣，电视收视率下降了 35%，广播收听率下降了 25%，报纸购买率下降了 18%。某公司的调查显示，1998 年 13% 的美国家庭因上网而退掉了订阅的报纸。网络传播"咄咄逼人"的发展态势给传统媒介带来巨大的影响和压力。

报纸新闻以文字传播为主，记者在报道复杂的新闻事件时只能采取单一的、线性的报道方式，对客观的新闻实践需要做抽象的概括，难免与客观真实有差距。受版面限制，新闻信息的容量有限，只能截取最有新闻价值的、迎合大多数人的阅读取向的信息，因而缺乏个性，不能全面满足受众的阅读需要。受出版时间的限制，报纸新闻的更新速度一般以"天"为单位。在这个信息时代，报纸的新闻时效性和新闻含量远落后于网络。报纸的发行量受地域的限制，导致新闻源有限和传播效果覆盖面有限。印刷的报纸存储烦琐，检索查询更是劳心费力。

广播新闻主要以声音传播为主，声音稍纵即逝，不易记忆和保存；在视觉上缺乏直观、生动的形象。广播采用线性的传播方式，听众只能按照电台的播出顺序收听，而且不能反复。电台发射的电波频率受天气、接收方位和其他电台相近频率的电波等条件的干扰，影响受众的收听效果。

电视虽具备了声画结合的特点，但表现形式仍不够丰富，而网络则使新闻的传播方式可以结合传输文字、图表、图片、声音、录像、动画等多种形式。电视新闻受节目时间的严格限制，只能在规定的节目时间内传播相应内容的信息，如中央电视台的《新闻联播》时长为 30 分钟，即传播新闻信息只有 30 分钟的时间。在播出其他形式的电视节目时，即时的新闻信息只能以字幕的方式出现在屏幕的下方，影响传播效果，而且以这种方式出现的新闻信息往往不能满足受众对该条新闻更具体、更全面的要求。和广播一样，电视也采用线性的传播方式。

报纸、广播、电视这三大传统媒体都是单向传播信息，即新闻机构向受众传播，没有受众的信息反馈这一环节，受众只能被动地接收信息，而缺少公开就信息发表意见的途径。

 三、网络对传统媒体的冲击

网络媒体（见图 7-3）以其自身的传播优势不可避免对传统媒体产生巨大的冲击。网络将世界联成一体，真正成为一个地球村。面对屏幕，整个世界如同搬进了我们的家，没有距离感，突破了时空限制，我们几乎可以通过网站获取全球任何一个角落的信息。

现今，如果我们想要知晓某网站的一则新闻，仅需数秒时间便可轻松获知。网络媒体几乎能让我们在法律允许的范围内随心所欲地获取信息；与之相对，传统媒体则是让我们在特定的条件下，只能在特定的时间了解特定的内容。这种差别极为明显，极大地降低了人们对传统媒体的依赖程度。

人们希望随时获取信息、关注重大事件的发展过程，传统媒体已满足不了受众的这种求知欲——对于新闻的制作和发布，传统媒体要经过写稿、划版、校样、印刷等组织处理过程之后，还要借助中介传播，这就让新闻成为明日黄花。而网络媒体具有较强的时效性，传递信息不受时空的限制，往往一件事情发生不到两分钟即可上网。网络媒体可以做到实时传播、同步传播、连续传播。

图 7-3　网络媒体

对于身边发生的趣事，我们可以随时记录并上传网络。人们通过网络可以在第一时间了解事情发生的过程，虽然了解到的信息不全面，但仍然可以通过搜索其他人上传的信息来填补空缺。单从时效性这一方面来说，这样的新闻才算是真正的新闻。

我们说，理想的媒体功能是向公众提供交流的场所，而由于传统媒体在技术上受时空的限制，它不具备交互功能（广播中热线电话的形式适用面有限，称不上媒体功能），信息的流动是单向的，受众一般都只是被动地接收信息，必须收集受众的反馈信息，反馈有一定的时间间隔。

网络媒体的交互性功能使网友既是新闻信息的接收者，又可以成为新闻信息的传播者和发布者。人们可以在任何时候、任何地方向任何一个拥有网络传输设施的人提供信息。网友按动鼠标、键盘，就可以与传媒进行交流。聊天室、微博、朋友圈……都是网友提供信息和发表意见的场所（见图 7-4）；互联网电子邮件（E-mail）也是现代人亲密的伙伴，它使网上交流极为便捷，只要我们愿意，我们随时可以把我们的所见、所想，我们的欢乐、悲伤告诉远在千里以外、万里之遥的至爱亲朋。网络媒体与受众之间的交流更方便、更及时、更接近，在倾听读者心声、接收反馈等方面都优于传统媒体，这为人们互相交流，制造、利用各种信息资源，开辟新的事业提供了极大的方便。由此，网络媒体对传统媒体的挑战又迈进一步。

网络媒体突破了时空观念和媒体的限制，表现出极大的开放性。网络中每一个成员可以平等地共享网上信息，在世界上的任何地方，只要有计算机，只要与互联网接通，就可以获取发生在世界任何一个地方的信息。网络将信息自由的空间下放给每一个普通人，每一个普通人都可以获得与世界同步发展的机会。

由于网络媒体能及时、广泛地传播信息，并且具有交互性和开放性等诸多优势，因此网络媒体获得了突飞猛进的发展。毫无疑问，网络媒体的发展对传统媒体形成巨大冲击已是不争的事实。

图7-4 网络媒体是网友提供信息和发表意见的场所

 四、数字媒体

数字媒体（见图7-5）是指以二进制数的形式记录、处理、传播、获取过程的信息载体。这些载体包括数字化的文字、图形、图像、声音、视频影像和动画等感觉媒体，表示这些感觉媒体的表示媒体（编码）等，以及存储、传输、显示感觉媒体和表示媒体的实物媒体。其中，感觉媒体和表示媒体统称为逻辑媒体。

图7-5 数字媒体

数字媒体的发展不再是互联网和IT行业的事情，而将成为全产业未来发展的驱动力和不可或缺的能量。数字媒体的发展通过影响消费者行为深刻地影响着各个领域的发展，消费业、制造业等都受到来自

数字媒体的强烈冲击。

麦克卢汉说过，媒介即讯息，媒介技术的进步对社会发展起着重要的推动作用。数字媒体的发展将以传播者为中心转向以受众为中心，数字媒体将成为集公共传播、服务、文化娱乐、交流互动等于一体的多媒体信息终端。

1. 数字媒体的主要特点

（1）传播者多样化：由于数字方式不像模拟方式需要占用相当大的空间，传统的模拟方式因频道稀缺而导致的垄断将会被打破。

（2）传播内容海量化。

（3）传播渠道交互化。

（4）受众个性化。

（5）传播效果智能化：借助计算机系统，数字媒体能够对观众的收视行为及收视效果进行更为精确的跟踪和分析。

数字媒体的出现改变了传统媒体属于纯粹的大众传播媒介这一属性，不仅仅能进行大众传播，还能在大众传播的基础上进行精确化传播。

2. 精确化传播

随着传播媒介的发展演化，人类的传播方式也在不断地演变和发展。最初是绝对的大众传播，即完全不考虑信息接收的对象，直接把信息传向最广泛大众的传播，后来演变为分众传播，即将信息接收对象按特征和喜好等进行一定的划分，再进行相应信息的传播。

尼葛洛庞帝在《数字化生存》中提到，在信息时代，大众传媒的覆盖面经历了从大到小的变化。一方面，传播媒体拥有越来越多的观众和读者，传播的辐射面变得更为宽广；另一方面，针对特定读者群的传播又变得越来越小、越来越专。随着媒介和受众的共同发展，分众传播开始进入一个新阶段，即精确化传播阶段。

数字媒体的个性化传播特性决定了其传播对象的细分化，甚至开始以家庭和个人为基本单位进行量身定制和传播。这就使得"受众"这一传统概念的划分越来越细，能在大众传播的基础上进行更分众化、精确化的传播。

当我们在上网、观看视频、听音乐或网络购物时，系统会关注我们更愿意关注哪些信息，以此来分析我们的喜好，向我们推送我们喜欢的视频、音乐或者商品，这就是精确化传播。

 项目任务

> 任务 1：知识分享。
>
> 与大家分享你认识的传统媒体都有哪些、它们是如何影响或改变你的生活的。
>
> 古语有云："秀才不出门，能知天下事。"在信息传递不发达的古代，有传统媒体吗？古代的人们是怎样了解世界、传递信息的呢？

任务 2：知识分享。

谈一谈你知道的数字媒体都有哪些、它们是如何影响或改变你的生活的。

我们的爷爷奶奶年轻的时候是怎样获取信息、了解新鲜事物的？我们的爸爸妈妈年轻的时候又是怎样获取信息、了解新鲜事物的？到了各位同学出生的时候，信息技术和网络资源建设已经基本完善，我们的信息获取和老一辈人又有怎样的差别呢？在了解历史的同时想一想，为什么我们能够过上幸福美好的生活。

 **拓展知识**

人们是怎样学习的呢?

人们是怎样学习的呢？在最开始我们连文字都没有的时候，知识的传递靠口耳相传，也就是老师说给学生听，学生通过反复听和反复说记住知识。文字出现后，我们把知识内容记录下来，刻在石头、兽骨、龟甲或者竹片上，只要学习者认识文字，就可以学习到知识。再后来，我们对文字配上图片，使我们的理解不会有那么大的偏差，通过图片帮助我们更好地理解知识本身的含义。现在，我们可以运用视频、声音配合文字来理解，甚至可以"身临其境"地去体会、去感悟。这就是媒体技术在学习方面带给我们比较直接的改变。

营造良好数字生态

"当今世界，信息技术创新日新月异，数字化、网络化、智能化深入发展。"党的十八大以来，以习近平同志为核心的党中央高度重视数字生态建设，从各个层面全面推动信息化建设。《中华人民共和国国民经济和社会发展第十四个五年规划和 2035 年远景目标纲要》提出，聚焦教育、医疗、养老、抚幼、就业、文体、助残等重点领域，推动数字化服务普惠应用；推进学校、医院、养老院等公共服务机构资源数字化，加大开放共享和应用力度；推进线上线下公共服务共同发展、深度融合，积极发展在线课堂、互联网医院、智慧图书馆等。运用数字技术可全面提升公共服务品质和生活便捷度，满足人民美好生活需求。

 **课后练习**

1. 谈一谈你身边的数字媒体有哪些。
2. 谈一谈数字媒体与传统媒体的差别。
3. 与大家分享一个你知道的数字媒体。
4. 在当下数字媒体时代，传统媒体还会继续存在吗？还有存在的价值吗？与大家分享你的看法。

第二节　数字媒体技术的研究领域

一、数字媒体技术

数字媒体技术是指利用计算机技术和网络技术来创建、编辑、传播和展示数字内容的技术。数字媒体技术涉及多个领域，包括图像处理、音频处理、视频处理、多媒体技术、网络技术、交互设计等。数字媒体技术的重要性在于它可以改变人们获取信息和娱乐的方式，为人们带来更加便捷、多样化的体验。数字媒体技术的发展也推动了多个行业的创新和发展，包括文化创意、广告营销、电子商务、游戏娱乐等。

数字媒体技术是主要针对游戏开发、网站美工和创意设计类工作设计的技术。它的主要应用领域是数字信息处理技术、计算机技术、数字通信和网络技术等的交叉学科和技术领域，如图 7-6 所示。

图 7-6　数字媒体技术的应用

数字媒体技术通过现代计算和通信手段，综合处理文字、声音、图形、图像等信息，使抽象的信息变得可感知、可管理和可交互。

数字媒体技术主要研究与数字媒体信息的获取、处理、存储、传播、管理、安全、输出等相关的理论、方法、技术与系统。

由此可见，数字媒体技术是包括计算机技术、通信技术和信息处理技术等各类信息技术的综合应用技术，它所涉及的关键技术及内容主要包括数字信息的获取与输出技术、数字信息存储技术、数字信息处理技术、数字传播技术及数字信息管理与安全等。

二、数字媒体的主要环节

数字媒体的工作原理如图 7-7 所示。它主要包括设备采集、信息编辑与处理、信息上传与存储、信息的显示与反馈 4 个环节。

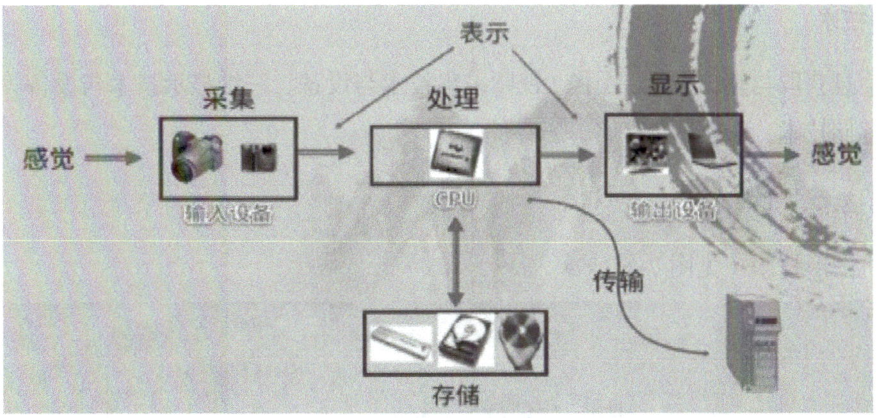

图7-7 数字媒体的工作原理

（1）设备采集，顾名思义，需要使用电子设备对图像、视频、音频等进行采集。常用的电子设备有相机、摄像机、录音笔、手机等。在后期的展示中，尽可能多地把文字、图形、图像、视频、音频等还原给受众，让受众产生最直观的感受。

（2）信息编辑与处理指的是信息在采集后需要进行一定的加工与删减，以便更好地说明事件，使受众在有效的时间内获取更多的信息。例如：对图像进行加工，让画面更有说服力；对声音进行加工，去除噪声；在视频中加入画中画、配上文字等。

对信息的编辑与处理方式较为多样，在此不一一展开叙述。值得说明的是，有些信息编辑者可能会对信息进行过分加工、改变事实，以期达到其他效果。

（3）信息上传与存储是指把编辑、处理好的信息存储在存储器中或者上传网络。这其实是一种常规的信息保存方法。遵循信息管理安全原则——加密备份，可以有效地保障信息安全。

（4）信息的显示与反馈是指将编辑好的信息通过网络交互平台或社交软件上传，与其他用户交流分享，大众可以及时查看信息，大多数时候也可以与其他人交流互动。

三、相关技术

数字媒体技术主要包括核心技术、关联支持技术和扩展应用技术。核心技术往往是具有核心竞争力、具有较大影响力且能够推动科技发展的技术。例如，不同的设备产商研究不同信息的压缩技术，使有限的存储空间能够存储更多的信息资源，且在解压后能够保持较高的清晰度，高度还原信息资源，如大家熟知的 WinRAR 软件和 WinZip 软件。再例如，在用户切换视频、音乐时做到不卡顿，拉满体验感，就属于网络传输核心技术。用户在使用网络信息资源的同时，肯定不想被黑客攻击，不想自己的信息被泄露，因此数据库管理与安全也属于核心技术。

1. 核心技术

（1）媒体信息处理技术：视音频编码压缩、图像/视频内容分析、语音识别等。

（2）媒体传输技术：网络流媒体、P2P、无线多媒体传输等。

（3）媒体内容管理技术：数字媒体数据库、基于内容的检索、数字版权管理、数字信息保护、数字媒体集成分发等。

2. 关联支持技术

（1）媒体信息获取与输出技术：图像/视频采集技术与设备、三维显示技术与设备等。

（2）媒体存储技术：海量分布存储、云存储等。

3. 扩展应用技术

（1）计算机图形技术（见图 7-8）。

图 7-8　计算机图形技术

（2）计算机动画技术。

（3）虚拟现实技术。

 项目任务

> 任务 1：与大家分享你印象最深刻的媒体表现形式。
>
> 在 20 世纪 80 年代，我们听音乐需要购买磁带；在 20 世纪 90 年代，我们听音乐、看视频购买的是光碟；时至今日，我们习惯在流媒体平台在线听音乐、看视频。
>
> 从磁带、光碟到流媒体平台，科技的进步带来了不同的生活体验，与大家分享你印象最深刻的媒体表现形式。
>
> 任务 2：与大家分享你是如何制作自己的数字媒体作品的。
>
> 现如今，我们习惯通过社交媒体表达自己的情绪、分享自己的生活。与大家分享你制作数字媒体作品的完整过程，说说从拍摄到剪辑再到发布，你的思路、使用的设备、制作过程和是如何发布的。

 **拓展知识**

数字媒体国内外发展状况

1. 英国

英国高度重视数字媒体产业的原创性，数字媒体产业已成为英国的重要产业。

2. 新加坡

新加坡政府适时提出以知识经济为基础，将以数字媒体为主的文化创意产业作为推动经济快速增长的重要引擎之一，大力发展以文化艺术、设计和媒体为主体的创意产业。

同时，新加坡还在财政上大力资助创意产业。

3. 美国

数字媒体产业在美国已发展成重要的支柱产业。在华纳媒体、迪士尼等传媒产业巨头的引导下，西方 50 家规模较大的媒体娱乐公司占据了当今世界上绝大部分数字媒体产业市场。

4. 日本

日本是世界上数字媒体产业最发达的国家之一，数字媒体产业成为日本目前三大经济支柱产业之一。

5. 中国

中国进入了数字媒体快速增长时期。中国数字媒体的相关产业，即影视、动漫、游戏、电子出版等蓄势待发，数字文化、数字艺术促进了媒体传播方式的变革。

 **课后练习**

用你学过的数字媒体技术，制作一个作品并发布。内容积极健康，表现形式及题材不限。

第三节　数字媒体技术的特点与应用

 ## 一、数字媒体技术的特点

（1）数字化：所有媒体信息都采用二进制的比特形式。

（2）多样性：涉及文字、图形、图像、动画等各种媒体信息。

（3）集成性：集成多种技术和相关设备。

（4）交互性：具有互动性，采用了人机交互技术。

（5）实时性：可实现实时传输控制，如电视直播、远程医疗等。

（6）趣味性：互联网、数字游戏、数字电视等各种娱乐方式相结合。

（7）艺术性：利用相关技术表现出艺术效果。

（8）主动性：主动参与、自行发布（自媒体、朋友圈等）。

（9）交叉性：多种学科领域，如计算机软硬件、图形图像处理、计算机视觉、人工智能等交叉融合。

 ## 二、数字媒体技术的应用

1. 产业链的构成

数字媒体产业链的构成如图 7-9 所示。

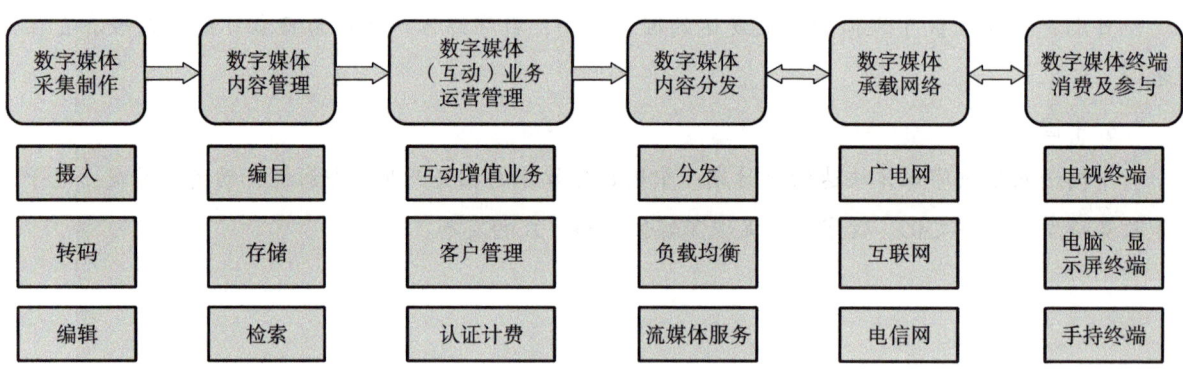

图 7-9　数字媒体产业链的构成

2. 应用领域

（1）家庭娱乐：有线电视、数字影视、IPTV、数字游戏、数字广播、数字广告等。

（2）教育培训：线上课程、微课、慕课等。

（3）视频会议。

（4）远程医疗。

（5）移动通信：移动多媒体广播、移动电视等。

 ## 三、媒体的概念及分类

1. 媒体的含义

（1）存储信息的实体：如纸张、磁盘、光盘、半导体存储器。

（2）信息表示和传播的载体：主要包含时间独立型媒体或离散媒体（文字、图像、图形）和时间依赖型媒体或连续媒体（声音、动画、视频）。

（3）媒体管理与运营：如新闻、出版、广播和电影、电视、互联网等运营机构。

2. 数字媒体

数字媒体是指采用二进制数字形式的信息载体，涉及数字化的文字、声音、图像等，以及以数字形式对各类媒体信息进行采集、编辑、分发、传播、存储等。

（1）数字媒体的特点。

①以数字化的形式存储、处理和传播信息。

②以网络为主要传播载体。

③具有多样性、互动性、集成性。

（2）媒体的分类。

①感觉媒体：直接作用于人的感官，使人直接产生感觉的一类媒体。

②表示媒体：为了加工、处理、存储和传输感觉媒体而人为构造出来的一类媒体。

③存储媒体：用于存储表示媒体的物理介质。

④传输媒体：数据传输系统中在发送器和接收器之间的物理通路。

⑤显示（表现）媒体：获取和显示信息的设备，包括信息输入媒体（键盘、鼠标、扫描仪）和信息输出媒体（显示器、打印机、音响）。

第八章

网络安全基础

第一节　网络安全概述

一、什么是网络安全

网络安全从本质上来讲就是网络上的信息安全。它涉及的领域相当广泛。这是因为在目前的公用通信网络中存在着各种各样的安全漏洞和威胁。从广义上来说，凡是涉及网络上信息的保密性、完整性、可用性、真实性和可控性的技术和理论，都是网络安全所要研究的内容。下面给出网络安全的一个通用定义。

网络安全是指网络系统的硬件、软件及系统中的数据受到保护，不因偶然的或者恶意的原因而遭到破坏、更改或泄露，系统连续、可靠、正常地运行，网络服务不中断。

从用户的角度来说，用户希望涉及个人隐私或利益的信息在网络上传输时受到保护，避免其他人或对手利用窃听、冒充、篡改等手段对用户自身的利益和隐私造成损害和侵犯，同时也希望当用户自身的信息保存在某个计算机系统上时，不被其他非法用户非授权访问和破坏。

从网络管理者的角度来说，网络管理者希望对本地网络信息的访问、读写等操作受到保护和控制，避免受到病毒攻击、非法存取、拒绝服务和非法占用网络资源及非法控制等威胁，制止和防御网络"黑客"的攻击。

因此，网络安全在不同的环境和应用中会有不同的解释。

1. 运行系统安全

保证运行系统安全即保证信息处理和传输系统的安全，包括保护计算机系统机房环境、考虑计算机结构设计上的安全性、保证硬件系统可靠安全运行、保护计算机操作系统和应用软件的安全、保护数据库系统的安全、防止电磁信息泄露等。它侧重于保证系统正常运行，避免因为系统的崩溃和损坏而对系统存储、处理和传输的信息造成破坏，避免泄露信息、干扰他人（或受他人干扰），本质上是保障系统的合法操作和正常运行。

2. 网络上信息的安全

保证网络上信息的安全的措施包括用户口令鉴别、用户存取权限控制、数据存取权限、方式控制、安全审计、安全问题跟踪、计算机病毒防治和数据加密等。

3. 网络上信息传播的安全

保护网络上信息传播的安全侧重于防止和控制非法、有害的信息传播后的后果，避免公用通信网络上大量自由传输的信息失控，本质上是维护道德、法则或国家利益。

4. 网络上信息内容的安全

网络上信息内容的安全即狭义的信息安全。保护网络上信息内容的安全，侧重于保护信息的保密性、真实性和完整性，避免攻击者利用系统的安全漏洞进行窃听、冒充和诈骗等有损合法用户权益的行为，本质上是保护用户的利益和隐私。

显而易见，网络安全与所保护的信息对象有关，本质是在信息的安全期内保证信息在网络上流动时或者静态存放时不被非授权用户访问，但授权用户却可以访问。显然，网络安全、信息安全和系统安全的研究领域是相互交叉和紧密相连的。

二、危害网络安全的因素

1. 威胁

网络中存在的威胁主要表现在以下几个方面。

（1）非授权访问。这主要是指非正常使用或超越权限使用网络设备以及信息资源。

（2）假冒合法用户。这主要指利用各种假冒或欺骗的手段非法获得合法用户的使用权，以达到占用合法用户资源的目的。

（3）破坏数据的完整性。

（4）干扰系统的正常运行，改变系统正常运行的方向和延时系统的响应时间。

（5）病毒破坏。

（6）通信线路被窃听等。

2. 操作系统的脆弱性

无论哪一种操作系统，体系结构本身都是不安全的一种因素。由于操作系统的程序是可以动态连接的，包括 I/O 设备的驱动程序与系统服务都可以用打补丁的方法进行升级和动态连接。这种方法，该产品的厂商可以使用，黑客也可以使用，而这种动态连接也正是计算机病毒产生的"温床"。因此，这种使用打补丁与渗透开发的操作系统是不可能从根本上解决安全问题的。

操作系统不安全的另一个原因在于它可以创建进程，即使在网络的节点上，也可以进行远程的创建与激活，更令人不安的是被创建的进程具有可以继续创建进程的权力。加之操作系统支持在网络上传输文件、在网络上能加载程序，就可以对网络信息安全构成巨大的威胁。

这些不安全因素充分暴露了操作系统在安全性方面的脆弱性。

3. 计算机系统的脆弱性

计算机系统的脆弱性主要来自操作系统的不安全性和网络环境下通信协议的不安全性。几乎所有的操作系统都存在着安全漏洞——研发人员为了开发和维护操作系统会在操作系统中内置超级用户，如果入侵者得到了超级用户口令，整个系统将完全受控于入侵者。

计算机可能会因硬件或软件故障而停止运行，或被入侵者利用并造成损失。硬盘故障、电源故障和芯片主板故障都是人们应考虑的硬件故障问题，这也体现了计算机系统的脆弱性。

4. 协议安全的脆弱性

当前，计算机网络系统普通使用的 TCP/IP 以及 FTP、E-mail 系统、NFS 等都包含着许多影响网络安全的因素，存在许多漏洞。因网络协议制定存在人为干预，彻底抹除漏洞是不可能完成的任务，我们能做的只是将漏洞尽可能隐藏起来，但这依旧存在安全风险。

5. 数据库管理系统安全的脆弱性

由于数据库管理系统（DBMS）对数据库的管理建立在分级管理的概念上，因此数据库管理系统的安全也与协议安全存在相同的脆弱性。另外，数据库管理系统需要通过操作系统与用户产生数据交换，因此数据库管理系统的安全策略必须与操作系统的安全策略配套，这无疑是一个先天的不足之处。

6. 人为的因素

不管是什么样的网络系统都离不开人的管理，但大多数网络系统又缺少高素质的网络管理员。此外，网络系统还缺少网络安全管理的技术规范，缺少定期的安全测试与检查，更缺少安全监控。这些不足也成为威胁网络安全的关键因素。

三、网络安全防范措施

1. 利用备份和镜像技术提高数据的完整性

备份的意思是在另一个地方制作一份拷贝，这个拷贝将保留在一个安全的地方，一旦失去原件就能使用该拷贝。应该有规律地进行备份，以避免由于硬件的故障而导致数据的损失。提高可靠性是提高安全性的一种方法，它可以保障今天存储的数据明天还可以使用。数据完整性的破坏原因可能是芯片故障、电源失效，甚至发生火灾。备份将提供安全保障。

备份对于防范人为的破坏也至关重要。如果计算机中的数据已经备份，就可以在另一台计算机上恢复数据。如果计算机黑客攻破计算机系统并删掉所有文件，备份将能把它们恢复。

但是，备份也存在潜在的安全问题。备份数据是间谍偷窃的目标，因为它们含有有价值的信息。

2. 防治病毒

用户应定期检查病毒并对引入的软盘等移动介质或下载的软件和文档加以安全控制，最起码应在使用前对软盘等移动介质进行病毒检查，及时更新杀毒软件的版本，注意病毒流行动向，及时发现正在流行的病毒，并采取相应的措施。

3. 安装补丁程序

用户应及时安装各种安全补丁程序，不要给入侵者以可乘之机，因为系统的安全漏洞传播很快，若不及时修正，后果难以预料。现在，操作系统上都有系统安全漏洞说明，并附有下载及安装方法，用户可以经常访问这些内容以获取有用的信息。

4.提高物理安全

管理员应保证机房的物理安全，即使网络安全或其他安全措施再好，如果有人闯入机房，那么什么措施也都不管用了。实际上有许多装置可以确保计算机和计算机设备的安全，如用高强度电缆从计算机的机箱穿过。注意，在安装这样的一个装置时，要保证不损害或者妨碍计算机的操作。

5.构筑因特网防火墙

这是一种很有效的防御措施，但一个维护很差的防火墙也不会有很大的作用，所以还要有一个有经验的防火墙维护人员。虽然防火墙是网络安全体系中极为重要的一环，但并不是唯一的一环，也不能因为有了防火墙就觉得可以高枕无忧了，因为它只提供了对网络边缘的防卫，内部的人员可能滥用访问权，而由此导致的事故占全部事故的一半以上。

防火墙不能解决的另一个问题是特洛伊木马。特洛伊木马把自己伪装起来，让防火墙认为这是一个正常的程序，实际上它是一个破坏程序，可以通过 E-mail 进行传播。虽然有些防火墙可以检查病毒，但这些防火墙只能阻挡已知的病毒程序，对新型病毒没有任何作用。

第二节　防　火　墙

一、防火墙的基本概念

防火墙是在两个网络之间执行访问控制策略的一个或一组系统，包括硬件和软件，目的是保护网络不被他人侵扰。在本质上，它遵循的是一种允许或阻止业务来往的网络通信安全机制，也就是提供可控的过滤网络通信，只允许授权的通信。

通常，防火墙就是位于内部网或 Web 站点与因特网之间的一个路由器或一台计算机（又称为堡垒主机）。它如同一扇安全门，为门内的部门提供安全，控制那些出入该受保护环境的人或物。防火墙就像工作在前门的安全卫士，控制并检查站点的访问者。

防火墙是由管理员为保护自己的网络免遭外界非授权访问但又允许与因特网连接而发展起来的。从网际角度，防火墙可以看成是安装在两个网络之间的一道栅栏，根据安全计划和安全策略中的定义来保护其后面的网络。

二、防火墙的功能特点

1.防火墙能够强化安全策略

因特网上每天都有很多人浏览信息、交换信息，不可避免地会出现个别品德不良或违反规则的人。

防火墙是防止不良现象发生的"交通警察"，它执行站点安全策略，仅仅容许认可的和符合规则的请求通过。

2. 防火墙能有效地记录因特网上的活动

因为所有进出信息都必须通过防火墙，所以防火墙非常适用于收集关于系统和网络使用的信息。作为访问的唯一点，防火墙记录着被保护的网络和外部网络之间进行的所有事件。

3. 防火墙限制暴露用户点

防火墙能够用来隔开网络中的一个网段与另一个网段，这样就能够有效控制影响一个网段的问题通过整个网络传播。

4. 防火墙是安全策略的检查站

所有进出网络的信息都必须通过防火墙，因此防火墙成为一个安全检查点，将可疑的访问拒绝于"门外"。

三、防火墙的不足之处

防火墙也是有缺点的，主要表现在以下几个方面。

1. 不能防范恶意的知情者

防火墙可以禁止系统用户经过网络连接发送专有的信息，但用户可以将数据复制到磁盘、磁带上，放在公文包中带出去。如果入侵者已经在防火墙内部，防火墙是无能为力的。内部用户可以在不接近防火墙的情况下偷窃数据、破坏硬件和软件，并且巧妙地修改程序。对于来自知情者的威胁，只能要求加强内部管理。

2. 防火墙不能防范不通过它的连接

防火墙能够有效地防止通过它进行传输信息，然而不能防范不通过它而传输的信息。例如，如果站点允许对防火墙后面的内部系统进行拨号访问，那么防火墙没有办法阻止入侵者拨号入侵。

3. 防火墙不能防备全部的威胁

防火墙用于防备已知的威胁，设计较好的防火墙可以防备新的威胁，但没有哪个防火墙能自动防御所有新的威胁。

4. 防火墙不能防范病毒

防火墙不能消除网络计算机的病毒。虽然许多防火墙扫描所有通过的信息，以决定是否允许它通过内部网络，但扫描是针对源、目标地址和端口号的，而不扫描数据的确切内容。即使是先进的数据包过滤，在病毒防范上也是不实用的，因为病毒的种类太多，有许多种手段可使病毒在数据中隐藏。

大多数防火墙采用不同的策略进行防护，这样便给病毒带来了可乘之机。无论防火墙多么安全，用户也需要在防火墙后面进行病毒清除。

第三节　网络安全技术

一、安全协议概述

1. 应用层安全协议

（1）安全 Shell（SSH）协议。

在实际工作中，SSH 协议通常用于替代 Telnet 协议、RSH 协议。它类似于 Telnet 协议，允许客户机通过网络连接到远程服务器并运行该服务器上的应用程序，被广泛用于系统管理中。该协议可以加密客户机和服务器之间的数据流，这样可以避免 Telnet 协议中口令被窃听的问题。该协议还支持多种不同的认证方式。

（2）安全电子交易（SET）协议。

安全电子交易（secure electronic transaction，SET）协议是电子商务中用于安全电子支付最典型的一种协议。它是由 MasterCard 和 VISA 制定的标准，这一标准的开发得到了 IBM、Microsoft、Netscape、SAIC、Terisa 和 VeriSign 的投资以及其他信用卡和收费卡发行商的支持。SET 协议是在一些早期协议（如 MasterCard 的 SEPP 协议、VISA 协议和 Microsoft 的 STT 协议）的基础上整合而成的，它定义了交易数据在卡用户、商家、发卡行和收单行之间的流通过程，以及支持这些交易的各种安全功能（数字签名、Hash 算法和加密等）。

（3）S-HTTP 协议。

WWW 是在超文本传输协议（HTTP）基础上建立起来的，但 HTTP 协议中不包含安全性机制，因此人们提出了安全 HTTP 协议（即 S-HTTP 协议）。它是对 HTTP 协议进行的扩展，描述了一种使用标准加密工具来传送 HTTP 数据的机制。S-HTTP 协议几乎包括在相当长的一段时间内可能需要的安全 HTTP 访问应该具有的全部特征。它工作在应用层，同时对 HTML 进行了扩展，服务器方可以在需要进行安全保护的文档中加入加密选项，控制对该文档的访问以及协商加密、解密和签名算法等。

（4）PGP 协议。

PGP（pretty good privacy）协议主要用于为电子邮件提供加密和认证功能。它可以对通过网络进行传输的数据创建和检验数字签名、加密、解密以及压缩。除电子邮件外，PGP 协议还被广泛用于网络的其他功能之中。PGP 协议的一大特点是源代码免费使用、完全公开。

（5）S/MIME 协议。

S/MIME 协议在 MIME（多用途 Internet 邮件扩展）规范中加入了获得安全性的一种方法，提供了用户和认证方的形式化定义，支持邮件的签名和加密。

2. 传输层安全协议

（1）SSL 协议。

安全套接层（secure socket layer，SSL）协议是 Netscape 开发的安全协议。它工作在传输层，独立于上层应用，为应用提供一个安全的点对点通信隧道。SSL 机制由协商过程和通信过程组成，协商过程用于确定加密机制、加密算法、交换会话密钥服务器认证以及可选的客户端认证，通信过程秘密传送上层数据。虽然现在 SSL 协议主要用于支持 HTTP 服务，但从理论上讲，它可以支持任何应用层协议，如 Telnet 协议、FTP 协议等。

（2）PCT 协议。

私密通信技术（private communication technology，PCT）协议是 Microsoft 开发的传输层安全协议，它与 SSL 协议有很多相似之处。现在 PCT 协议已经同 SSL 协议合并为 TLS（传输层安全）协议，只是习惯上仍然把 TLS 协议称为 SSL 协议。

3. 网络层安全协议

为开发在网络层保护 IP 数据的方法，IETF（Internet Engineering Task Force）成立了 IP 安全协议工作组（IPSec）。该工作组定义了一系列在 IP 层对数据进行加密的协议，包括：

（1）IP 验证头（authentication header，AH）协议；

（2）IP 封装安全载荷（encapsulating security payload，ESP）协议；

（3）Internet 密钥交换（Internet key exchange，IKE）协议。

二、网络加密技术

1. 链路加密

链路加密是目前最常用的一种加密方法，通常用硬件在网络层以下的物理层和数据链路层中实现。它用于保护通信节点间传输的数据。这种加密方法比较简单，实现起来也比较容易，只要把一对密码设备安装在两个节点间的线路上，即把密码设备安装在节点和调制解调器之间，使用相同的密钥即可。用户没有选择的余地，也不需要了解加密技术的细节。一旦在一条线路上采用链路加密，往往需要在全网内都采用链路加密。

2. 异步通信加密

异步通信时，发送字符中的各位都是按发送方数据加密设备的时钟所确定的不同时间间隔来发送的。接收方的数据终端设备产生一个频率与发送方时钟脉冲相同，且具有一定相位关系的同步脉冲，并以此同步脉冲为时间基准接收发送过来的字符，从而实现收发双方的通信同步。

3. 节点加密

节点加密是链路加密的改进，目的是克服链路加密在节点处易遭非法存取的缺点。在协议传输层上进行加密，是对源点和目标节点之间传输的数据进行加密保护。节点加密时，数据在发送节点和接收节点是以明文形式出现的。

4. 端到端加密

网络层以上的加密，通常称为端到端加密，即在协议表示层上对传输的数据进行加密，而不对下层协议信息加密。端到端加密一般由带加密功能的软件来完成，用户通过使用相同的软件来实现加密和解密。

采用这种加密方法，数据在通过各节点传输时处于加密状态，数据在到达用户手里才进行解密。

端到端加密具有链路加密和节点加密所不具有的优点。

（1）成本低。由于端到端加密在中间任何节点上都不解密，即数据在到达目标节点之前始终用密钥加密保护，因此仅要求发送节点和最终的目标节点具有加密解密设备，而链路加密则要求处理加密信息的每条链路均配有分立式密钥装置。

（2）端到端加密比链路加密更安全。

端到端加密可以由用户提供，因此对用户来说这种加密方式比较灵活。采用端到端加密，再控制中心的加密设备，可对文件、口令以及系统的常驻数据起到保护作用。

第九章

人工智能初步
——无限可能的未来世界

第一节　人工智能概述

一、什么是人工智能

人工智能，简称 AI（artificial intelligence），是一种综合计算机科学、统计学、语言学等多种学科，使一部机器能够像人类一样进行感知、认识、决策、执行的人工程序或系统。

同时，人工智能是一门学科。它是研究、开发用于模拟、延伸和扩展人的智能的理论、方法、技术及应用系统的一门新的技术科学，所研究的主要内容包括机器学习、计算机视觉、智能语音、自然语言理解、智能机器人等方面。它是在当前科学技术迅速发展及新思想、新理论、新技术不断涌现的形势下产生的一门学科，也是一门涉及数学、计算机科学、哲学、心理学、信息论、控制论等学科的交叉和边缘学科。

二、人工智能的发展历史

人工智能雏形的出现是在 1955 年。在一次学习机器讨论会上，著名的科学家艾伦·纽厄尔和奥利弗·塞弗里奇分别提出了下棋与计算机模式识别的研究。在次年的达特茅斯会议上，提出了"人工智能"一词，并讨论确定了人工智能最初的发展路线与发展目标。之后，阿瑟·塞缪尔提出了机器学习理论，根据这一理论编写完成了能够与人类进行对弈的西洋跳棋程序，并于 1962 年战胜了美国的西洋跳棋大师。20 世纪 70 年代中叶，符号学派走向低谷，以仿生学为基础的研究学派逐渐火热。神经网络由于 BP 算法的广泛应用获得了高速发展。在大环境下，专家系统的大量使用使工业界节约了大量成本，提升了产业效益。例如，价值上亿美元的矿藏由 PROSPECTOR 专家系统成功地分析找出。在此之后，人们开始尝试研究具有通用性的人工智能程序，却因为技术瓶颈遇到了严重的阻碍，陷入停滞，人工智能又一次步入低谷。1997 年，"深蓝"的成功使得人工智能的发展又被提上日程。随着算力的增加，人工智能的瓶颈被打破，为基于大数据的深度学习与增强学习提供了发展的可能。CPU 生产技术的不断发展使人类能够掌握的算力不断提升，为人工智能的爆发提供了基础。在无人驾驶领域，北京地平线信息技术有限公司发布了一款嵌入式视觉芯片。阿里巴巴投资千亿元成立"达摩院"，在机器学习等方面开展研究和进行产品开发。人工智能步入了快速发展期。

人工智能发展历程如图 9-1 所示。

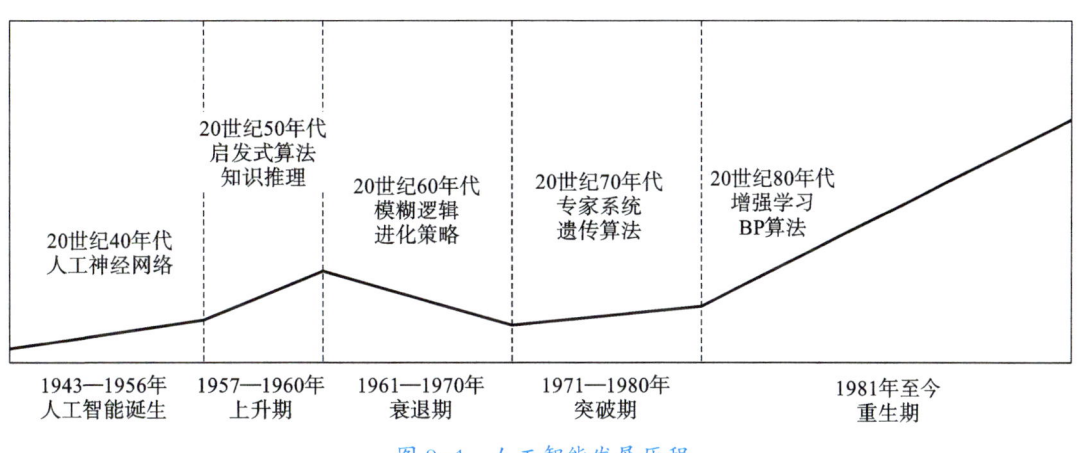

图 9-1　人工智能发展历程

第二节　人工智能的发展趋势

一、人工智能的应用前景

1.计算机视觉

在计算机视觉领域，中国拥有很多以计算机视觉技术为核心的企业。这些企业专注于人工智能视觉引擎，拥有自主研发的深度学习平台，不断产出计算机视觉技术，涉及无人驾驶、平安城市及金融等高技术产业，不断将产业技术付诸实践，吸收融资后致力于商场的自主技术商业化。

计算机视觉技术在安防领域的应用也十分广泛。通过视频内容自动识别车辆、人还有其他信息，为安防提供技术支持，并在追逃阶段可以自动汇报追踪相应的可疑车辆和人的运动轨迹，为公安机关抓捕提供可靠的信息。

2.机器学习

机器学习与自动驾驶、金融及零售等行业紧密结合，不断提升行业的发展潜力。在自动驾驶领域运用机器学习的技术，不断提升自动驾驶的路测能力，通过强化学习的手段让无人汽车在环境中不断提升自身的能力，训练出的模型在基本路测环境中保持稳定。通过不断引入新的机器学习技术，使无人驾驶的商业化成为可展望的未来。零售行业运用机器学习的技术分析顾客的喜好，进行定点推送，提供顾客更偏向购买的物品，提升零售的成功率。在金融领域，人工智能的市场规模变得越来越大。通过机器学习的技术手段，可以预测风险和股市的走向。运用机器学习的手段进行金融风险管控，整合多源的资料，可以实时向人提供风险预警信息。利用大数据对相应的金融风险进行分析，可以实时提供相应金融资产的风险预警，节省投资理财的人力、物力消耗，构建科学、合理的风险管控体系，为金融业的发展"添

砖加瓦"。

3. 自然语言处理

自然语言处理应用领域也很广阔。在邮件领域，它被用来分析处理垃圾邮件，为用户提供良好的应用环境。 通过语言识别对文档进行自动分类，节省了人力，并为企业的自动化运转提供了技术支持；在书籍分类中，可以根据书籍内容进行自动分类，为用户查找相应书籍提供便捷的寻找手段；自动翻译的便捷功能，让语言不再是知识交流的障碍，在线翻译软件可以即时翻译出绝大部分文本；人工智能客服的出现也改变了用户体验，基本问题可以直接找机器客服解决。金融领域中的智能客服和智能投资顾问也运用了自然语言处理技术。智能投资顾问和智能客服采用语义识别技术，可对咨询者的语义进行分析，并在资源库中找出最合适的回答方式和内容。

4. 语音识别

语音识别应用领域更加广泛，语音识别技术的普及使即时翻译不再困难。 在微信中，通过语音识别技术可以不听取他人语音直接翻译为相应的文本。

智能家居是一种以居住环境为平台的先进理念，通过人工智能的方式统筹管理与生活相关的家居，使人的生活环境更加智能、舒适。智能家居中也应用了语音识别技术，通过解析人的语言命令，让家居"进入"相应的开关程序，并对人的命令作出回应，提升人的居住体验。

二、人工智能未来的主要研究领域

（1）机器感知：使机器具有类似于人的感知能力。
（2）知识表示：将人类知识形式化或模型化。
（3）机器思维：对通过感知得来的外部信息及机器内部工作信息进行有目的的处理。
（4）机器学习：研究如何使计算机具有类似于人的学习能力，使它能通过学习自动获取知识。
（5）机器行为：计算机的表达能力，如"说、写、画"等。

三、人工智能迅速发展带来的影响

1. 人工智能对自然科学的影响

对于需要使用数学计算工具解决问题的学科，人工智能带来的帮助不言而喻。更重要的是，人工智能反过来有助于人类最终认识自身智能的形成。

2. 人工智能对经济的影响

人工智能深入各行各业，带来巨大的宏观效益。人工智能促进了计算机工业网络工业的发展，但同时也带来了劳务就业问题。人工智能在科技和工程中的应用，使得机器能够代替人类进行各种技术工作和脑力劳动，会导致社会结构的剧烈变化。

3. 人工智能对社会的影响

人工智能为人类文化生活提供了新的模式。现有的游戏将逐步发展为更高智能的交互式文化娱乐手段。现今，游戏中的人工智能应用已经深入各大游戏制造商的开发中。超前的研究很可能触及科学研究可能涉及的敏感问题，需要针对可能产生的冲突及早预防，而不是等到问题矛盾发展到了不可解决的程度才去想办法化解。